MANUAL DE **REPRODUCCIÓN VEGETAL**

MANUAL DE **REPRODUCCIÓN VEGETAL**

Miranda Smith

EDICIONES OMEGA

La edición original de esta obra ha sido publicada en inglés por Quarto Publishing plc., Londres, Reino Unido, con el título

THE PLANT PROPAGATOR'S BIBLE

Traducción
Manuel Pijoan

Plató, 26 - 08006 Barcelona
www.ediciones-omega.es

Edición española producida por
Ciurana Disseny. Barcelona. Spain.

ISBN 978 84 282 1461 2

ÍNDICE

INTRODUCCIÓN

La propagación de plantas es uno de los aspectos más placenteros y sin duda uno de los más emocionantes de la jardinería. Cuando los jardineros ya dominan la construcción de suelos y el control de plagas, enfermedades y malas hierbas sin un exceso de problemas o de inversión de tiempo, su siguiente paso natural –o al menos el de la mayoría– es el de experimentar con la propagación. Por desgracia, muchos muy buenos jardineros temen dar este paso porque están convencidos de que "fracasarán".

Lo triste de esta decisión es que se basa en una información errónea: la idea de que la propagación de plantas es difícil. Nada más lejos de la realidad ya que, después todo, ¿cuál es la finalidad última del diseño de las plantas? Por lo que respecta al mundo natural, el único propósito de una planta es hacer más plantas. Así pues, siempre que intente propagar una planta, tendrá de su parte al aliado más poderoso del mundo, la Madre Naturaleza.

Para tener éxito en su empresa tendrá que seguir algunas pautas directrices de sentido común. Siempre que sea posible, tendrá que emular los procesos naturales tan fielmente como le sea posible. Cada planta está diseñada para reproducirse de un modo concreto: no todas las plantas emiten chupones, ni tampoco emiten raíces a partir de un trozo de hoja. Tendrá que aprender cómo se reproduce su planta para poder propagarla con éxito.

El propósito de este libro es enseñarle a propagar una planta.

La primera sección muestra paso a paso cómo llevar a cabo varias técnicas de propagación. Verá que algunas de ellas le obligan a saber un poco de fisiología vegetal, por lo que aquí se incluye la información necesaria al respecto. En la descripción de cada una de las técnicas encontrará una lista de plantas para las que es adecuada dicha técnica y en el índice alfabético (pp. 189-192) también figura cada una de estas plantas, lo que le permitirá encontrar rápidamente la información que necesita.

La segunda mitad del libro es una guía que describe exhaustivamente las plantas representativas de todas las especies más comunes en los jardines e incluyen también algunos árboles, arbustos, plantas de fruto y ornamentales.

La mayoría de plantas se reproduce mediante una serie de procesos diferentes. Así una planta puede dar semillas, además de enraizarse fácilmente desde cualquier rama que toque el suelo o a partir de esquejes de sus tallos. En estos casos, la mayoría de la gente deseará saber cuál es la técnica con mayores probabilidades de éxito. Hallará esta información en la guía, donde también se describen los métodos adicionales, una información útil cuando no consiga propagar en su debido momento la planta por los medios más fáciles. Sin embargo, si usted decide propagar algo en una época demasiado tardía para comprar sus semillas, le será útil saber que la planta también se propaga a partir de esquejes semimaduros, que suelen estar a punto a mediados-finales de verano, o de esquejes de madera dura, que están listos a finales de otoño y principios de invierno.

FRACASO Y ÉXITO

Incluso si la mayoría de sus incursiones en el mundo de la propagación de plantas son exitosas, no tendrá un 100% de éxitos una vez que se aventure más allá de los chupones, semillas, divisiones y acodos. Pero es importante no desanimarse. Incluso los profesionales cosechan algunos "fracasos".

Aprenda a no alterarse cuando un injerto no prende o cuando un esqueje se infecta de hongos. En vez de ello, párese a pensar y analice la situación. Con el injerto, plantéese preguntas sobre su técnica. Intente recordar si las capas de cámbium –algo de lo que trataremos en este libro– estaban realmente en contacto unas con otras. ¿Estaba bastante apretada la cinta? ¿Tenía que haber sellado el injerto con cera para no dejar entrar el aire y la humedad?

Estas preguntas conllevan respuestas que se traducirán en un éxito en el siguiente intento. ¿Y si no lo consigue? Pues vuelva a preguntarse y a probar. A menos que intente algo imposible, a la larga lo conseguirá. Y todos estos "fracasos" serán la razón por la cual lo hizo, ya que aprenderá tanto o más de sus fracasos como de sus éxitos.

CÓMO UTILIZAR ESTE LIBRO

La sección "Herramientas y técnicas" proporciona consejos generales para empezar e instrucciones concretas para docenas de técnicas de propagación. En la Guía de plantas se dan consejos para cada uno de los géneros.

Lista de plantas apropiadas para la técnica descrita

Lista de control de herramientas y condiciones

Herramientas y técnicas

Fotos de primeros planos que muestran con detalle aspectos relevantes

Fotografías en color que muestran la técnica de propagación

62 | HERRAMIENTAS Y TÉCNICAS

División de plantas con rizomas

Cuando piense en rizomas, es posible que le vengan a la cabeza los "lirios" con sus prominentes rizomas que sobresalen por encima del suelo. Pero como puede ver en la lista de la derecha, éstas no son las únicas plantas que crecen a partir de un rizoma.

El momento o la estación son importantes a la hora de dividir rizomas. En la mayoría de regiones es mejor esperar a que la planta termine de florecer para desenterrar el rizoma y dividirlo. Pero si vive en una zona fría con una corta estación vegetativa, puede que esto no sea práctico porque las divisiones plantadas a finales de verano y principios de otoño no tendrían tiempo de arraigar antes de que el suelo se hiele. Si éste es el caso, divida en primavera y elimine todos los capullos florales que se formen para que la planta invierta sus energías en crear un sistema radicular fuerte durante el año anterior a su floración.

Puede que se pregunte cuán a menudo hay que dividir las plantas rizomatosas. Algunas de ellas sufren si se deja que sus rizomas crezcan sin control, así que conviene dividirlas cada 3 a 5 años para que se mantengan vitales y fuertes. Divida la planta cuando su floración decrezca, su tamaño de flor disminuya o cuando se vea muy densa.

PLANTAS APROPIADAS

N. COMÚN	N. CIENTÍFICO
	Achimenes spp.
Hierbas de S. Cristóbal	*Actaea* spp.
Adiantos	*Adiantum* spp.
Orejas de elefante	*Alocasia* spp.
Lirios del Perú	*Alstroemeria* spp.
Ásaro y afines	*Asarum* spp.
	Belamcanda chinensis
	Bergenia spp.
Berro de prado	*Cardamine pratensis*
"Lirios" o iris	*Iris* spp.
Lotos	*Nelumbo* spp.
	Podophyllum spp.
Nardo	*Polianthes tuberosa*
Sellos de Salomón	*Polygonatum* spp.
Polipodios (helechos)	*Polypodium* spp.
Polísticos (helechos)	*Polystichum* spp.
Sanguinaria	*Sanguinaria canadensis*
	Trillium spp.

Posibles problemas

El rizoma no desarrolla hojas: si planta un rizoma que carece de yemas, no podrá desarrollar las hojas y morirá. Si corta un rizoma antes de que hayan brotado las hojas, cerciórese de que cada trozo tenga al menos una yema de crecimiento fuerte, y preferentemente dos.

Este rizoma debería tener más yemas de crecimiento.

DIVISIÓN DE PLANTAS CON RIZOMAS | 63

ARRANQUE
Desentierre el rizoma entero de la planta que desee dividir, intentando no dañar el sistema radicular.

EXAMINE
Las divisiones se reestablecerán mejor si tienen al menos dos yemas de crecimiento con hojas que crecen a partir de ellas, además de muchas raíces.

CORTE
Utilice una navaja afilada para cortar las divisiones. Una navaja desafilada podría magullar los tejidos ya que obliga a presionar con fuerza sobre el rizoma.

Requisitos

Estación: primavera o una vez terminada la floración de las plantas

Herramientas: horquilla de jardín, desplantador, navaja de jardín, tijeras de podar

Equipo: manguera, tabla para cortar

Materiales: compost, enmendador de suelos, arpillera

Temperatura: tiempo fresco pero no ventoso

Humedad: no es importante

Luz: tiempo nublado

RECORTE
Reduzca la longitud de las hojas para que la planta no sufra el estrés de tener que irrigar una gran superficie foliar.

PLANTE
Replante el rizoma a la misma profundidad a la que estaba creciendo y riegue bien para eliminar las bolsas de aire en torno a las raíces.

Propague las Bergenia por división de rizomas.

Se discuten los problemas que muestra la fotografía adjunta

Fotografía que respalda el texto de instrucciones

Ilustraciones y textos que muestran paso a paso la técnica de propagación

Iconos que muestran las técnicas de propagación apropiadas y las zonas de rusticidad

Género, nombre común y nombre de la familia

Guía de plantas

152 | GUÍA DE PLANTAS

MÉTODOS DE PROPAGACIÓN

El más fácil: *por semillas*. Estratifique las semillas en la nevera durante 2 semanas antes de plantarlas en una mezcla rica en humus. Necesitan oscuridad para germinar; después de cubrirlas con tierra, ponga una gruesa capa de papel encima de la bandeja. Coloque la bandeja a 10°-13 °C de temperatura. Las semillas germinarán en unas 2 semanas.

Otros métodos: *división*. Divida las plantas a principios de otoño y repique de inmediato.

Esquejes basales. Es posible enraizar los brotes jóvenes que surgen del cuello o corona. Tómelos cuando midan de 10 a 15 cm de largo y arráiguelos en una cámara de propagación que mantenga temperaturas de 16-18 °C.

Problemas potenciales

Las semillas entran en latencia si están sujetas a temperaturas demasiado elevadas y es por tanto importante guardar las bandejas donde no puedan sobrecalentarse. Este requisito lo facilita la necesidad de oscuridad que tienen las semillas: germinarán mejor en un sótano fresco. Los esquejes son sensibles a las infecciones fúngicas. Utilice sustratos sin tierra, limpios y frescos y mantenga elevada la circulación del aire.

En zonas muy frías, las divisiones no prosperan si no están establecidas cuando el suelo hiela. Divida y replante al menos 40 días antes de la primera helada otoñal prevista.

***Dianthus* spp.**
Claveles
CARYOPHYLLACEAE

Las 300 especies de este género provienen de las zonas templadas de Europa y Asia. Se cultivan tanto por su follaje, que en la clavelina *(D. deltoides)* forma una maraña de hojas esbeltas, como por sus flores que varían desde las de los claveles altos y continuamente en flor típicos de los de los ramos comerciales, hasta las del clavel de poeta *(D. barbatus)* que pone un coloreado acento en los arriates de verano. Este género comprende anuales, bianuales y perennes, así como flores que pueden ser fragantes o no. Éstas son blancas, rosadas, rojas o amarillas, pero los rasgos más llamativos son las rayas, las puntillas y los círculos en los pétalos.

MÉTODOS DE PROPAGACIÓN

El más fácil: *por semillas*. En el comercio se encuentran semillas de todos los tipos de claveles. Plante en el interior a principios de primavera y mantenga las bandejas entre 16 y 21 °C. Germinan a las 2 o 3 semanas.

Otros métodos: *por acodos*. Las plantas perennes y altas pueden acodarse. Cuando pueda doblar un tallo sin romperlo, haga una pequeña herida donde entre en contacto con el suelo y "grápelo" al suelo. Si es necesario, acódelo en una maceta dispuesta junto a la planta para no tener que doblar el tallo tan cerca del suelo. Arraigará en un mes. Separe el tallo de la planta parental y cultívelo en la maceta hasta principios de otoño, entonces podrá trasplantarlo al jardín.

Problemas potenciales

Las semillas son casi infalibles pero las plántulas de algunas especies son diminutas; por consiguiente, es fácil que se mueran si no se riegan como es debido; vaporícelas con un nebulizador manual sostenido a la distancia suficiente para que nunca sientan un chorro de agua o de aire. En regiones frías, las plantas acodadas no sobreviven al invierno si no están lo bastante establecidas para soportar los ciclos de congelación y descongelación; si cree que no ha podido establecerse a tiempo para pasar el invierno, hunda toda la maceta en el suelo. En primavera podrá desenterrar y trasplantar la planta al jardín.

***Dicentra* spp.**
Corazones sangrantes
FUMARIACEAE

Zonas: 3–9

Las más de 20 especies de este género provienen de Asia y de Norteamérica. Se cultivan tanto por su follaje delicado y su hábito arbustivo como por sus largas panículas de flores en forma de corazón. Las flores pueden variar del blanco o amarillo al rosado y son a menudo bicolores; su tamaño varía entre 35 cm y 1,5 m de altura pero las especies más comunes, como *D. eximia*, miden unos 60 cm.

MÉTODOS DE PROPAGACIÓN

El más fácil: *por semillas*. Estratifíquelas durante 2 o 3 meses antes de plantarlas en la superficie de la bandeja de germinación. Llene la bandeja con una mezcla basada en compost y añada una capa de vermiculita para sembrar en ella. Las semillas necesitan luz para germinar y pueden tardar hasta 3 meses en hacerlo. Así pues, es mejor cubrir la bandeja con película de plástico y colocarla en un lugar donde la temperatura permanecerá a 13-16 °C.

Otros métodos: *división*. Divida las plantas a principios de primavera, antes de que pueda verse mucha nueva brotación, y repique.

Problemas potenciales

Las semillas no germinan si no pasan por un periodo de enfriamiento o si se sobrecalientan mientras están en la bandeja de germinación. No obstante, si satisface ambas condiciones, la germinación es excelente. El sistema radicular de las divisiones debe estar desarrollado para sustentar la parte aérea mientras se establecen. No divida la mata parental en trozos pequeños y manténgalos bien regados una vez los haya repicado.

Echinacea spp.

E

***Echinacea* spp.**
Equináceas
ASTERACEAE

Zonas: 3–9

Las nueve especies de este género provienen de América del Norte. Se cultivan por sus flores, que exhiben matices de blanco, rosado y púrpura. Las raíces de la equinácea púrpura *(E. purpurea)* tienen, según se dice, virtudes medicinales. Entre los cultivares favoritos figuran 'White Swan', cuyas flores blancas tienen el centro naranja intenso, y 'Magnus', cuyas enormes flores púrpura intenso lo tienen naranja oscuro.

MÉTODOS DE PROPAGACIÓN

El más fácil: *por semillas*. Siembre en el interior en fechas tempranas y mantenga la bandeja de germinación a unos 13-16 °C. La germinación tarda de 2 a 3 semanas.

Otros métodos: *división*. Estas plantas apenas toleran que se muevan sus raíces, así que en zonas frías es mejor dividirlas tan pronto como el suelo esté lo bastante deshelado para cavar. En vez de arrancar el cepellón entero, ponga uno de sus lados al descubierto. Seccione el cepellón y arranque con cuidado sólo la parte que lleva la planta. Llene el hoyo con tierra y repique la división. El mantillo permite conservar la humedad durante la primera estación vegetativa.

Esquejes de raíz. Tómelos en otoño. Hágalo sin desenterrar la planta y una vez más limítese a exponer sólo una parte del cepellón. Coloque los esquejes de raíz horizontalmente en el sustrato en vez de ponerlos verticales y cúbralos con unos 0,5 cm de sustrato. Ponga el sustrato de enraizar en un lugar fresco. Los esquejes arraigarán y producirán tallos en primavera. También puede enterrar los esquejes en el suelo baja una cama fría para que pasen el invierno al exterior.

Problemas potenciales

Las semillas no germinan bien si se sobrecalientan. Las divisiones pueden ser difíciles; si toma las precauciones adecuadas, no debería tener problemas. Al igual que los demás esquejes, los de raíz son sensibles a las infecciones fúngicas; asegúrese de que el sustrato sea estéril. Envuélvalo con película de plástico.

***Eranthis* spp.**
Acónitos invernales
RANUNCULACEAE

Zonas: 4–9

Las siete especies de este género provienen de Europa, Asia y el Lejano Oriente. Se cultivan por sus bonitas y pequeñas flores, a menudo las primeras de la primavera. Las flores de la mayoría de especies y cultivares son de amarillo claro y brillante, pero *E. pinnatifida*, una planta alpina, tiene flores blancas. Las plantas forman grandes masas si sus hojas no se cortan hasta que estén marchitas. Vegetan mejor en una zona húmeda, con sombra parcial y con el suelo de alcalino a sólo algo ácido.

MÉTODOS DE PROPAGACIÓN

El más fácil: *división*. Los tubérculos se incrementan de forma natural y las plantaciones se agrandan año tras año. Para dividir las plantas, separe y trasplante los tubérculos justo después de que florezcan las plantas; no espere hasta el otoño.

Otros métodos: *por semillas*. Puede comprar semillas en empresas especializadas o recolectarlas en sus propias plantas. Cuando estén maduras, siémbrelas en la superficie del suelo en una pequeña bandeja, envuélvalas en película de plástico y luego en una bolsa de plástico cerrada y guárdela en la nevera.

GUÍA DE PLANTAS | 153

Déjela allí durante 3 a 5 semanas. Después saque la bandeja de la nevera y póngala en una cama fría. Es posible que algunas germinen de inmediato pero puede que otras tengan que esperar a la primavera siguiente. Recoja las plántulas después de que les hayan salido sus primeras hojas verdaderas pero no toque el resto de la bandeja. Cultive las plántulas en contenedores hundidos en el suelo bajo la cama fría si las plantas no son lo bastante grandes para su trasplante en otoño.

Problemas potenciales

No vegetan bien si sus tubérculos se secan. Cuando los compre sólo adquiera aquellos envueltos en turba húmeda, porque de lo contrario no brotarían. Recuerde esto también cuando haga divisiones. Póngalas rápidamente -raíces, tubérculos, brotes y todo lo demás- en tierra húmeda cuando divida. La germinación de las semillas es irregular.

***Eryngium* spp.**
Eringios
APIACEAE

Zonas: 3–9

Las más de 200 especies de este género provienen de Europa, N de África, Turquía, Asia y Corea. Se cultivan por sus inusuales flores cónicas, secas, de color verde azulado, verde lavanda o verde grisáceo, y rodeadas de brácteas conspicuas. Las flores duran mucho en el jardín y ponen un intenso énfasis en cualquier arriate; sin embargo, pueden poner un acento todavía más intenso en

Eryngium spp.

Detalles de la planta y consejos sobre su propagación, con informaciones sobre las especies

Fotografía de una planta de la guía

HERRAMIENTAS Y TÉCNICAS

En la naturaleza, las plantas se propagan sin el empleo de herramientas especiales o de técnicas sofisticadas. Si por ejemplo dos ramas adyacentes de árboles del mismo género se frotan la una contra la otra, pueden formar un injerto; no es raro que los extremos de tallos de arbustos se enraícen; y las semillas de plantas tan diferentes como caléndulas y secuoyas gigantes germinan y crecen sin hacer aspavientos. Pero si usted quiere propagar las plantas que desea en el momento que quiera, necesitará unas cuantas herramientas y técnicas de sentido común para facilitar su trabajo.

CAJA DE HERRAMIENTAS IMPRESCINDIBLE

El uso de buenas herramientas facilitará en gran media la propagación de sus plantas y también marcará la diferencia entre el fracaso y el éxito. Así pues, la primera tarea consiste en adquirir las herramientas necesarias para las tareas a realizar.

Cuando vea todas las herramientas juntas, quizá le parezca que cuesta mucho dinero adquirirlas. Sin embargo, esto no es así, entre otras cosas porque a menos que practique cada una de las técnicas que aquí se describen, no necesitará todas las herramientas sino únicamente las necesarias para una serie de tareas concretas. Y en cuanto al precio, la mayoría de herramientas son baratas, máxime si se comparan con el coste de las nuevas plantas. Así pues, considere estas páginas como una simple referencia a consultar y seguir cada vez que emprenda una nueva técnica de propagación.

Salud y seguridad

La jardinería no sólo es un buen ejercicio sino que puede brindar una relajación y un disfrute reales, esenciales ambos para una buena salud mental. Sin embargo, también puede plantear peligros, no sólo para usted sino también para sus hijos y mascotas. Cuando propague empleará cuchillos afilados y herramientas de poda. Como siempre, la regla básica con los instrumentos cortantes es mantenerlos afilados. Cuando corta con una cuchilla desafilada, es más probable que ésta resbale debido al esfuerzo que tiene que hacer, con el consiguiente riesgo de cortarse usted y de herir a la planta. Si afila las cuchillas cada vez que use una herramienta no tendrá que preocuparse por este problema.

Incluso si no emplea ninguna sustancia química sintética en su jardín, para tener éxito con la propagación tendrá que usar a veces hormonas de enraizar, desinfectantes fuertes y fungicidas tales como cobre, azufre y mezcla de Burdeos. Incluso puede que tenga que comprar un tipo de hongo para proteger sus plantas de los hongos patógenos. Guarde estos materiales en un lugar al que no lleguen los niños ni los animales de compañía y emplee equipos protectores (v. abajo).

Equipos de seguridad

Emplee estas prendas protectoras para evitar accidentes cuando propague. No se olvide de mantener bien surtido su botiquín de primeros auxilios.

Mascarilla
Gafas protectoras de plástico
Guantes de goma
Botiquín de primeros auxilios:

- Vendas
- Pomada antibiótica
- Gasas
- Yodo o tiritas con alcohol
- Suturas de mariposa
- Esparadrapo
- Tijeras
- Vendas de soporte con clips
- Aspirina y/o analgésico

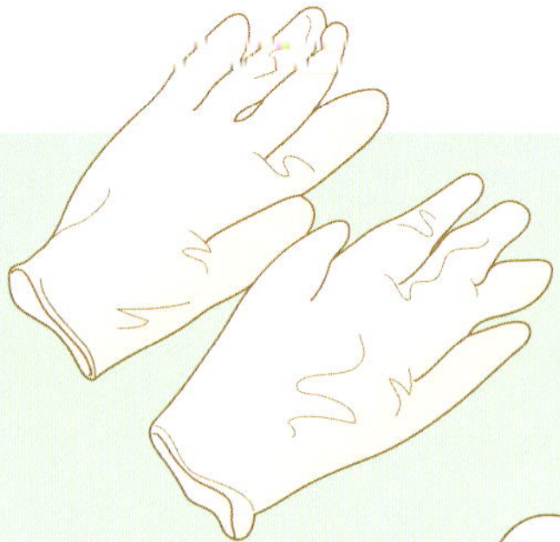

guantes de plástico

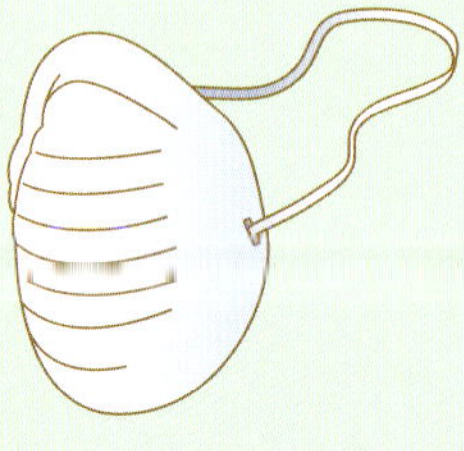

mascarilla

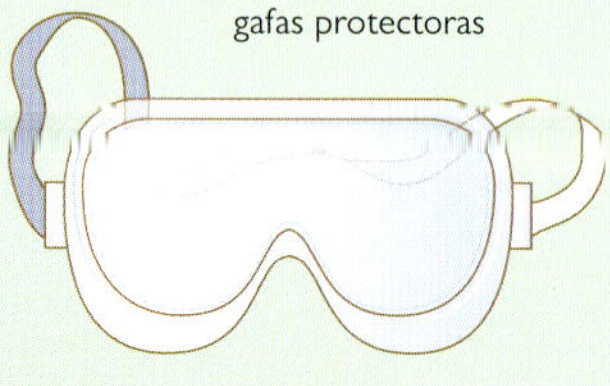

gafas protectoras

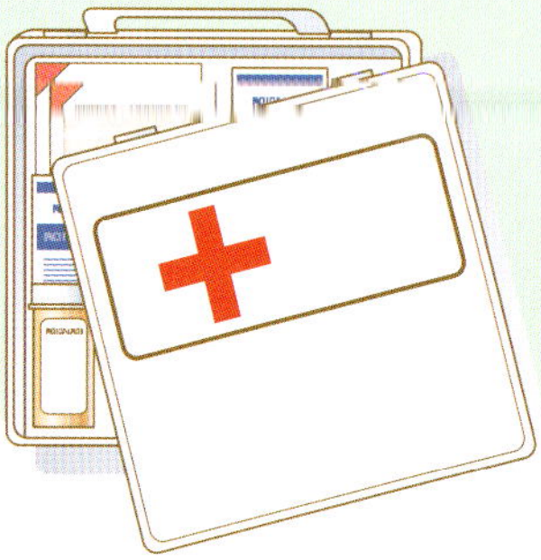

botiquín de primeros auxilios

Herramientas manuales

Constituyen el pilar de la caja de herramientas del propagador. Necesitará tijeras de podar para obtener esquejes, navajas para hacer injertos y palas y horcas de cavar para dividir plantas. Aunque no es necesario hacer saltar la banca, es mejor comprar las herramientas de mejor calidad posible porque duran más.

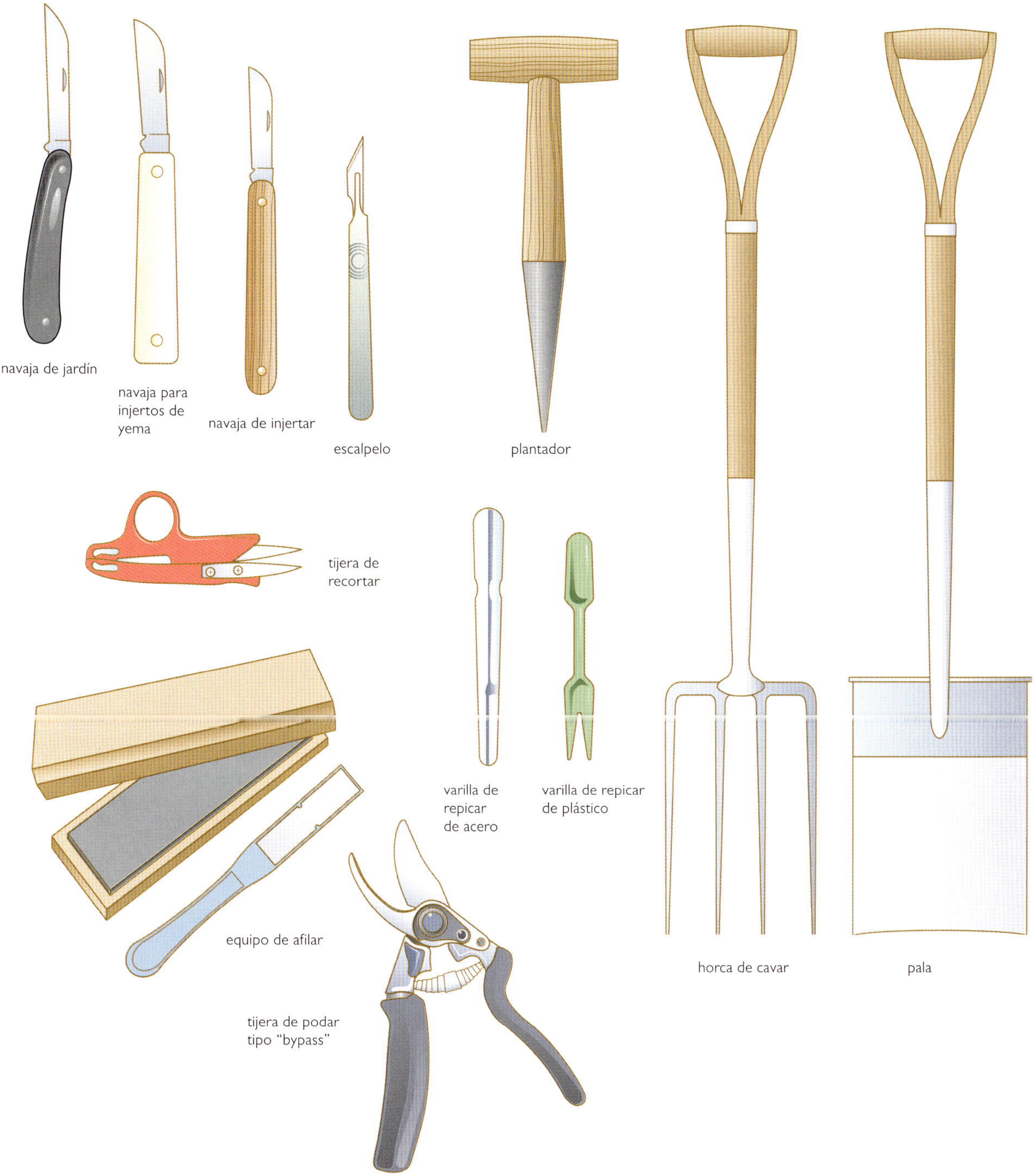

Materiales y equipos

Muchos de los materiales que utilizará para propagar ya los tiene en su caja de herramientas de jardinería. Otros tendrá que comprarlos, como la cinta para injertos y la hormona de enraizar, pero tanto si su equipo es nuevo como si es viejo, reserve un lugar especial para guardar todo su material de propagación.

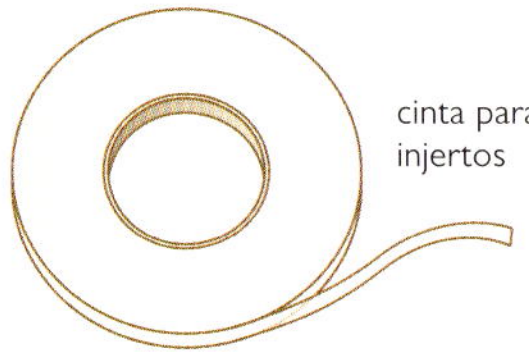
cinta para injertos

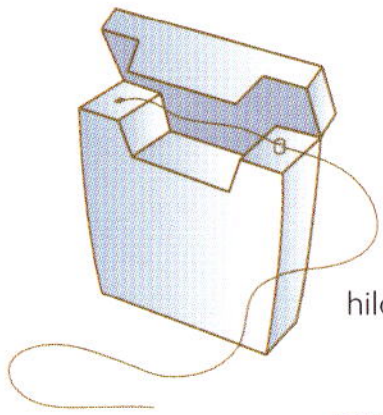
hilo dental

cordel

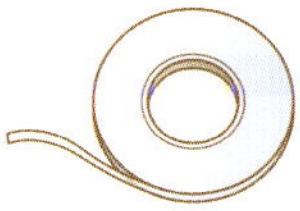
cinta para injertos de yema

cera para injertos

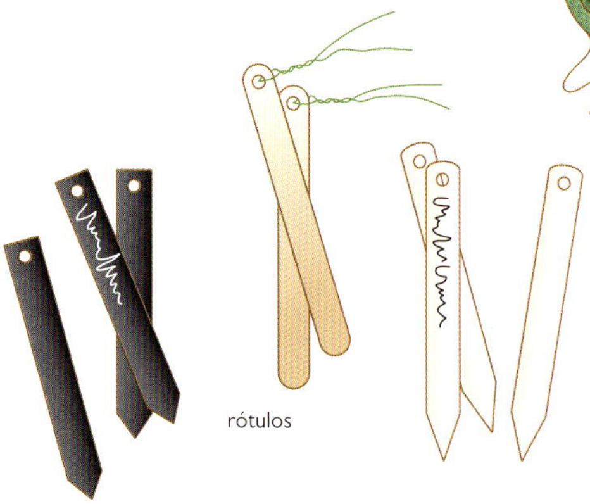
rótulos

rotulador

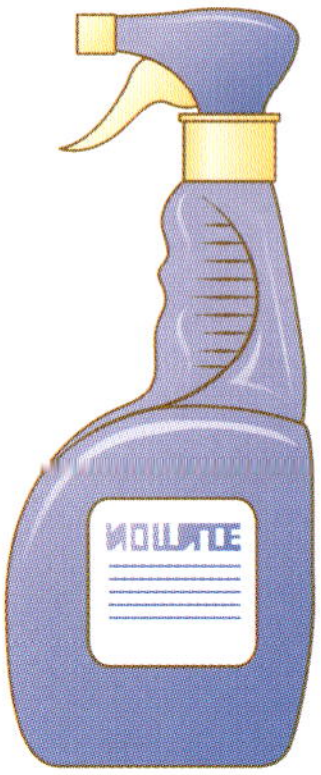
desinfectante

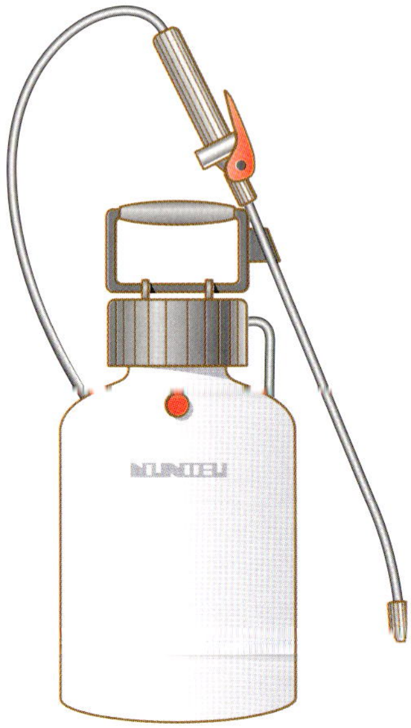
rociador manual de aire comprimido

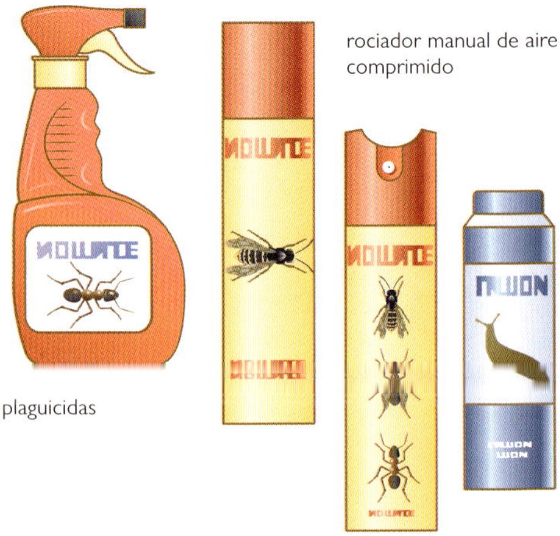
plaguicidas

Mantenimiento de herramientas

Para mantener sus herramientas en perfecto estado, le bastará con darles unos pocos cuidados. Como dijimos ya en la página 12, afile todos sus cuchillos o incluso el filo de su pala antes de emplearlos. Después de su uso, páseles un trapo húmedo para quitarles la tierra y la savia; acto seguido, para minimizar el riesgo de enfermedades, rocíelos con desinfectante y envuelva todas las partes de metal y de madera con un trapo con aceite una vez estén secas. Para mantener la pala y la horca de cavar como nuevas, llene un balde de 19 litros con arena y añada un poco de aceite de motores usado. Remueva el aceite dentro de la arena. Después de cada uso, meta y saque varias veces la pala y la horca en la arena aceitosa. Con este procedimiento no sólo limpiará las herramientas, sino que también las dejará con una capa protectora.

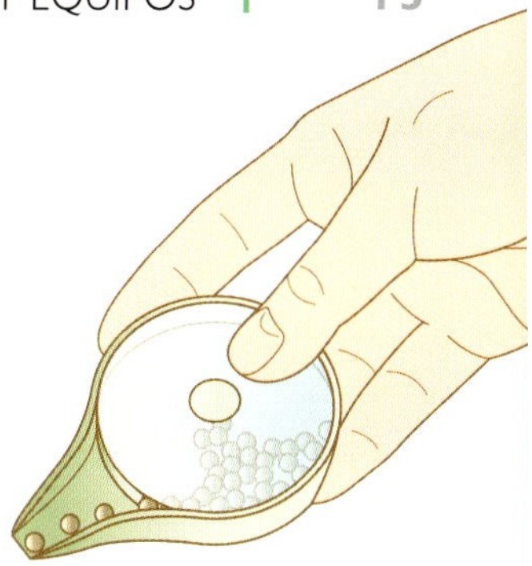

sembrador manual

tamices grandes y pequeños

bandeja de germinación

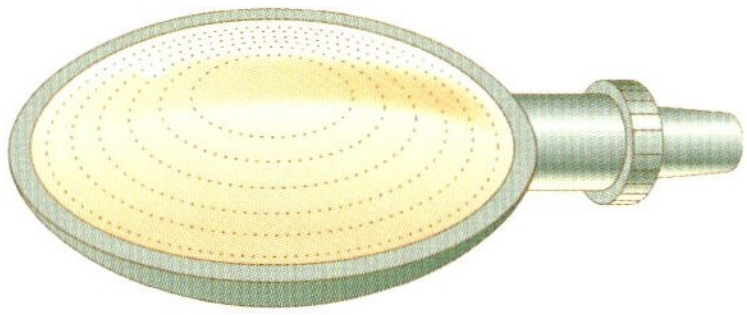

boca de manguera para plantas de semillero

macetas

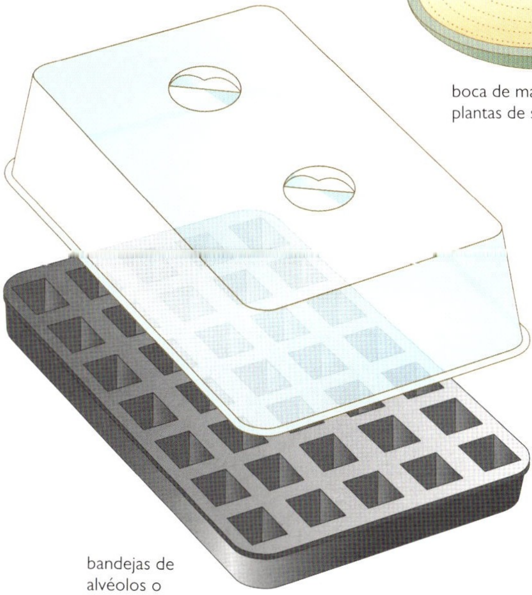

bandejas de alvéolos o bandejas con tapa

hormona de enraizar

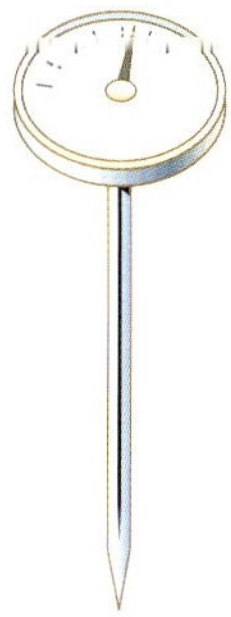

termómetro para el suelo

Mezclas de tierra y otros sustratos

Necesitará una serie de mezclas de tierra y de sustratos distintos para propagar sus plantas. Algunas semillas son tan propensas a las enfermedades transmitidas por la tierra que germinan mejor en una mezcla sin tierra y muchos tipos de esquejes necesitan un ambiente estéril para poder enraizar. Otras semillas necesitan alimentarse con tal rapidez que los mejores resultados se obtienen haciéndolas germinar en una mezcla rica nutrientes.

Si los esquejes o las semillas se cultivan en bandejas de alvéolos se reduce el riesgo de enfermedades.

Ingredientes de las mezclas de suelos

Arena fina: use arena fina bien lavada para incrementar el drenaje y la aireación de una mezcla. Sus partículas inertes permiten el paso rápido del agua y dejan espacios vacíos para el suministro de aire.

Arena gruesa: use arena gruesa bien lavada para incrementar el drenaje y la aireación de una mezcla. Es útil en las mezclas para enraizar cactos y otras plantas del desierto.

Cáscara de coco molida: es un buen sustituto de la turba de esfagno molida.

Compost: este material hecho de materia orgánica descompuesta tiene una elevada capacidad de intercambio catiónico, contribuye al equilibrio de macro y micronutrientes y contiene grandes proporciones de microorganismos beneficiosos que protegen a las plantas.

Humus de hojas: las hojas descompuestas tienen una elevada capacidad de intercambio catiónico y muchos minerales pero necesitan macronutrientes. El humus de hojas tienen con frecuencia un pH bajo.

Perlita: está hecha de roca volcánica expandida y conserva el agua en sus cavidades; por ser inerte, también cede fácilmente el agua. Se emplea a menudo en las mezclas estériles para mejorar la aireación y el drenaje.

Tierra de la capa arable: para las mezclas de propagación compre únicamente la de mejor calidad. Idealmente debería estar libre de huevos de animales plaga.

Turba de esfagno: utilice la turba finamente molida en las mezclas de germinación y destine la medianamente molida a los sustratos estériles para esquejes de raíz. No utilice material poco molido para la propagación.

Vermiculita: este material arcilloso hecho con mica expandida contiene trazas de magnesio y mejora el drenaje y la aireación.

Miniglosario

Capacidad de intercambio catiónico: capacidad de retener e intercambiar cationes (iones de carga positiva) y nutrientes tales como calcio, potasio y magnesio.

Inerte: material sin la capacidad de intercambio catiónico ni de suministrar nutrientes al medio.

Macronutrientes: el nitrógeno, el fósforo y el potasio en formas que son disponibles para las plantas suelen considerarse macronutrientes; algunos también incluyen en este grupo el calcio, el magnesio y el azufre.

Mezcla estéril: mezcla de suelos hecha de sustancias inertes o materiales que se han esterilizado. Estas mezclas no permanecen estériles mucho tiempo pero aun así brindan cierta protección.

Mezcla sin tierra: mezcla hecha de materiales tales como perlita, vermiculita, arena y turba de esfagno.

Micronutrientes: nutrientes que la planta necesita en cantidades traza, tales como cobre, boro, hierro, manganeso y zinc.

pH: medida de la acidez o alcalinidad de un medio en una escala del 1 al 14, donde 7 es la neutralidad. Las cifras inferiores a 7 indican acidez y las superiores a 7, alcalinidad.

Fórmulas de mezclas de suelos

Si usted mismo se prepara sus propias mezclas de suelos, podrá estar seguro de lo que contienen y ajustarlas de acuerdo con sus necesidades concretas. Adapte las siguientes fórmulas a sus materiales y cree mezclas especializadas.

MEZCLA RICA EN NUTRIENTES
2 partes de compost
1 parte de tierra de la capa arable
1 parte de arena
1 parte de vermiculita
1 parte de perlita

Ajuste las proporciones de estos ingredientes para crear un sustrato de drenaje rápido con el compost y la capa arable. Compruebe el drenaje llenando una maceta de 30 cm de hondo con la mezcla y regándola hasta que la humedad salga por los agujeros de drenaje en el fondo del tiesto.

Con un buen sustrato (arriba) se obtienen buenas plantas (abajo).

MEZCLAS SIN TIERRA
1 parte de perlita
1 parte de vermiculita
2 partes de turba de esfagno molida

Con la mascarilla y las gafas puestas, agujeree el saco de perlita y vierta agua caliente dentro de él antes de extraerla; el agua evitará que las partículas pequeñas y afiladas le salten a la cara, los ojos y la nariz. El agua caliente también penetra mejor que la fría en el musgo, con lo que tendrá que humedecer los ingredientes con agua muy caliente y evitar que se sequen.

MEZCLA ESTÉRIL
1 parte de turba de esfagno finamente molida o de cáscara de coco molida
1 parte de perlita

Si necesita un sustrato muy fino para la germinación, tamice la turba de esfagno o la cáscara de coco con un tamiz de cocina o un cedazo. Con la mascarilla y las gafas protectoras puestas, mezcle los ingredientes con agua muy caliente. No deje secar.

Equipo necesario

Aunque para empezar a trabajar no necesitará todos los elementos que aquí se describen, es probable que a la larga quiera tenerlos todos. Una vez más, amplíe su colección de acuerdo con el tiempo y el dinero disponible para agotar rápidamente el presupuesto.

Las camas frías ofrecen un ambiente ideal para propagar muchas plantas, tanto durante la época de crecimiento como en invierno.

Iluminación artificial

La necesitará en interiores para cultivar la mayoría de sus plántulas y esquejes de raíz. Opte por tubos fluorescentes o por lámparas de crecimiento especializadas y determine los tiempos de iluminación y las intensidades luminosas apropiadas.

Mantas térmicas

Muchas semillas precisan de un suelo caliente para germinar. Si las hace germinar dentro de casa, es posible que la temperatura ambiente no cree estas condiciones. Emplee una manta térmica bajo sus bandejas de germinación y sus semillas germinarán rápida y fácilmente. Elija una manta con termostato si hace germinar muchas semillas de este modo.

Unidades de propagación

Aunque podrá arreglárselas con una bolsa de plástico sostenida sobre una maceta por cañas o alambres cuando enraíce esquejes fáciles de establecer, con las plantas más difíciles cosechará más éxitos si utiliza una cámara de propagación eléctrica. Elija entre las que nebulizan a intervalos regulares y las que crean niebla.

Camas de germinación y de crecimiento

Reserve una cama de crecimiento profunda en su jardín para germinar semillas o para albergar plantas que más tarde colocará en su ubicación definitiva. Si esta cama se llena excesivamente –como puede suceder si empieza a cultivar un gran número de bianuales o de jóvenes leñosas– reserve otra zona del jardín. Idealmente, una parte de la cama de germinación debería estar a pleno sol y la otra en una sombra tenue.

Cama fría

Son ideales para iniciar algunos tipos de semillas y esquejes y también son útiles para albergar esquejes en invierno o para exponer semillas a los periodos de tiempo frío que estimularán su germinación primaveral.

Si no siempre está en casa durante el día, elija una cama fría con aberturas de ventilación que se abra y se cierre automáticamente al subir y bajar las temperaturas. Con este simple dispositivo mantendrá su cama fría lo bastante fresca para que sus semillas o esquejes no se abrasen y lo bastante cálida para que no "pasen" frío.

Ponga la cama fría en un lugar que reciba luz tamizada. Cuando llegue el momento de fortalecer las plántulas y adaptarlas al pleno sol y a la luz brillante, podrá desplazar sus bandejas a una zona despejada del jardín.

"Miniinvernaderos"

Un invernadero auténtico es el sueño de todo propagador. Sin embargo, no todo el mundo tiene el presupuesto o el lugar en el jardín suficientes para ello. Si usted tampoco los tiene, elija una versión diseñada para un alféizar, balcón o terraza.

El control ambiental es esencial en todo invernadero, ya sea éste grande o pequeño. Utilice un termómetro de máximas y mínimas para poder mantener las temperaturas adecuadas abriendo aberturas de ventilación o la puerta siempre que sea necesario. La humedad también deberá mantenerla lo bastante elevada para preservar la buena salud de sus plantas pero no tanto como para estimular las enfermedades fúngicas. Si el ambiente se seca con excesiva rapidez, ponga un tazón lleno de agua en el fondo del invernadero; al evaporarse el agua, aumentará la humedad ambiental. Si la humedad se torna demasiado elevada, la solución es sencilla: abra las ventilaciones o una puerta para dejar que salga el aire húmedo y que entre aire más seco. Si aun así la humedad continúa siendo demasiado elevada, instale un ventilador oscilante.

Invernadero

Si tiene la suerte de poseer un invernadero, reserve una o dos banquetas para la propagación. Dependiendo de las plantas con las que esté trabajando, podrá instalar un marco para colgar una tela de sombreo o tela de saco para crear una sombra tenue, y quitarla cuando desee que la zona esté a plena luz.

Arriba y derecha: los miniinvernaderos son una opción económica.

Abajo: muchos jardineros sueñan con tener un pequeño invernadero.

PROPAGAR POR SEMILLAS

Las semillas son una verdadera maravilla. Dentro de su capa externa una planta diminuta con su primera raíz, su tallo y sus cotiledones o primeras hojas está a punto para absorber agua y empezar a crecer. Como verá en las páginas siguientes, su tarea como propagador consistirá en darle las cantidades apropiadas de agua, luz y oxígeno, y las temperaturas correctas, para estimular esta diminuta planta a salir de su envoltorio y empezar su nueva vida.

Aunque cultivar las plantas a partir de sus semillas pueda parecerle el método de propagación más trivial posible, una vez diversifique sus actividades más allá de las anuales de jardín más fáciles tales como caléndulas y lechugas, descubrirá un excitante mundo que no tiene nada de rutinario. Con la ayuda de unas pocas técnicas especializadas pronto estará cultivando árboles, arbustos y ornamentales exóticas que resultan prohibitivamente caras. Asimismo, es posible que empiece a cultivar cepas de verduras y cultivares de flores especialmente bien adaptadas a su entorno, y que aprenda a crear a partir de sus híbridos plantas de polinización libre. Todo lo que hace falta es experiencia y conocimientos, algunas semillas y un equipo rudimentario.

Arriba: las semillas de Achillea *necesitan luz para germinar. Centro: las de* Acanthus *están protegidas por espinas. Abajo: semillas de* Papaver *de polinización libre.*

Muchas semillas no maduran hasta que están secas. Deje que las plantas se sequen bien antes de encerrar las cabezuelas en bolsas de papel para recoger las semillas que caen.

Características de las semillas

Las semillas tienen formas y tamaños muy variados para que puedan viajar hasta un lugar donde tenga probabilidades de germinar. Algunas semillas tienen alas que les ayudan a volar hasta nuevas localidades; otras tienen ganchos que se adhieren al pelaje de los animales que pasan o a la ropa. Algunas diminutos paracaídas de pelusa para que el viento las arrastre y otras tienen una vaina o cáscara flotante para viajar río abajo o a través del océano.

Los arces tienen semillas aladas.

Semillas con alas o vainas ligeras: las alas permiten que las semillas sean transportadas por el viento lo bastante lejos de la planta parental para que la plántula no esté sombreada por su copa o tenga que competir por los nutrientes del suelo.

Semillas con pelusa: la pelusa también permite que la semilla se aleje con el viento. Como ocurre con las que tienen alas, algunas semillas aterrizarán donde puedan germinar.

Semillas que flotan: las semillas flotantes provienen de plantas que crecen cerca de aguas dulces o marinas. Los cocoteros de las islas remotas crecieron a partir de semillas que habían recorrido grandes distancias; el ácoro bastardo *(Iris pseudacorus)* puede colonizar las orillas más alejadas de un arroyo.

Semillas como frutos secos: Sus cáscaras duras las protegen de muchos animales y otros, como las ardillas, las entierran y no siempre recuerdan sus escondrijos. Pasado un invierno o dos, las cáscaras se descomponen y las semillas pueden germinar.

Las piñas protegen los piñones de los depredadores.

Semillas en frutos de pulpa: estos frutos atraen a insectos, aves y otros animales. Estas semillas o bien necesitan pasar por un sistema digestivo antes de poder germinar o bien éste no les daña.

Semillas con vainas que estallan: estas vainas envían las semillas hacia todas las direcciones. Cuanto más fuerte estallan, más lejos van a parar. Si las observa con atención, verá que se enganchan o ruedan cuando aterrizan.

Piñones: Las piñas protegen las semillas de los predadores y son lo bastante pesadas para bajar por cualquier ladera en la que aterrizan, arrojando semillas a su paso y deteniéndose en depresiones del suelo.

Semillas ultraligeras: son tan ligeras que no necesitan pelos o pelusa para viajar: les basta con una brisa leve. Se depositan en huecos, donde encuentran la luz adecuada para germinar.

Semillas que se enganchan: se enganchan a los pelos de los animales o a la ropa hasta llegar a un nuevo lugar. Durante el viaje, algunas se caen al frotarse contra otras plantas. Una sustancia adhesiva cubre las semillas de muérdago y las "encola" al pico de las aves, que se libran de ellas en las ramas, donde la planta parásita podrá germinar y crecer.

Semillas que pinchan: las semillas con púas disuaden a los depredadores. Si la semilla tiene una cáscara con púas afiladas en su exterior, es probable que los animales no perforen la cáscara. Para cuando ésta se abra por sí sola, es probable que esté en un buen lugar para germinar.

Semillas para el fuego: los incendios son parte natural de algunos ecosistemas; las semillas de algunas plantas precisan del calor o de las sustancias que contienen las cenizas de la vegetación quemada para germinar.

Semillas transportadas por hormigas: las hormigas transportan semillas de un lugar a otro, evitando la competencia con las plantas parentales y potenciando su difusión.

Una cabezuela de Helianthus *con más de 1000 flores.*

Flores y semillas

El único propósito de una flor, al menos desde una perspectiva natural, es el de producir semillas. Sus colores, manchas, formas y fragancias –todas las cosas que admiramos en una flor– sirven simplemente para atraer insectos y otros animales que sondean dentro de la flor, por lo general en busca de néctar y polen, y que al hacerlo la fecundan.

El sexo está en el origen de todo, claro está. Todas las semillas están formadas por la unión de células reproductoras femeninas y masculinas. Como en la reproducción humana, una célula masculina (célula espermática o gameto masculino) debe unirse con una célula femenina (óvulo o gameto femenino) para formar el zigoto, la primera célula del nuevo organismo. El gameto femenino está contenido en el polen de la planta; el masculino está contenido en el polen de la planta y el femenino u óvulo, en lo hondo del ovario. En el caso de las plantas, cuando estas dos células se unen, la rápida división celular del zigoto forma las estructuras que lo convierten en una semilla.

Estas begonias son híbridos, lo que significa que no se puede asegurar qué generarán sus semillas.

Formas florales

Como se muestra en la ilustración de abajo, las flores se componen de partes bien diferenciadas. El tallo de la flor se llama pedúnculo (pedicelo, si la flor forma parte de una inflorescencia) y sostiene el receptáculo, o parte superior. Juntos, el receptáculo y los sépalos forman el cáliz. Los sépalos encierran el capullo floral en formación y en la mayoría de plantas se abren y se doblan hacia atrás para permitir que broten los pétalos. Los tulipanes son flores sin sépalos y, debido a ello, sus pétalos se denominan tépalos. Los pétalos o tépalos forman la corola y el conjunto formado por la corola y el cáliz es el perianto.

Las estructuras masculinas de la flor se llaman estambres y consisten en un tallo o filamento con una antera en su ápice. El polen se forma dentro de la antera y es como la huella dactilar de la especie vegetal: no existen dos especies con granos de polen de formas similares.

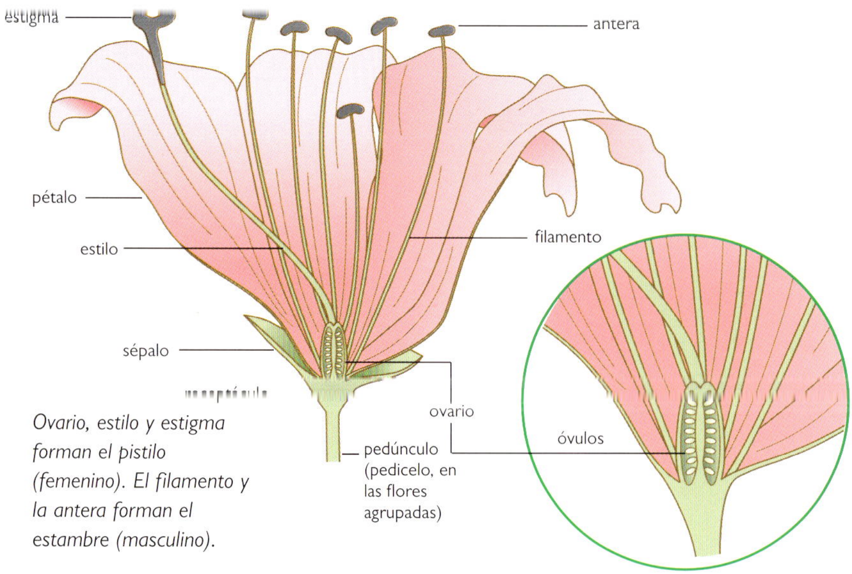

Ovario, estilo y estigma forman el pistilo (femenino). El filamento y la antera forman el estambre (masculino).

Las estructuras reproductivas femeninas son el ovario, el estilo y el estigma, que forman el pistilo.

Cómo funciona

Cuando una antera libera polen, parte de éste puede aterrizar en el estigma, que es pegajoso. Cada grano de polen contiene dos células; una de ellas forma el tubo de polen hueco que crece en el estilo y se introduce en un diminuto agujero del óvulo, y la otra se divide para formar dos células espermáticas. Las células espermáticas viajan por el tubo de polen y entran en el óvulo. Una célula espermática se une al óvulo y la otra forma el endospermo, un tejido que almacena nutrientes para alimentar al zigoto mientras éste se desarrolla dentro del embrión, la diminuta planta que está dentro de la semilla. Algunos embriones no utilizan todo el endospermo mientras se desarrollan dentro de las semillas, lo que permite que el endospermo restante alimente a la semilla en germinación. El ovario, que encierra las semillas, se convierte en fruto.

Variaciones sobre un tema

Cuando recupere sus propias semillas, deberá saber si una planta tiene flores perfectas o imperfectas. Una flor perfecta es la que contiene tanto partes masculinas como femeninas. La flor genérica que se ilustra en la página anterior es perfecta: contiene a la vez el pistilo y el estambre.

Las flores imperfectas sólo contienen un tipo de estructura reproductiva. Es probable que pueda nombrar unas pocas verduras que pertenecen a esta categoría, tales como el maíz y las calabazas, pero también son imperfectas las flores de muchas ornamentales.

Cuando en la misma planta crecen flores tanto masculinas como femeninas la planta se llama monoica. Pero si cada planta tiene sólo un tipo de flor se llaman dioicas. Algunas plantas producen semillas sin ser fecundadas, es decir, tienen una reproducción partenocárpica cuyo resultado suele ser un fruto con semillas apenas desarrolladas, como un pepino “sin semillas”.

Arriba: en los cálices de la parte inferior del tallo puede ver semillas. Abajo: flores de Phlomis*, con partes masculinas y femeninas.*

Iniciar la propagación

En las páginas siguientes aprenderá una serie de tratamientos distintos que aseguran índices de germinación para varias semillas concretas. Cada uno de estos tratamientos mejorará su éxito en la germinación pero es igual de importante saber algunas técnicas básicas para iniciar la propagación por semillas.

Independientemente de qué otras técnicas utilice –maceración, estratificación, escarificación o remojo–, siempre llegará el momento en que tendrá que poner las semillas en su medio de germinación y dejar que germinen. En cada paso de esta operación tendrá que tomar una serie de decisiones, por lo que le aconsejamos que revise este capítulo antes de germinar un gran número de semillas.

Iniciar la propagación en el interior

Si siembra en el interior podrá cultivar muchas plantas que quizá no tendrían tiempo de florecer en su corta estación favorable, así como mimar las que precisen de cuidados especiales.

Su primera tarea consistirá en elegir un medio o sustrato de germinación. Como regla general, emplee una mezcla basada en compost para las semillas de perennes. Si le preocupa que éstas contraigan la podredumbre de los semilleros, siga los pasos siguientes. Muchas plántulas de perennes crecerán a temperaturas inferiores a las que favorecen los hongos de esta podredumbre y pueden cultivarse con éxito en una cama fría.

El espaciado correcto de las semillas es importante en cualquier lugar de germinación, tanto interior como exterior. Si se limita a sacudir un paquete lleno de semillas diminutas, es probable que un gran número de éstas caiga en la misma pequeña zona y cuando llegue el momento de trasplantarlas, no le será nada fácil separar sus raíces sin dañarlas. Así pues, vale la pena invertir tiempo y espacio en separar correctamente las semillas desde el principio.

Es muy fácil derramar los paquetes de semillas. No olvide abrirlos en un platillo para recoger las semillas derramadas.

Tres son los métodos eficaces. Puede comprar un sembrador manual y dejar caer las semillas una a una a lo largo del surco. También puede mezclar las semillas con aprox. el doble de arena muy fina y lavada o de vermiculita y dejar caer diminutas pizcas de esta mezcla a intervalos a lo largo del surco. Y también puede utilizar una técnica de cultivador profesional: extienda las semillas en una bandeja, humedezca con agua el extremo cuadrado de un palillo de

1 SURQUE
Trace surcos de 1 cm en la mezcla.

2 LLENE
Llene los surcos con vermiculita de jardinería de grado fino o mediano.

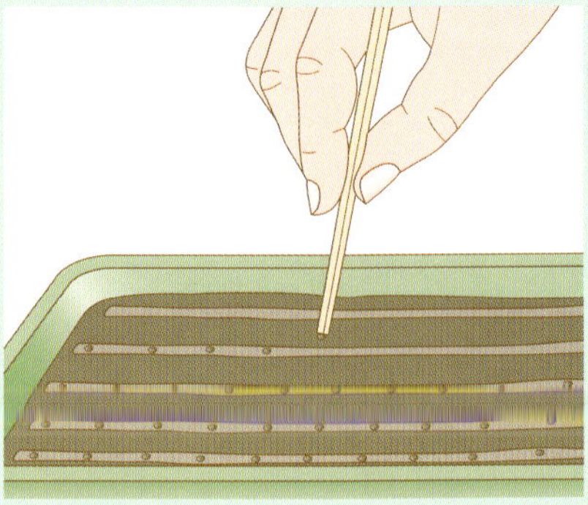

3 ESPACIE
Siembre las semillas en la superficie de los surcos.

comida oriental no desbastado y póngalo sobre una de las semillas. Ésta se quedará pegada al palillo y podrá colocarla en el lugar deseado del surco. La semilla se enganchará a la tierra y podrá sembrar con gran precisión.

Cubra las bandejas o macetas con una película adherente de plástico para conservar la humedad del suelo. Si sus semillas germinan antes de una semana, no tendrá que regarlas hasta que germinen y les quite la película. Pero no ponga ningún contenedor cubierto de plástico en un alféizar o debajo de lámparas, ya que podría matar las semillas.

La ubicación de la zona de germinación es crucial. Sitúe sus semillas en un sitio donde pueda derramarse un poco de agua sin causar desperfectos. Si emplea una manta térmica, como se describe en la página 18, o luz suplementaria, necesitará un enchufe a proximidad.

Inspeccione sus bandejas y tiestos con semillas para cerciorarse de que la temperatura del suelo está dentro del intervalo óptimo, que la humedad es suficiente y de que las semillas no han germinado aún. Si trabaja lejos de casa, podrá inspeccionar dos veces al día pero para más seguridad, inicie la siembra en fin de semana para poder controlar las temperaturas del suelo durante las horas más calurosas y luminosas del día.

Las luces suplementarias para sus plántulas pueden ser algo tan simple como una instalación de tubos fluorescentes estándar, de luz blanca. Las plantas no necesitan todo el espectro lumínico hasta que superan la fase de plántula. Si ilumina a sus plántulas haga la instalación de tal manera que pueda levantarla o bajarla o bien levantar y bajar las plantas.

Desplace las bandejas con plántulas a una zona donde puedan tener una iluminación adecuada y temperaturas correctas. Trasplante las plántulas a contenedores de crecimiento más grandes llenos de una mezcla rica en nutrientes cuando sus primeras hojas verdaderas estén totalmente expandidas. Recuerde que es mejor añadir compost limpio.

Cuando trasplante las plántulas, toque únicamente los cepellones y las hojas de semilla, no las verdaderas hojas ni los tallos, pues podría dañar los vasos que les sirven para el transporte de agua y nutrientes.

Iniciar la propagación en el exterior

Puede iniciar la propagación o bien allí donde crecerán luego –como suele hacerlo con las semillas de hortalizas– o bien en camas de germinación especiales situadas en lugares discretos del jardín. En cualquier caso, utilizará algunas de las técnicas antes descritas. Así, si planta semillas muy pequeñas, convendrá mezclarlas con arena fina o vermiculita antes de depositar pequeñas pizcas a lo largo de un surco del jardín. Si le preocupa que sus semillas puedan secarse antes de germinar, cúbralas con vermiculita, riéguelas con una boca de manguera nebulizadora, o cúbralas con telas antiheladas o capas de periódicos, dependiendo de las necesidades de oscuridad o de luz de las semillas.

Las camas de germinación brindan a las jóvenes plantas un buen hogar para iniciar su vida. Una de ellas puede reservarse para cultivar bienales de primer año –en otoño, o en algunos casos en la primavera siguiente, trasplantará estas plantas a sus ubicaciones definitivas del jardín. La otra cama puede reservarse para jóvenes árboles y arbustos; cuando sean suficientemente grandes, podrá trasplantarlos a su ubicación final.

Asegúrese de que la tierra de estas camas tenga una buena textura y niveles equilibrados de nutrientes para que sus jóvenes plantas inicien su vida lo mejor posible.

4 NEBULICE
Nebulice con un nebulizador manual.

5 ESPARZA
Esparza un poco de vermiculita por encima de la tierra y las semillas y vuelva a nebulizar.

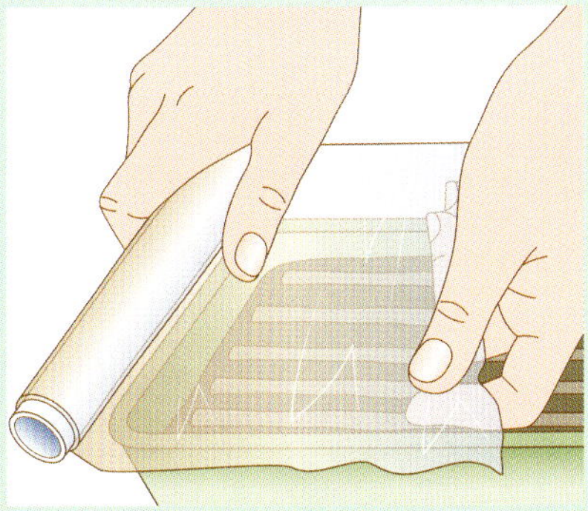

6 CUBRA
Cubra la bandeja o la maceta con semillas con una película de plástico y colóquela en su posición de inicio de propagación.

Maceración

Las plantas tienen muchos mecanismos de supervivencia y algunos de los más efectivos se observan en las muy vulnerables semillas. Las cáscaras duras y las púas son fáciles de ver pero las sustancias químicas de la cáscara de la semilla no son visibles para el jardinero.

En climas fríos, si las semillas germinan a principios de primavera, antes de que el tiempo se haya estabilizado, las plántulas pueden sufrir daños por el frío o, en el peor de los casos, pueden helarse. Si las plantas de los ambientes desérticos germinan después de haber llovido suficiente para atravesar la cáscara de sus semillas pero no para humedecer el suelo, las plántulas se enfrentarán a un mundo árido y hostil.

Por fortuna existe un mecanismo natural que protege estas plantas. Cuando la semilla se desarrolla, sobre su cáscara se forma una capa química que inhibe la germinación y que suele ser soluble en agua y lo bastante gruesa para no desaparecer hasta que no han caído numerosas lluvias.

Hágalo usted mismo

Usted mismo puede simular la lluvia y acelerar de este modo la germinación de algunas semillas. Si practica esta técnica, acortará el tiempo de germinación. Inténtelo con perejil *(Petroselinum crispum)*, zanahoria *(Daucus carota)* y pasionaria *(Passiflora incarnata)*.

Cuele y deje las semillas pero no permita que se sequen.

PLANTAS APROPIADAS

Además de emplear esta técnica para las plantas que figuran a continuación, puede utilizarla si tiene problemas con alguna flor silvestre efímera o con una planta de desierto que sea lenta en germinar.

N. CIENTÍFICO
Abronia pogonantha
Abronia villosa
Castilleja chromosa
Correa spp.
Machaeranthera tortifolia
(sin. *Xylorhiza*)
Philotheca spp.
(anteriormente *Eriostemon*)

Macere las semillas toda la noche.

Posibles problemas

Enfermedades fúngicas: las semillas húmedas metidas dentro de un contenedor hermético son susceptibles a las infecciones por hongos. Sáquelas cada mañana del tarro o de la bolsa de plástico. Si es probable que se olvide, emplee una bolsa de plástico no cerrada en vez de un contenedor hermético que retenga la humedad.

Muerte por sequedad: las semillas se mueren si empiezan a absorber humedad y luego se secan. Si tiene que ausentarse de casa durante más de dos horas, ponga una bolsa de plástico sobre el colador para conservar la humedad.

Requisitos

Estación: primavera

Herramientas: un colador de malla fina

Equipo: un tarro o una taza para dejar gotear el agua, un tarro de mermelada

Materiales: algodón hidrófilo, una bolsa de plástico que se cierre y otra que no, agua

Temperatura: la temperatura del agua deberá ser la ambiental, no demasiado elevada ni demasiado baja.

1 PREPARE
Coloque las semillas en un tarro u otro contenedor.

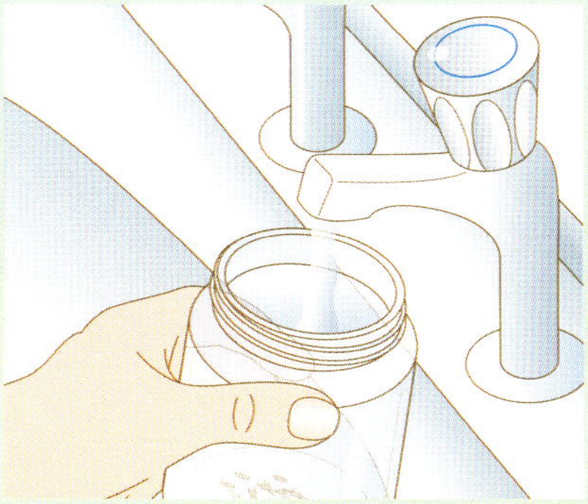

2 REMOJE
Cubra las semillas con agua y déjelas en remojo toda la noche.

3 CUELE
Vierta el agua en un colador a la mañana siguiente. Ponga el colador sobre el tarro y déjelo cerca del fregadero para rehumedecer las semillas con frecuencia.

Si las semillas remojadas se secan, es casi seguro que se morirán.

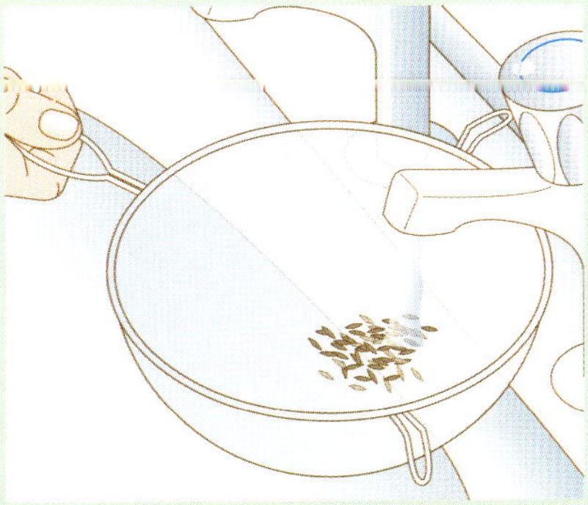

4 MACERE
Haga correr agua sobre las semillas cada dos horas durante el día para eliminar las sustancias inhibidoras. No deje que se sequen.

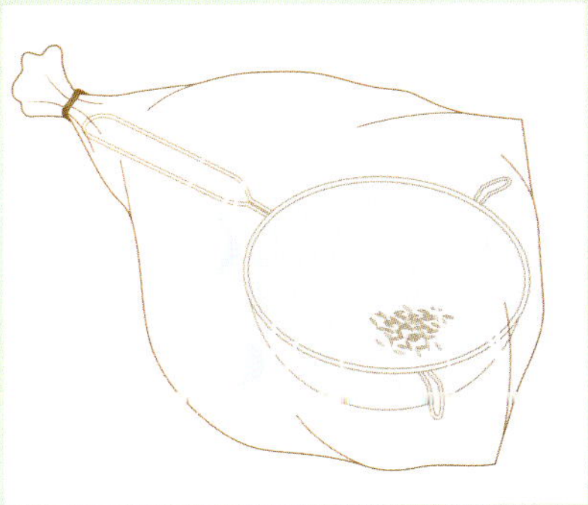

5 CUBRA
Ponga el colador con las semillas dentro de una bolsa de plástico junto con un par de bolas de algodón hidrófilo. Cierre la bolsa. Así las semillas se mantendrán húmedas toda la noche.

6 REPITA Y REPITA
Vierta agua sobre las semillas la mañana siguiente y repita la operación cada 2 horas. Manténgalas toda la noche como se explica arriba y plante al día siguiente.

Remojar

Así como algunas semillas se protegen a sí mismas con compuestos que deben desaparecer por lavado de la cáscara antes de que la semilla germine, otras lo hacen siendo resistentes a la absorción de agua. Sin agua, la semilla no puede germinar. Pero es fácil solventar este problema remojando las semillas durante una semana.

Las semillas que requieren remojo suelen tener una cáscara gruesa y dura. Cabe imaginar que las plantas que producen estas semillas viven en marjales o prosperan en suelos húmedos, pero no siempre es así. Las *Armeria* y las lechetreznas o euforbias (*Euphorbia* spp.) están muy bien adaptadas a los suecos rocosos y secos. Esta adaptación protege las semillas de una germinación prematura, antes de que el suelo esté bastante húmedo para permitir un crecimiento rápido y fácil.

Muchas semillas que necesitan remojo requieren otro tratamiento, como la estratificación o la escarificación. Verifique siempre si la semilla que esté germinando no entra en otras categorías. Si sus semillas precisan de los tratamientos anteriores, hágalo en este orden: enfríe o congele primero las semillas, a continuación líjelas o hágales una muesca y póngalas en remojo. Las semillas pueden necesitar luz u oscuridad para germinar.

Las semillas de Canna se benefician de la puesta en remojo.

Requisitos

Estación: primavera

Herramientas: un colador de malla fina

Equipo: un potecito individual para el horno o un tazón pequeño, filtro de papel para el café

Materiales: agua

Temperatura: a menos que se indique lo contrario, la temperatura del agua deberá ser la ambiental, no demasiado elevada ni demasiado baja

Los filtros de café no blanqueados son excelentes coladores de semillas ya que ni siquiera las semillas más diminutas pueden pasar a su través.

Posibles problemas

No hay germinación: la precisión en los periodos de tiempo es esencial cuando se trata de remojar semillas. Si mira la lista de la derecha, verá que recoge instrucciones muy específicas. Alguien –quizás un investigador o un jardinero– se tomó la molestia de calcular cuánto tiempo deben estar en remojo estas semillas.

Enfermedades fúngicas: si la semilla está en remojo demasiado tiempo, se pudre. Una vez más, preste atención a las instrucciones de la derecha. Si intenta germinar una semilla que no está en la lista y carece de instrucciones específicas, sea prudente y no prolongue el remojo más allá de 8 horas.

1 SELECCIONE LAS SEMILLAS

Ponga en un pote para el horno o en un tazón las semillas que quiera dejar en remojo.

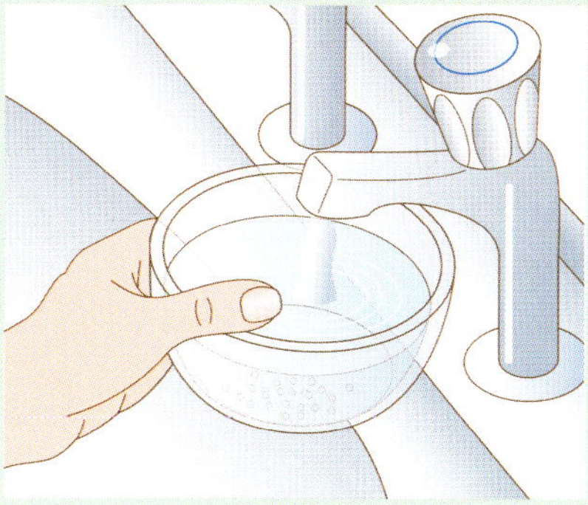

2 AÑADA AGUA

Deje las semillas en remojo durante el tiempo apropiado.

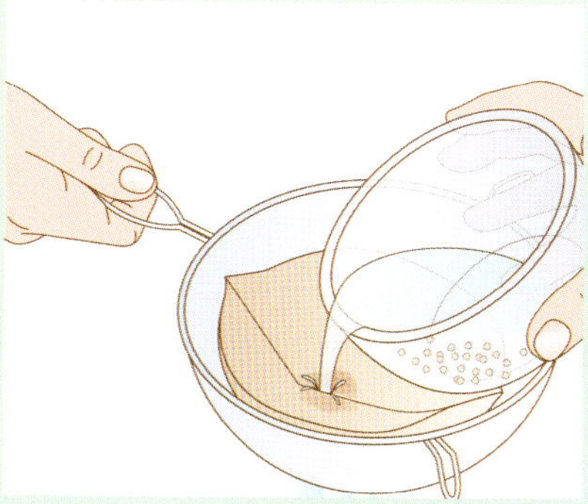

3 CUELE

Decante el agua al menos cada 12 horas. Utilice un filtro de café para recuperar las semillas.

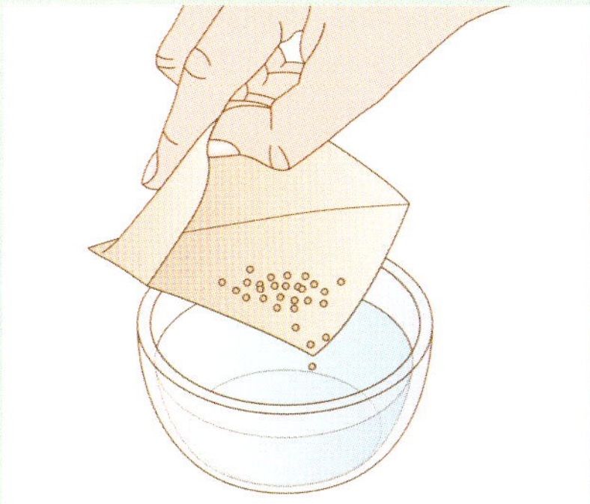

4 REMOJE O PLANTE

Vuelva a poner en remojo o plante de inmediato, según las las instrucciones de la especie.

Observará que las semillas se hinchan cuando están en remojo.

Si pone las semillas en remojo durante demasiado tiempo, acabará teniendo un problema con el moho, como se muestra aquí.

PLANTAS APROPIADAS

N. COMÚN	N. CIENTÍFICO	TRATAMIENTO
Algalia o almizclillo	*Abelmoschus moschatus*	Después de escarificar, remoje durante 1 hora
	Armeria spp.	Remoje durante 6 horas en agua caliente
	Canna x *generalis*	Después de escarificar, remoje durante 48 horas cambiando el agua cada 12 horas
Lechetreznas o euforbias	*Euphorbia* spp.	Después de estratificar, remoje durante 5 días
Amaranto globoso	*Gomphrena globosa*	Remoje durante 3 días en agua caliente
Lirio de día o japonés	*Hemerocallis* spp.	Congele durante 2 semanas y remoje durante 5 días
Hibiscos	*Hibiscus* spp.	Remoje durante 48 horas y cambie el agua cada 12 horas
Guisante de olor	*Lathyrus odoratus*	Después de estratificar, remoje durante 48 horas y cambie el agua cada 12 horas
Altramuz ornamental	*Lupinus polyphyllus*	Remoje durante 2-3 días
Campanas de Irlanda	*Moluccella laevis*	Remoje durante 24 horas

Escarificación

La escarificación ocurre de forma natural cuando un pájaro se traga una semilla. En el sistema digestivo del ave, los ácidos atacan la cáscara y cuando el ave la elimina, la semilla germina.

Escarificar significa hacer una cortadura o incisión muy poco profunda que en el caso de la piel humana deja una cicatriz y en el caso de una semilla, perfora su cáscara. Muchas semillas que las aves plantan sin saberlo o bien toleran la escarificación o bien la requieren. Así, las aves son responsables de la siembra de muchos miles de rosas de la especie *Rosa multiflora* cada año, pero las rosas que se propagan por semilla no necesitan escarificación. Si escarifica una semilla que no lo requiere puede matarla, así que lo mejor es que consulte una buena referencia si tiene una semilla dura que parece exigir este tratamiento pero no figura en esta página.

Este procedimiento podrá infundirle respeto la primera vez que lo realice pero en realidad no hay nada que temer. Basta con perforar la cáscara de la semilla lo suficiente para que el agua pueda penetrar en ella. Como se muestra a la derecha, puede hacerlo haciendo una muesca en la cáscara con la punta de un pequeño cuchillo de cocina muy afilado o frotándola con papel de lija. Haga una muesca en la semilla para evitar dañar el hilio.

Plantas apropiadas

N. COMÚN	N. CIENTÍFICO
Algalia o almizclillo	*Abelmoschus* spp.
Malvarrosa, malvón, etc.	*Alcea rosea*
Añil falso	*Baptisia* spp.
Floripondio, trompeta del Juicio	*Brugmansia* spp.
	Canna x *generalis*
	Ipomoea alba
Campanillas	*Ipomoea* spp.

Las semillas de Ipomoea *suelen crecer bien.*

A las aves les encantan las semillas de Abelmoschus *y pueden plantarlas inadvertidamente durante sus desplazamientos.*

El papel de lija de grano fino sirve para lijar semillas.

SELECCIONE LAS SEMILLAS
Vierta las semillas dentro de un tazón para examinarlas.

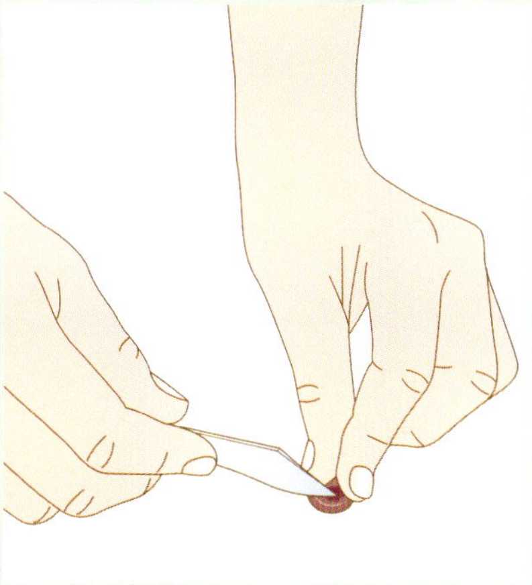

HAGA UNA MUESCA
Con un cuchillo muy afilado haga una muesca en la cáscara de la semilla. No dañe el hilio u "ojo", ya que los primeros tallos y raíces brotarán de esta zona.

CLASIFIQUE
Ponga las semillas que ya tienen muesca en otro tazón para tener dos montones bien separados. Escarifique las semillas restantes una a una.

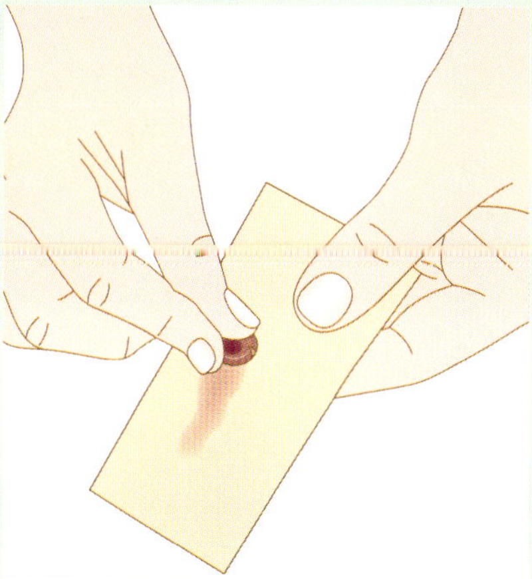

MÉTODO ALTERNATIVO: PAPEL DE LIJA
Como alternativa, escarifique las semillas frotándolas con un trozo de papel de lija fino. Si trabaja con semillas más grandes, simplemente rasque el papel con cada una de las semillas pero si trabaja con una serie de semillas, frótelas entre dos trozos de papel.

Requisitos

Estación: primavera

Herramientas: un pequeño cuchillo de cocina

Equipo: 2 pequeños tazones

Materiales: semillas, papel de lija fino

El papel de lija es una buena elección para las semillas de Alcea rosea, *arriba derecha, y también es muy apropiado para* Lathyrus odoratus, *derecha.*

Estratificación

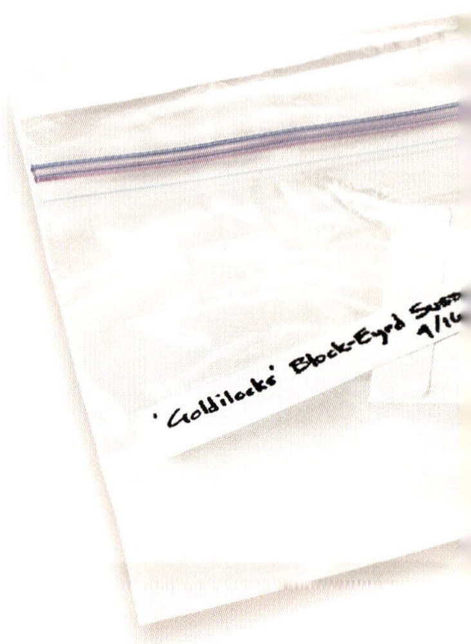

En climas fríos, las semillas germinan en primavera. Gracias a ello las plantas tienen a su disposición toda la estación de crecimiento para prepararse para el invierno, ya sea produciendo semillas y haciéndolas madurar antes de morir si son anuales o, en el caso de perennes, dejando morir o endurecer sus tejidos antes de que empiece el frío. Las semillas de estas plantas desarrollan un sistema para protegerse de una germinación prematura o demasiado tardía.

Cuando un jardinero pone a enfriar semillas a propósito, hablamos de estratificación. Antes se creía que algunas semillas necesitaban congelarse antes de germinar, pero investigaciones recientes indican que basta con un simple enfriamiento. Pruebe ambos procesos para ver cuál le funciona mejor. Ponga en la nevera las semillas de la lista siguiente que necesitan congelación.

La estratificación es una de las técnicas de jardinería más fáciles. En cuanto compre sus paquetes de semillas a finales de invierno, meta los paquetes de semillas a estratificar, sin abrirlos, dentro de un tarro. Ponga el tarro en la nevera o en el congelador. Para evitar confusiones, etiquete cada paquete con la fecha más temprana en que podrá retirarlo.

Algunas semillas tendrán una tasa de germinación máxima si experimentan una alternancia de congelación y descongelación. Si el clima de su región es fiablemente frío todo el invierno, la manera más fácil de estratificar estas semillas consiste en plantarlas en bandejas de germinación a finales de otoño y colocarlas en una cama fría con una tapa que se abre automáticamente para ventilar. El frío constante seguido de las fluctuaciones térmicas de la primavera estimulará su germinación, al igual que en la naturaleza.

PLANTAS APROPIADAS

N. COMÚN	N. CIENTÍFICO	TRATAMIENTO
Acónitos	*Aconitum* spp.	Frío durante 3 semanas
Boca de dragón	*Antirrhinum majus*	Frío durante 4-6 semanas
Aquileas o aguileñas	*Aquilegia* spp.	Frío durante 2-8 semanas
	Belamcanda chinensis	Frío durante 4-6 semanas
Clemátides	*Clematis* spp.	Frío durante 3 meses
Espuelas	*Consolida* spp.	Frío durante 6 semanas
	Delphinium elatum	Congelar durante 4-6 semanas
Claveles	*Dianthus* spp.	Frío durante 4-8 semanas
Corazón sangrante	*Dicentra spectabilis*	Frío durante 6 semanas
	Dracocephalum spp.	Frío durante 4-6 semanas
Equináceas	*Echinacea* spp.	Frío durante 3-6 semanas
Eringios	*Eryngium* spp.	Frío durante 6 semanas
Euforbia	*Euphorbia griffithii*	Congelar durante 2 semanas, en remojo 5 días
Gencianas	*Gentiana* spp.	Frío durante 2-4 semanas
	Geranium sanguineum	Frío durante 1-2 meses
	Heliopsis helianthoides	Frío durante 4 semanas
Eléboro negro	*Helleborus niger*	Congelar durante 2 semanas
Lirios de un día	*Hemerocallis* spp.	Congelar durante 2 semanas, en remojo 5 días
Guisante de olor	*Lathyrus odoratus*	Frío durante 2-3 semanas, en remojo 48 horas
Espliegos	*Lavandula* spp.	Frío durante 4 semanas
Liatris	*Liatris scariosa*	Frío durante 6 semanas
Flor de cardenal	*Lobelia cardinalis*	Frío durante 10 días
Mímulos	*Mimulus* spp.	Frío durante 3 semanas
Campanas de Irlanda	*Moluccella laevis*	Congelar durante 5 días
Onagra	*Oenothera macrocarpa*	Frío durante 2 semanas
Peonías	*Paeonia* spp. & cvs.	Frío durante 2 meses
	Penstemon spp.	Frío durante 4-8 semanas
	Phlox spp.	Congelar 2 semanas, en remojo 7 días, cambie el agua cada día
Polemonio	*Polemonium boreale*	Frío durante 2 meses
Primavera, vellorita	*Primula marginata*	Frío durante 2 semanas
Rosas	*Rosa* spp. & cvs.	Frío durante 5 meses
[illegible]	*Rudbeckia hirta*	Congelar 1 semana, frío 1 semana
Salvias	*Salvia* spp.	Frío durante 1 semana
Pimpinela canadiense	*Sanguisorba canadensis*	Frío durante 6 semanas
Flor de San Pallari	*Trollius europaeus*	Congelar durante 2 semanas
Verónicas	*Veronica* spp.	Frío durante 2 meses
Pensamientos y violetas	*Viola* spp.	Frío durante 4 semanas
Yuca	*Yucca filamentosa*	Congelar durante 3-4 semanas

Posibles problemas

Germinación escasa: varios factores pueden provocar una germinación escasa de las semillas estratificadas. Es posible que no las haya sometido a un periodo de frío suficientemente largo. Si sospecha que éste es el caso, envuelva en plástico la bandeja de germinación y métala en la nevera durante otro periodo de estratificación.

Desecación: también es posible que las semillas se hayan secado. Es importante poner los paquetes de semillas en una bolsa de plástico bien cerrada o en un tarro hermético.

Etiquete su paquete.

Requisitos

Estación: primavera

Equipo: semillas, rotulador permanente de punta fina, suelo para macetas, papel de lija de grano fino

Herramientas: un tarro con tapa herméticamente cerrado, bandeja de germinación

Temperatura: enfríe a 4 °C, la temperatura de la mayoría de neveras domésticas. Si posee un congelador vertical, utilícelo para congelar las semillas; si no, ponga las semillas en el centro del congelador de su nevera.

ETIQUETAR

Etiquete el paquete de semillas con la fecha en que lo sacará del frío.

CERRAR HERMÉTICAMENTE

Ponga el paquete dentro de un tarro de cristal o bolsa de plástico que pueda cerrar herméticamente.

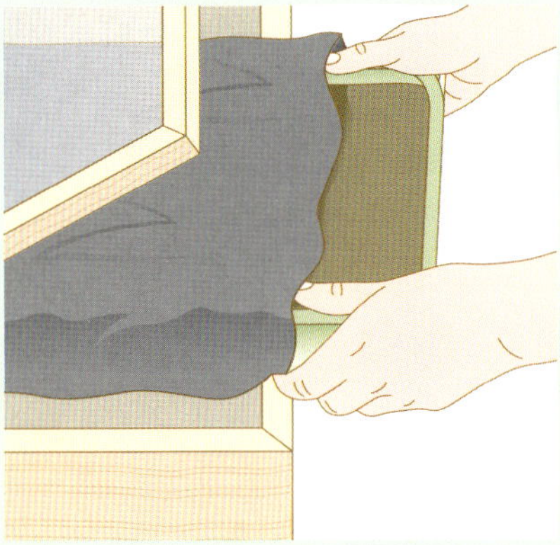

ALTERNATIVAMENTE: CUBRIR

Muchas semillas que necesitan frío para germinar precisan una cama fría durante todo el invierno. Algunas plantas necesitan oscuridad para germinar; si éste es el caso, cubra la bandeja con semillas con un plástico negro antes de meterla dentro de la cama fría.

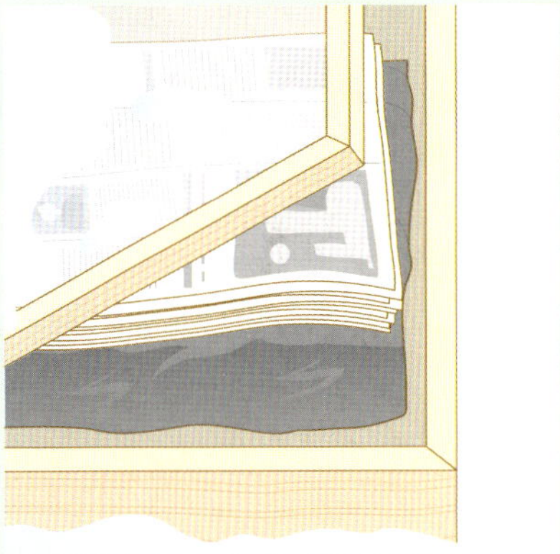

PONER UNA CAPA

Una gruesa capa de periódicos sobre el plástico negro deja pasar aún menos la luz, y la fluctuación de temperatura dentro de la cama fría estimulará la germinación.

Encierre las bandejas de germinación o las de alvéolos en una bolsa de plástico que pueda cerrar herméticamente cuando las ponga en la nevera o el congelador. Si la bolsa no está cerrada, la humedad se evaporará y las semillas se morirán por la sequedad.

Luz

Las semillas diminutas tienen brotes y primeras raíces diminutos; si germinan muy hondo, los brotes no pueden crecer lo suficiente para que los cotiledones queden por encima de la superficie. Sin exposición a la luz estas primeras hojas no pueden sintetizar los azúcares necesarios para el crecimiento de la diminuta planta, así hay que asegurarse de que la semilla no germine si no está cerca del suelo.

Siempre que plante sus pequeñas semillas, piense en que necesitarán luz para germinar. Pero como verá en la lista de la derecha, unas pocas semillas más grandes, como las de la malvarrosa (*Alcea rosea*) y las de las equináceas (*Echinacea* spp.), también necesitarán luz para germinar.

Tape la bandeja de germinación con una lámina de polietileno y ponga la bandeja bajo una instalación de fluorescentes.

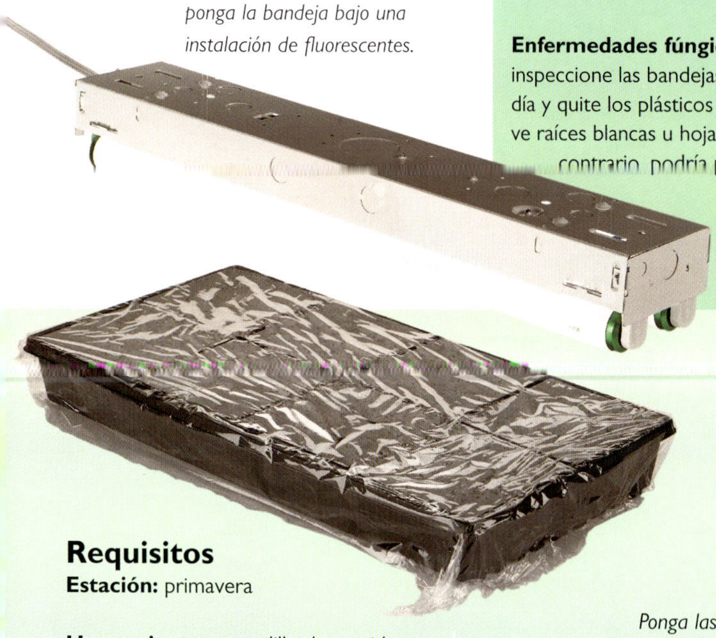

Posibles problemas

Germinación escasa: si las semillas caen al fondo de un hueco de la mezcla de suelo puede que no tengan luz suficiente para germinar. Para evitarlo, alise la mezcla antes de sembrar. Las semillas que están en la superficie también pueden secarse; asegúrese de cubrir el sustrato y manténgalo húmedo mientras las semillas germinan.

Enfermedades fúngicas: inspeccione las bandejas varias veces al día y quite los plásticos que las tapan si ve raíces blancas u hojas verdes; de lo contrario, podría pudrirse.

Plantas apropiadas

N. común	N. científico
Ageratos	*Ageratum* spp.
Malvarrosa	*Alcea rosea*
Ameo bastardo	*Ammi majus*
Boca de dragón	*Antirrhinum majus*
Aguileñas	*Aquilegia* spp.
	Armeria spp.
Artemisas	*Artemisia* spp.
	Asclepias tuberosa
Begonias	grupo de *Begonia semperflorens*
	Bracteantha bracteatum
Quemadas	*Celosia* spp.
Claveles	*Dianthus* spp.
Digital, dedalera	*Digitalis purpurea*
Equináceas	*Echinacea* spp.
Cardo yesquero	*Echinops ritro*
Eucalipto de Gunn	*Eucalyptus gunnii*
Gailardia	*Gaillardia aristata*
	Gypsophila spp.
Helenio	*Helenium autumnale*
Matrona, juliana	*Hesperis matronalis*
Campanas de coral	*Heuchera* cvs.
Zarapinto, carraspique	*Iberis amara*
Alegría del hogar	*Impatiens walleriana*
Siempreviva azul	*Limonium sinuatum*
Lobelias	*Lobelia* spp.
Lunaria	*Lunaria annua*
Nomeolvides	*Myosotis* spp.
Onagra	*Oenothera macrocarpa*
Petunia	*Petunia hybrida*
Alquequenje, tomate inglés	*Physalis alkekengi*
Campana china	*Platycodon grandiflorus*
Primaveras	*Primula* spp.
Salvias	*Salvia* spp.
Escabiosas	*Scabiosa* spp.
[illegible]	[illegible]

Requisitos

Estación: primavera

Herramientas: un palillo de comida oriental no desbastado o un pequeño sembrador manual

Equipo: una bandeja de germinación o de alvéolos, alféizar de ventana amplio instalación de fluorescentes para plantas

Materiales: semillas, sustrato de germinación, película de plástico

Ponga las semillas que necesitan luz en la superficie del sustrato y nebulícelas hasta los pequeños huecos donde estarán húmedas y aun así continuarán expuestas a la luz.

Oscuridad

Algunas semillas no germinan mientras están expuestas a la luz. Con este mecanismo de supervivencia se evita que la semilla germine cerca de la superficie del suelo, donde los aportes de humedad pueden ser demasiado irregulares para la necesidades de una semilla.

Las semillas de los altramuces necesitan oscuridad y humedad para germinar.

El mecanismo que controla esta respuesta es una sustancia química sensible a la luz que cubre la cáscara de la semilla y que registra la intensidad luminosa e inhibe la germinación cuando ésta es demasiado elevada. Pero las semillas que germinan demasiado hondo en el suelo también acaban muriendo porque sus brotes no consiguen empujar los cotiledones hasta la luz. Por esta razón, estas semillas necesitan a menudo cierta proporción de oxígeno/dióxido de carbono; en lo hondo del suelo, esta proporción es mucho mayor que cerca de la superficie. En el exterior, cúbralas justo lo suficiente para que no entre la luz; en el interior, cubra las bandejas con una capa de periódicos.

Plantas apropiadas

N. COMÚN	N. CIENTÍFICO
Caléndula	*Calendula officinalis*
Aciano	*Centaurea cyanus*
Espuela de caballero	*Consolida ambigua*
	Delphinium elatum
	Fibigia clypeata
	Gazania linearis
	Goniolimon tataricum
Guisante de olor	*Lathyrus odoratus*
Altramuces	*Lupinus* spp.
	Phlox spp.
Verdolagas	*Portulaca* spp.
Palito amargo	*Salpiglossis sinuata*
	Schizanthus x *wisetonensis*
Verbenas	*Verbena* spp. e híbridos
Pensamiento	*Viola* x *wittrockiana*

Posibles problemas

Germinación escasa: si las semillas no están bien cubiertas, puede que no germinen. Entierre la semilla hasta una profundidad igual a tres veces su anchura –no más– y cubra la bandeja con periódicos. En el exterior cubra los surcos con cartón o cartulina con un peso encima.

Enfermedades fúngicas: inspeccione las semillas varias veces al día y quite los periódicos vea las diminutas plántulas; de lo contrario, la falta de circulación de aire podría pudrirlas.

Una lámina de plástico negra impedirá que pase la luz pero ponga periódicos encima de las semillas para que no se pudran.

Requisitos

Estación: primavera

Herramientas: un palillo oriental o un pequeño sembrador manual

Equipo: una bandeja de germinación o de alvéolos

Materiales: semillas, sustrato de germinación, periódicos

Ponga una capa de unos 3 cm de papel de periódico sobre la bandeja de germinación. El papel de periódico permite que la mezcla de tierra "respire", al tiempo que no deja pasar la luz.

Humedad relativa

Aunque la humedad relativa no afecta a las semillas en las mezclas de tierra húmedas, sí afecta a las plántulas germinadas cuando éstas empujan sus primeros tallos y sus cotiledones hacia el aire circundante. La humedad relativa afecta también a los esquejes.

La humedad relativa es la humedad que contiene una masa de aire en relación con la humedad máxima que podría admitir a la misma temperatura y presión. Dado que las moléculas del aire caliente se mueven con más rapidez que las del aire frío, el aire caliente puede admitir más humedad que el frío.

Las plantas transpiran –desprenden vapor de agua– de un modo muy similar a la sudoración humana. El aire circundante absorbe el vapor de agua liberado y las raíces absorben humedad del suelo para sustituir la que pierde la planta. Si la humedad relativa del aire es elevada, no podrá sustraerle mucha humedad a la planta y las hojas estarán bañadas en una fina capa de vapor de agua. Muchas esporas de hongos patógenos germinan en estas condiciones, con lo que resulta difícil mantener sanas las plantas si la humedad relativa es demasiado elevada. Pero si ésta es excesivamente baja –y sobre todo si el aire está caliente– las plantas sufren de falta de humedad. Los esquejes son especialmente vulnerables a las humedades relativas bajas porque tienen pocas raíces –si es que tienen alguna– para reabastecerse de agua.

La elevada humedad de las selvas pluviales determina qué plantas pueden prosperar.

Plantas apropiadas para una humedad relativa elevada

Aunque la mayoría de plantas prosperan con una humedad relativa del 50 al 60%, las especies nativas de las regiones tropicales o subtropicales húmedas necesitan una humedad de 65 y 85% y una temperatura que varíe entre 24° y 32 °C. Muchas plantas de interior, entran en esta categoría y algunas, como las orquídeas tropicales, sufren por debajo del 70%.

N. COMÚN	N. CIENTÍFICO
Begonias	*Begonia* spp.
	Calathea spp.
Orquídeas, entre ellas	*Cattleya*, *Dendrobium*, *Oncidium*, *Phalaenopsis*, y *Vanda* spp.
Crotones o crotos	*Codiaeum*
Fitonia	*Fittonia* spp.
Fucsias	*Fuchsia* spp.
Azaleas	*Rhododendron* spp.
Bromeliáceas	*Vriesea*, *Billbergia*, *Aechmea*, *Ananas*, *Bromelia*, *Guzmania*, *Cryptanthus* y *Neoregelia* spp.

Plantas apropiadas para una humedad relativa baja

Las plantas que prefieren una humedad relativa baja –entre 35 y 45%– suelen ser oriundas de zonas desérticas o de laderas rocosas soleadas y orientadas al sur. Aun así, estas plantas sufren cuando la humedad relativa desciende al 20% o menos. De hecho, en nuestras casas, si no hay un humidificador, la humedad relativa del interior no supera en invierno el 15-20% cuando la calefacción está en marcha.

N. COMÚN	N. CIENTÍFICO
Pitas	*Agave* spp.
Áloes	*Aloe* spp.
	Calandrinia spp.
Cactos, entre ellos	*Cephalocereus*, *Cereus*, *Echinocereus*, *Ferocactus*, *Lemaireocereus*, *Opuntia*, *Pereskia*, *Rhipsalis*, *Selenicereus*, y *Trichocereus* spp.
Cisus	*Cissus antarctica*
Eucaliptos	*Eucalyptus* spp.
Lechetreznas o euforbias	*Euphorbia* spp.
Árboles del fuego, robles	*Grevillea* spp.
Leptospermos	*Leptospermum* spp.
Romero	*Rosmarinus officinalis*
Siemprevivas	*Sempervivum* spp.
Yucas	*Yucca* spp.

Requisitos

Estación: cualquier momento en que esté cultivando plántulas o propagando con esquejes

Equipo: una cámara de propagación, bandejas con guijarros, ventiladores, un humidificador

Materiales: láminas de plástico, tablas estrechas para sostener el plástico, turba de esfagno de fibras largas

Los guijarros permiten un buen drenaje e incrementan la humedad relativa.

Posibles problemas

Humedad demasiado baja: entre los síntomas de aviso se incluyen márgenes y ápices foliares secos y pardos, hojas inferiores caídas y flores que se marchitan con excesiva rapidez, crecimiento escaso, pérdida del lustre del color de las hojas y mala salud general. Envuelva los grupos de plantas con láminas de plástico para incrementar la humedad relativa o cultívelas en una cámara de propagación apropiada.

Humedad demasiado elevada: las enfermedades fúngicas, entre ellas el mildiu, la botritis o podredumbre gris y las que se caracterizan por motas y manchas en las hojas, indican un exceso de humedad relativa. Otros síntomas son las hojas excesivamente grandes y blandas y los entrenudos demasiado largos. Quite los plásticos tan pronto como germinen las plántulas y ventile las cámaras de germinación y de propagación para mantener la humedad al 75-80%.

CONSERVE LA HUMEDAD
Esta cámara de germinación casera, que aquí se muestra antes de colocarle plástico a los lados y por detrás, conserva la humedad cuando la puerta de plástico está bajada.

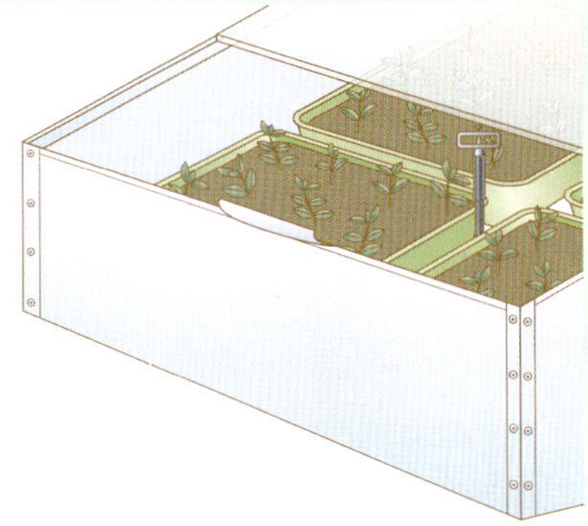

CÁMARAS AUTOMATIZADAS
Las cámaras de germinación automatizadas del comercio crean un medio ambiente ideal pero son demasiado caras para quienquiera que no plante centenares de esquejes al año.

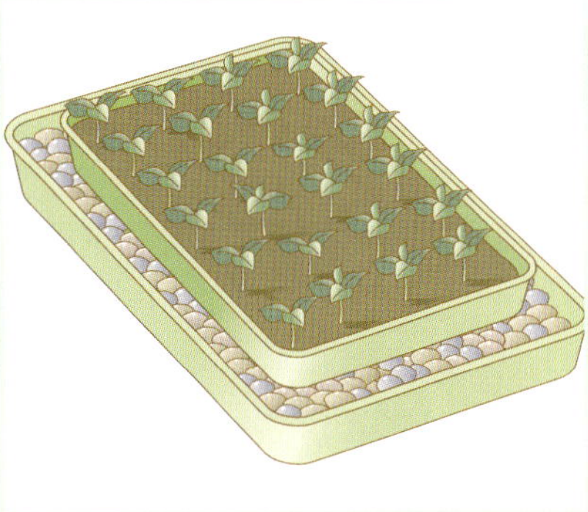

LA EVAPORACIÓN AYUDA
El agua que se evapora de una bandeja con guijarros incrementa la humedad en torno a las semillas. Compruebe que la humedad relativa no sea excesivamente alta.

LENTA PERO SEGURA
La turba de esfagno de la maceta exterior cede lentamente al aire una cantidad constante de humedad, con lo que los esquejes se mantienen húmedos.

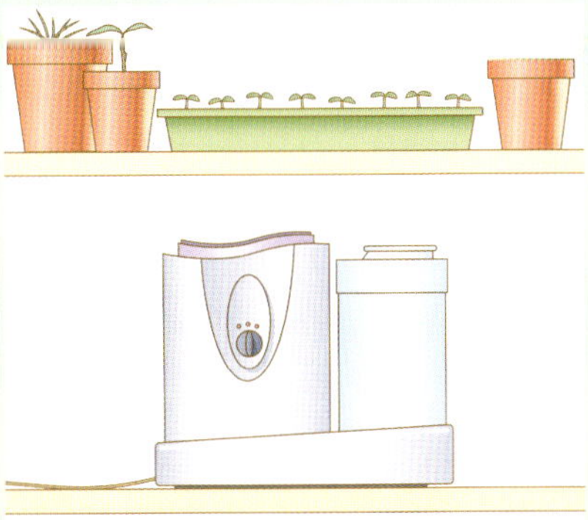

AYUDA ELÉCTRICA
Utilice un humidificador eléctrico si su casa tiene una humedad relativa inferior al 30% cuando la calefacción está en marcha.

ELIMINE CON AIRE
Cuando la humedad relativa sea demasiado elevada, rompa la capa límite que se crea en torno a las hojas, y elimine la humedad que esta capa contiene, con un ventilador.

Temperaturas

La temperatura es uno de los elementos más importantes en técnicas tan diversas como los esquejes de raíz, el acodado aéreo y el injerto. Y resulta crucial cuando se trata de germinar semillas: en este caso, la temperatura puede marcar la diferencia entre el fracaso y el éxito.

Es importante que la temperatura del aire sea constante una vez han brotado las plántulas.

Dos temperaturas son importantes: la del aire y la del suelo. La del suelo afecta a la tasa de germinación: el número de semillas de una especie dada que germinan es mayor cuando la temperatura del suelo está dentro del intervalo óptimo que cuando es demasiado baja o elevada. Por lo general, las mejores tasas de germinación se obtienen con una temperatura del suelo 5 grados más alta que la temperatura del aire óptima para la planta. Así, aun cuando las aguileñas (*Aquilegia* spp.) crecen bien con temperaturas primaverales de 10 a 15 °C, sus semillas germinan mejor entre 18 y 24 °C. Algunas plantas amantes del calor como los cóleos (*Solenostemon*) germinan bien a una temperatura del aire óptima (27-29 °C). La temperatura del aire es importante una vez ha germinado la semilla, o cuando se enraízan esquejes o se hacen injertos.

Incremente la temperatura del suelo con una manta térmica. Si quiere que aumente la del aire, encierre la manta térmica y las bandejas en una estructura hecha con listones y láminas de plástico.

Lámina de plástico un poco elevada por encima del suelo.

Los termómetros de carne pequeños son útiles como termómetros del suelo para las bandejas.

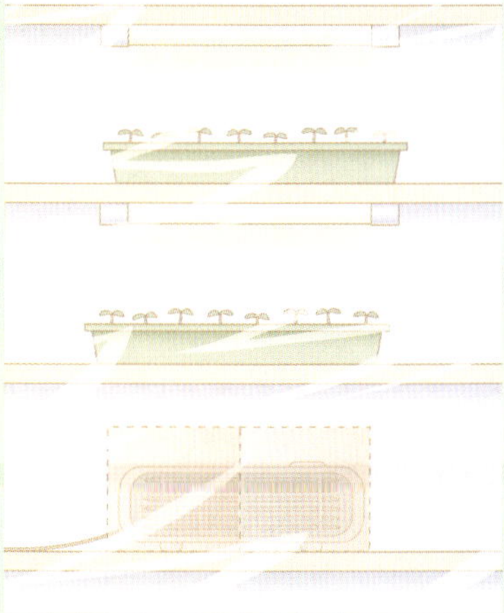

EL ESPACIO IDEAL
Cree un espacio de crecimiento ideal proporcionando luz y calor y empleando láminas de plástico para conservar la humedad. Proteja el plástico del calentador con dos capas de contrachapado.

DÉ MÁS CALOR
Emplee una manta térmica para incrementar la temperatura del suelo mientras germinen las semillas.

Posibles problemas

Las semillas no germinan: las temperaturas del suelo más elevadas o más bajas que las del intervalo óptimo pueden matar las semillas y las temperaturas del aire elevadas o bajas pueden matar las plántulas.

Dióxido de carbono (CO_2)

Sin dióxido de carbono, no existiría la vida tal como la conocemos. Las plantas utilizan CO_2, agua y luz solar en células que contienen fósforo para crear los azúcares simples con los que sintetizan los demás compuestos que contienen. Al hacerlo, liberan el oxígeno que los animales necesitan, junto con agua.

PLANTAS APROPIADAS

Todas las plantas necesitan un nivel de CO_2 de al menos 300 ppm y la mayoría responden bien a niveles más elevados que éste. Cuando propague, incremente los niveles de CO_2 en todos los invernaderos y cámaras de germinación que alberguen plantas o tallos con hojas.

La concentración del CO_2 en el aire es de unas 340 partes por millón (ppm). Sin embargo, cuando lo utilizan las plantas de un espacio cerrado, su concentración puede disminuir hasta el punto que las plantas ya no tengan suficiente CO_2 para sintetizar azúcares. A resultas de ello, su crecimiento se ralentiza. Así pues, es lógico suponer pues que estarán más sanas si el nivel de CO_2 se mantiene a unas 300 ppm.

Con todo, le sorprenderá saber que casi todas las plantas crecen mejor cuando la concentración de CO_2 es más elevada de lo normal. Quienes cultivan en invernaderos incrementan esta concentración de forma rutinaria a 800-1000 ppm cuando brilla el sol para estimular el crecimiento y el rendimiento de las plantas. Para ello inyectan CO_2 con bombonas especiales dentro de la atmósfera del invernadero.

Las plantas de un invernadero portátil saldrán ganando si incrementa los niveles de CO_2. Añada levadura de panadero (v. abajo) y cierre la cremallera de la puerta para mantener elevados estos niveles. Controle la temperatura y la humedad generales.

AÑADA LEVADURA

La levadura de panadero desprende anhídrido carbónico a medida que crece; es uno de los medios más fáciles para incrementar la concentración de CO_2 en un espacio cerrado. Llene un tazón pequeño de agua caliente hasta la mitad o tres cuartos y añada un buen puñado de azúcar. Agite y añada una cucharada sopera de levadura de panadero. Ponga el tazón en un espacio cerrado, donde liberará CO_2 al desarrollarse la levadura. Mida el nivel de CO_2 una vez deje de burbujear la levadura y repita el proceso si es necesario.

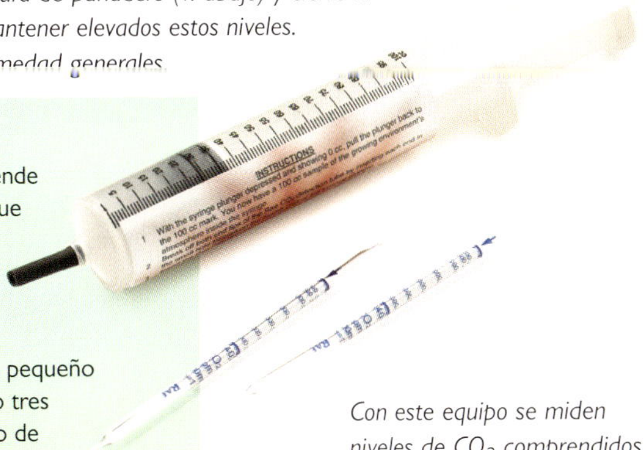

Con este equipo se miden niveles de CO_2 comprendidos entre 300 y 5000 ppm. Adquiera la costumbre de controlar los niveles de CO_2 en torno a sus plantas las mañanas soleadas.

Ciclos vitales y características de crecimiento

El conocimiento del ciclo vital y de las características de crecimiento de una planta es una información vital a la hora de propagarlas. Si sabe que es una planta anual, podrá estar seguro de que la manera más fácil de propagarla es por sus semillas. Pero si es una perenne leñosa, será mejor que la divida (si tiene un sistema radicular fibroso) o que realice esquejes. Así pues, vale la pena revisar los aspectos básicos de la fisiología vegetal y de los ciclos vitales.

Anuales

Casi todos los jardineros cultivan al menos unas pocas anuales, plantas que completan todo su ciclo anual –semilla a semilla– en una sola estación. Aunque puede extraer esquejes de madera verde de algunas anuales, enraizarlos y continuar cultivándolos durante el resto de la estación, este procedimiento suele ser problemático. Propagar las anuales por semillas es el método más fácil y práctico de incrementar sus existencias.

Las **anuales de invierno** se confunden fácilmente con las bianuales porque sus semillas germinan a mediados de verano; adquieren una roseta de hojas antes del otoño y luego, en la primavera siguiente, desarrollan más flores y un pedúnculo floral. Pese a ello también se las clasifica como anuales porque sólo viven un año. Es probable que las únicas anuales de invierno con que se encuentre en su jardín sean malas hierbas tales como la hierba de Santa Bárbara *(Barbarea verna)* o la bolsa de pastor *(Capsella bursa-pastoris)*.

Las **anuales delicadas** no toleran las temperaturas bajas y muchas de ellas como la alegría del hogar *(Impatiens walleriana)* y la vincapervinca de Madagascar *(Catharanthus roseus)* son perennes en sus hábitats nativos.

Las **anuales robustas** pueden soportar las temperaturas bajas. La caléndula *(Calendula officinalis)* y la espuela de caballero *(Consolida ambigua)* son anuales robustas comunes.

Las caléndulas son anuales rústicas que crecen bien cada año a partir de semillas.

Bianuales o bienales

Las bianuales viven 2 años. Sus semillas germinan en primavera o a finales del verano del primer año, suelen desarrollar una corona o roseta de hojas ese mismo año, adquieren más hojas en la estación vegetativa siguiente y desarrollan un pedúnculo floral. También se multiplican por semillas, siendo común cultivarlas en una cama de germinación en el fondo del jardín el primer año y transplantarlas a su lugar de floración en la primavera del segundo año. La campanilla de Canterbury *(Campanula medium)* y la malvarrosa *(Alcea rosea)* son bianuales comunes.

Perennes

Las plantas perennes viven 3 o más años. Se trata de un grupo enorme que abarca desde diminutas flores silvestres hasta árboles enormes. La mayoría de perennes produce semillas viables, aunque no todas; si una planta las produce, puede que sea más fácil propagarla de forma vegetativa que por semillas.

Las perennes se clasifican en varios grupos según sus características físicas y cada uno de ellos se subdivide según éstas.

Las **perennes delicadas** como *Abutilon* x *hybrida* y los geranios (*Pelargonium* spp.) son robustas en su medio nativo (y en gran parte de España) pero no sobreviven a los climas fríos y las heladas. En países boreales o en zonas de montaña estas plantas se cultivan en el interior durante los meses fríos y se sacan al exterior en verano. Propáguelas de acuerdo con otras características de la planta, no según su rusticidad.

Las **perennes robustas** como la equinácea *(Echinacea purpurea)* y las

Las variaciones naturales en la coloración, la forma y el tamaño de las coníferas le permite crear asombrosos diseños compuestos únicamente por estas plantas.

rosas (*Rosa* spp.) sí soportan los inviernos con heladas, aunque la intensidad y la duración del frío que pueden soportar varía de una especie a otra. Antes de comprar una planta perenne robusta, verifique siempre cuáles son sus zonas de rusticidad para asegurarse de que sobrevivirá en su clima. Nuevamente, la técnica de propagación depende de las características de la planta.

Las **perennes herbáceas** tienen hojas y tallos que en los climas fríos mueren al final de cada estación vegetativa. Sus raíces continúan vivas, aunque latentes, en el suelo frío o helado, y la planta desarrolla nuevos órganos aéreos a partir de los tejidos radiculares cada primavera. Un enorme número de plantas de jardín encajan en esta descripción, desde las anémonas (*Anemone* spp.) hasta las aquileas o milenramas (*Achillea* spp.). Estas plantas suelen dividirse a principios de primavera, aunque sus esquejes se obtienen entrada la buena estación.

Las **perennes leñosas** desarrollan troncos, tallos y ramas leñosos. La mayoría de las plantas que sirven para formar la arquitectura del jardín –arbustos, árboles y enredaderas– entran en esta categoría. Una vez más, las propagará de acuerdo con otras características: algunas crecen mejor a partir de semillas, otras de chupones o de ramas acodadas, y algunas de esquejes; algunas deben injertarse sobre patrones especiales.

Las **perennifolias de hoja ancha**, como los acebos (*Ilex* spp.) y los bojes (*Buxus* spp.) tienen hojas verdes durante todo el año. Las técnicas de propagación de la mayoría de estas plantas son el acodado, los esquejes y ocasionalmente los injertos.

Las **coníferas** son plantas perennifolias de hojas aciculares como los pinos (*Pinus* spp.) y los abetos (*Abies* spp.). Aunque estas plantas pueden propagarse con otros métodos, muchas de ellas se multiplican fácilmente por semillas.

Este pino de Weymouth (Pinus strobus) *'Horsford' confiere vistosidad a cualquier paisaje.*

Recuperar semillas

La recuperación de semillas abre la puerta a uno de los aspectos más excitantes de la jardinería. Con técnicas sencillas multiplicará plantas especialmente adaptadas al ambiente de su jardín, aprenderá a crear sus propios híbridos y a obtener plantas de polinización libre (PL).

Requisitos

Estación: de primavera a otoño

Herramientas: un cepillo pequeño de acuarelas

Equipo: una jaula de alambre para plantas

Materiales: Telas antiheladas o geotéxtiles, cinta de embalar, cordel.

Recuperar semillas es excitante: una vez empiece, se preguntará por qué otros no lo hacen. Las técnicas básicas de mejora de una variedad son sencillas y son una preparación para los procedimientos más complicados, aunque todavía factibles, relacionados con el desarrollo de híbridos y la obtención de plantas PL.

Aparte del equipo básico, hay tres requisitos para realizar esta tarea:

- Un conocimiento básico de la biología de la producción de semillas.
- Paciencia para trabajar en la mejora a lo largo de los años.
- Una capacidad de organización que le permita clasificar y etiquetar sus semillas, además de mantener registros precisos.

La mayoría de personas se inician en la recuperación de semillas y en los experimentos de mejora selectiva con hortalizas, y es fácil encontrar libros que describan los procedimientos aptos para éstas. Pero si pretende trabajar con plantas ornamentales, no se desanime: le será fácil adaptar la información.

Distinciones

Aprenda a recuperar semillas y a seleccionar plantas trabajando al principio con un cultivar de polinización libre (PL). Las plantas de polinización libre obtenidas a partir de sus semillas serán muy similares a las parentales, siempre que hayan sido fecundadas por el polen de una planta de la misma especie, variedad o cultivar. Por el contrario, los híbridos se obtienen cruzando especies, variedades o cultivares de una planta con otra planta emparentada. También es útil saber si una planta es una variedad o un cultivar. Esta distinción puede ser difícil de establecer porque un cultivar es simplemente una variedad que se ha cultivado selectivamente por sus características específicas.

Cuando estas cualidades ya son estables de una generación a la siguiente, se convierte en un cultivar.

Asegúrese de que las semillas estén debidamente clasificadas y etiquetadas.

Aislamiento

En algunos casos, todo lo que tiene que hacer es recolectar las cápsulas o cabezuelas con semillas al final de la estación vegetativa y conservarlas en invierno. Pero esto sólo funcionará si tanto usted como todos los demás jardineros de la zona sólo cultivan una misma especie de planta PL, y esto es algo con lo que no es fácil contar.

Algunas plantas son polinizadas por insectos o aves que vuelan muchos kilómetros en su búsqueda de néctar; otras se polinizan cuando el viento transporta el polen de una flor a otra; y otras se polinizan a sí mismas cuando el polen de sus anteras cae a sus estigmas.

La única manera de estar completamente seguro de que se están cultivando las semillas que uno desea consiste en "aislar" las plantas. Los productores comerciales de semillas lo consiguen dejando grandes distancias entre sus distintos cultivos pero dado que esto es impracticable en casa, usted deberá ser un poco más innovador. Como se muestra en las ilustraciones de la derecha, existen varias maneras de aislar estos cultivos; elija la que más le convenga.

1 ENJAULAR
Construya una jaula en torno a las plantas que desee aislar, mucho antes de que se abran sus flores.

2 ENCERRAR
Emplee tela antiheladas o geotéxtil para encerrar por completo las plantas enjauladas. Amontone tierra contra la base de las paredes y ponga una tapa para impedir la entrada de insectos o la salida de polen.

3 POLINIZAR
Cuando las flores se abran, emplee un pincel para transportar el polen de una flor a otra y fecundar las semillas.

AISLAR DE LA POLINIZACIÓN
Muchas plantas, y entre ellas las gramíneas ornamentales, tienen un polen que flota por el aire entre una flor y otra. Aíslelas en jaulas o envuelva sus espigas en bolsas.

1 EMBOLSAR
Rodee las cabezuelas florales con tela antiheladas y átela en la base. Envuelva los tallos con algodón hidrófilo, justo debajo de la atadura, para no dejar entrar los granos de polen sueltos y evitar que las semillas desarrolladas caigan al suelo.

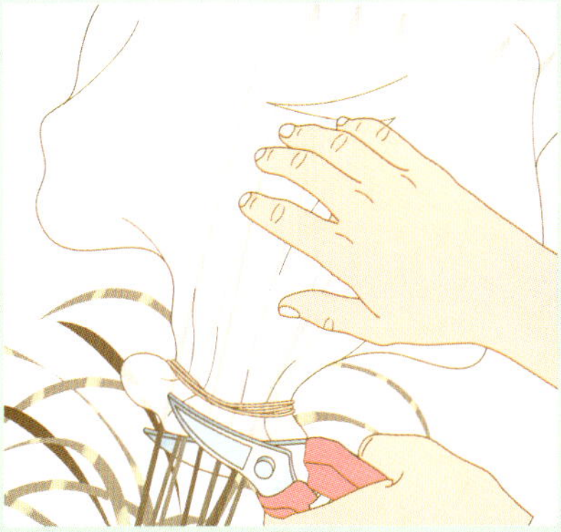

2 COSECHAR
Una vez los tallos estén secos y pardos, las semillas estarán maduras. Incline la bolsa para coger al vuelo las semillas que caen y corte los tallos. Deje que las semillas acaben de secarse dentro de la casa en cuanto las recolecte.

Posibles problemas

Polinización inapropiada: a veces acaba obteniendo semillas indeseadas. Esto ocurre a menudo en la familia de las calabazas, cuando una de las plantas da frutos con características de dos plantas parentales diferentes y no el que usted deseaba.

Semillas demasiado escasas: algunas plantas aisladas producen un número escaso de semillas a menos que las polinice a mano; no se olvide de hacerlo.

Unos pocos materiales bastan para llevar a cabo esta técnica extremadamente satisfactoria.

Polinización

Para relevar a la naturaleza en su función polinizadora deberá proceder lo más análogamente posible a los sistemas naturales y si esto no es posible, deberá sustituirlo por un método que sea casi igual de efectivo.

La polinización parece muy sencilla: basta con desplazar los granos de polen desde las anteras de una flor hasta sus propios estigmas. Pero para muchas plantas, el proceso no es así de sencillo.

Algunas plantas perfectas que uno imagina capaces de autopolinizarse son en realidad autoincompatibles. No pueden polinizarse a sí mismas porque tienen inhibidores químicos o por falta de simultaneidad: su polen está maduro cuando sus estigmas aún no pueden aceptarlo. Esta característica es común en las flores polinizadas por insectos y otros animales, así que es mejor suponer que éste es el caso si no se está seguro de lo contrario. Esto significa que cuando recupera semillas de la mayoría de plantas tendrá que transferir el polen de las flores de una planta a las de otra diferente.

Las plantas polinizadas por viento también pueden ser difíciles de polinizar. En la espinaca, las plantas son o bien masculinas o bien femeninas. Para recuperar las semillas, deberá enjaular un gran grupo de plantas y acordarse de agitarlas cada día mientras las plantas están en flor. El polen se desplaza cuando el aire no está demasiado húmedo y los estigmas de las plantas que florecen de día tienden a ser más receptivos entre aprox. las 10 de la mañana y la una de la tarde, así que es importante polinizar a estas horas.

Las flores de plantas como el guisante de olor *(Lathyrus odoratus)* y los tomates se autopolinizan antes de estar totalmente abiertas pero, aun así, su polinización accidental por insectos no es imposible. Para protegerlas contra la polinización aleatoria, puede envolver en bolsas las flores individuales, tal como se describe en la página 43. Pero en vez de esperar hasta el momento de la polinización, ponga las bolsas unos pocos días antes de que se abran. Para asegurar la fecundación, sacuda los tallos cada mañana hasta que se caigan los pétalos.

Claves para polinizar

Podrá descubrir cómo sus plantas se polinizan en la naturaleza. Si le parece complejo, emplee las siguientes pautas directrices para "adivinar" el tipo de polinización de sus plantas.

POLINIZADOR	CARAC. DE LA FLOR
Abejas	Amarilla, azul o púrpura; piezas florales no escondidas; olor dulce o fresco; produce néctar y/o polen
Aves	Roja brillante; corola tubular; no [illegible]
Escarabajos	Marron, purpura o de colores apagados; de plana a en forma de tazón; fragancia fuerte y afrutada; pétalos comestibles
Mariposas diurnas	Roja, amarilla, azul o púrpura; piezas florales no escondidas; olor dulce o fresco; produce néctar
Mariposas nocturnas	Blanco o verde pálido; corola estrecha; se abre de noche; olor fuerte y dulce, produce néctar
Moscas	Púrpura o marrón; olor similar a la carne en descomposición
Murciélagos	Verde o blanca apagada; forma de cepillo o de tazón, olor almizclado, a fermentación; se abre por la noche; produce néctar
Viento	Verde pálida o amarilla, pequeña e inconspicua; a menudo crece en tallos flexibles; fragancia muy ligera

Contrariamente a muchas otras flores, las de los guisantes de olor se autopolinizan.

SELECCIONE LAS PLANTAS

Elija las plantas que desea obtener. En este caso, el jardinero desea obtener flores de ojo de poeta *(Coreopsis tinctoria)* con una gran área central coloreada y no con un área pequeña.

PRIMERA GENERACIÓN

Empiece marcando los tallos que poseen las características deseadas con una cinta adhesiva aislante coloreada. Recupere las semillas de estos tallos para cultivarlas el año siguiente.

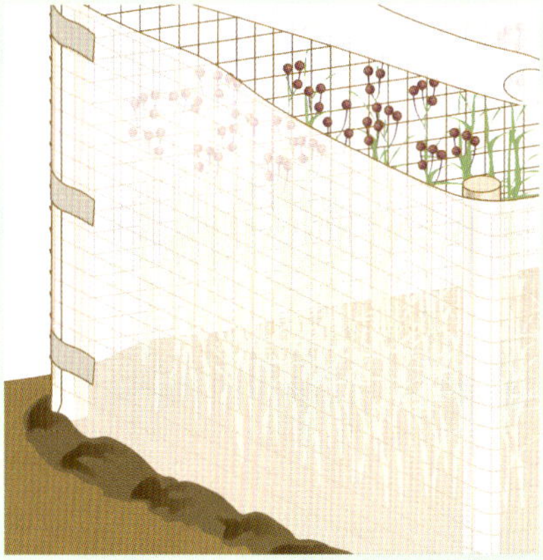

SEGUNDA GENERACIÓN

El siguiente año enjaule y encierre las plantas que cultive a partir de las semillas recuperadas.

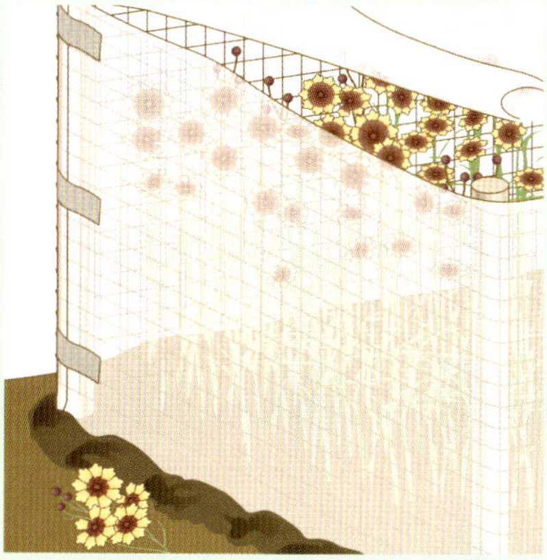

SELECCIONE LAS PLANTAS

Una vez florezcan las plantas, arranque y descarte las que no presentan las características deseadas y conserve las que sí las tienen. Polinice las flores a mano.

TERCERA GENERACIÓN

Hacia el tercer año, muchas más plantas tendrán las características deseadas. Descarte las que no las tengan y polinice una vez más las que sí las tienen.

SEXTA GENERACIÓN

Hacia el 5.° o 6.° año, su población ya será estable, de forma que podrá cultivar sus ojos de poeta en el exterior. Recupere las semillas de las mejores plantas.

Requisitos

Estación: de primavera a otoño

Herramientas: un pincel de acuarelas pequeño

Equipo: una jaula de alambre para plantas

Materiales: tela antiheladas, cordel, cinta eléctrica de colores, etiquetas de plástico para plantas, rotulador

Posibles problemas

Semillas vacías: si había contado con la autopolinización de una flor que es autoincompatible, el resultado será una serie de semillas vacías. Evite este problema polinizando a mano las plantas con las que no esté familiarizado.

Cosechar y limpiar

Producir semillas es parte del trabajo cuando se trata de recuperarlas, realizar mejoras selectivas o reproducir plantas. También hay que cosecharlas y limpiarlas y clasificarlas para su almacenaje invernal.

La cosecha de semillas es una de las alegrías de la jardinería, aunque tendrá que prepararse para realizarla. Su técnica de recolección variará según la planta que esté cultivando. Supongamos que esté cultivando un tipo de girasol *(Helianthus anuus)*, un cultivar de polinización abierta. Para recuperar sus semillas, no lo pierda de vista mientras maduran. La naturaleza le dirá cuándo está a punto: en el momento mismo en que el primer pájaro la visite, corte la cabezuela y deje que se seque en el interior.

El problema surge con las que pueden deshacerse cuando intenta recolectarlas, o las que están encerradas en cápsulas que las dispersan. Para no perderlas, polinice las flores como en la página siguiente.

Limpiar

Antes de almacenar las semillas conviene limpiarlas. Cuando las separe de sus cabezuelas, verá que están mezcladas con varios detritos vegetales y aunque esto no las daña, preferirá sin duda plantar semillas limpias.

Si las semillas son de tamaño mediano, lo más fácil es ponerlas en un tazón poco hondo y soplar dentro: los detritos saldrán volando. ¡Lleve gafas protectoras y una mascarilla cuando haga esta operación!

Puede poner las semillas redondas en un plato llano. Sostenga el plato sobre un tazón e inclínelo lo suficiente para que las semillas caigan dentro del tazón.

También puede emplear tamices para limpiar las semillas. Los tamices disponibles en el comercio tienen distintos tamaños de malla. Puede emplear dos tamices y una bandeja no perforada en la parte inferior. El tamiz superior podrá atrapar los detritos más grandes y dejar pasar las semillas y los detritos más pequeños. El siguiente tamiz tendrá el tamaño apropiado para atrapar las semillas –asegúrese de que sus agujeros son más pequeños que éstas– pero dejará pasar los detritos más pequeños. Si sus semillas tienen todavía muchos detritos de un tamaño similar a éstas, podrá soplarles encima tal como se describe antes.

Las semillas de algunos frutos carnosos, como los tomates, tienen que fermentar para ser viables. Para recuperar estas semillas, exprímalas junto con el gel circundante y un poco de pulpa dentro de un tazón. Coloque el tazón en un lugar cálido –de 18 a 24° C–, y déjelo hasta que aparezca un moho blanco en su parte superior. Ponga las semillas en un tazón y llénelo de agua. Las cáscaras de las semillas vacías y los detritos flotarán en la superficie y las semillas buenas se hundirán hacia el fondo. Quite los detritos y vierta las semillas y el agua restante en un tamiz de malla fina para enjuagarlas. Seque el fondo del tamiz con una toalla de cocina y frote las semillas contra una placa de cerámica. Extiéndalas en una capa fina y agítelas varias veces a lo largo del día. No las ponga a la luz del sol, que podría calentarlas excesivamente.

Las cápsulas de Antirrhinum majus *explotan cuando las semillas están maduras, de modo que conviene encerrar los pedúnculos en bolsas cuando empiezan a tener un color pardo.*

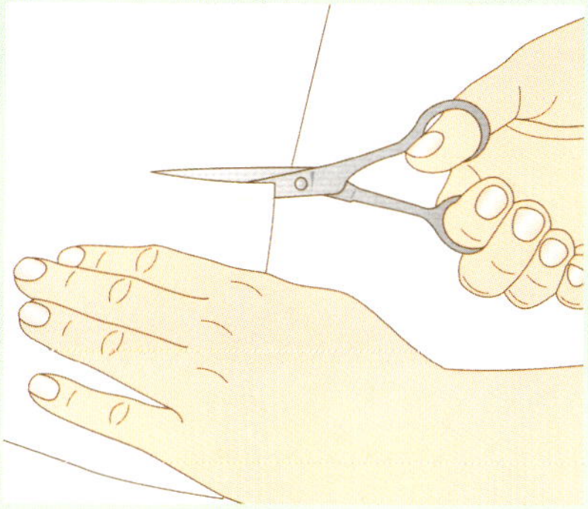

PREPARE

Corte un trozo de tela antiheladas suficientemente grande para cubrir la cabezuela con semillas.

EMBOLSE

Haga con la tela una bolsa bastante suelta sobre la cabezuela, dejando espacio suficiente para que el polen pueda dispersarse por todo el saco.

LLENE LAS RENDIJAS

Rodee el tallo con algodón hidrófilo o con una gruesa capa de gasa para recoger las semillas que caigan.

DEJE SECAR

Cuando el tallo se marchite y seque, la cabezuela caerá naturalmente hacia el suelo y las semillas maduras caerán dentro de la bolsa.

CORTE

Cuando el tallo parezca estar casi seco, córtelo y lléveselo a casa sin retirarle todavía la bolsa.

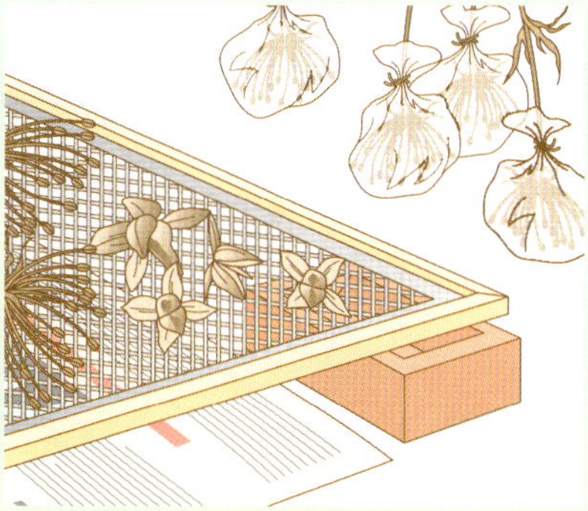

SEQUE

Deje que las semillas caigan de la cabezuela y déjela secar unos pocos días más antes de limpiarlas y almacenarlas para el invierno. Reserve parte de una habitación interior, bien lejos de la lluvia, la nieve y las frías temperaturas del exterior, donde pueda colgar algunas plantas para que se sequen. Seque las otras en cedazos elevados.

Deje que crezca un moho blanco en la superficie del tomate y enjuague y seque las semillas (ver página anterior).

Posibles problemas

Las semillas caen fuera de la bolsa: asegúrese de que el fondo de la bolsa que cubre la flor que se está secando esté completamente relleno de gasa o algodón para evitar que las semillas caigan al suelo.

Conservar semillas

Recuperar semillas es bastante sencillo aunque requiere atención y tiempo. Preste la misma atención al almacenaje de las semillas, pues sería una pena dejar que se deterioren durante el invierno. Si las maneja bien, puede conservar la mayoría de semillas durante al menos 6 años sin que disminuya su tasa de germinación.

La mayoría de semillas maduras están secas y marrones.

Los Geranium pueden cultivarse a partir de semillas en un suelo con una temperatura constante de 10 °C.

La luz, la humedad y las temperaturas elevadas son enemigas de las semillas almacenadas. La luz y una humedad relativa elevada pueden germinarlas de forma prematura, las temperaturas altas pueden "cocer" las semillas y el exceso de humedad favorece las enfermedades fúngicas.

La mayoría de semillas sobreviven mejor al almacenamiento si contiene aprox. un 8% de humedad. Aunque pueden contener algo menos, un porcentaje inferior al 3% las mataría. Por fortuna existe un método relativamente simple para secarlas hasta el nivel correcto, como se muestra en la página siguiente.

Una vez las semillas están secas, tendrá que empaquetarlas y guardarlas dentro de la nevera, en un contenedor hermético, para conservarlas durante años. Pero no olvide secarlas bien para que el exceso de humedad interior no las destruya al expandirse con la congelación.

Algunas semillas tienen que pasar por una alternancia de congelaciones y descongelaciones para vencer su latencia y poder germinar. Los buenos comerciantes de semillas indican este requisito que también se recoge en la Guía de plantas (pp. 134-179) para las plantas descritas en este libro. Empaquete las semillas en un tarro reservado para este propósito y anote en el calendario. Cuando llegue el momento, saque el tarro de la nevera, deje descongelar una semana y congele y descongele otra vez antes de sembrar.

Si el clima de su zona es frío, se preguntará qué hay que hacer con esas semillas que deben plantarse "cuando estén maduras", según se indica en la Guía de plantas. La respuesta es: plántelas tan pronto como caen de la planta en una bandeja de siembra. Llene la bandeja con una mezcla de compost, riegue, deje drenar, siembre y cubra con un plástico grueso. Colóquela en una cama fría al exterior o en algún otro lugar protegido donde pasará el invierno sin problemas. En primavera lleve la bandeja a un lugar adecuado para el crecimiento y quite la cubierta de plástico al primer signo de germinación.

Requisitos

Equipo: fuente de vidrio, tarros, balanza de cocina, bandejas de semillas

Materiales: Gel de sílice, mezcla de compost, papel o tela antiheladas, cinta adhesiva para los paquetes

Almacene las semillas en materiales impermeables tales como papel de aluminio o film adherente y cierre el contenedor con cinta adhesiva.

Posibles problemas

Las semillas se pudren: si su tarro no está tapado herméticamente, la humedad puede entrar en los paquetes de semillas y pudrirlos. Envuelva la tapa con cinta adhesiva de sellado si tiene la más mínima duda al respecto.

Las semillas se secan: asegúrese de quitar todo el gel de sílice de los paquetes para que no continúe absorbiendo la humedad de las semillas.

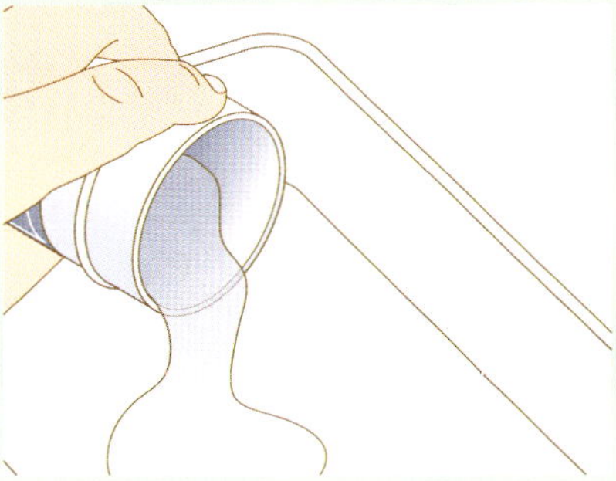

SEQUE
Vierta gel de sílice en una fuente de vidrio para horno de 20 cm x 20 cm y caliente durante 25 minutos a alta temperatura en el microondas, agitando a intervalos. De este modo secará el material.

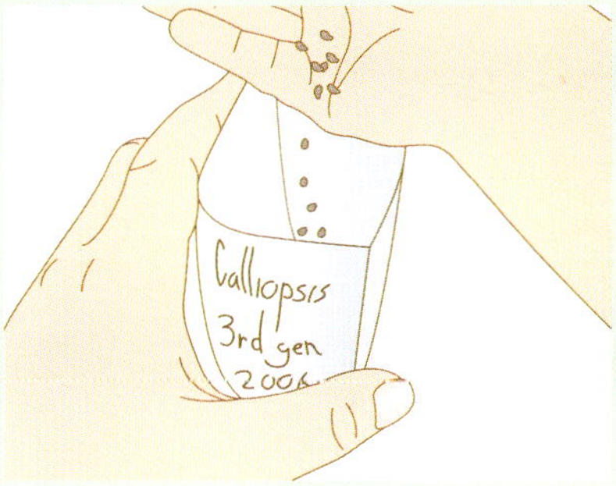

EMPAQUETE
Haga un sobre de papel o de tela antiheladas y vierta las semillas dentro. Ciérrelo con cinta adhesiva. La humedad podrá atravesar el papel o el poliéster al secarse las semillas.

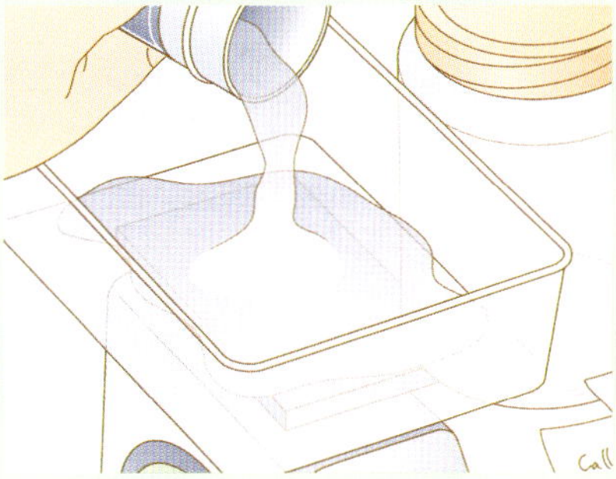

PESE
Si coloca el mismo peso de gel de sílice y de semillas en un tarro, secará las semillas hasta el nivel de humedad correcto.

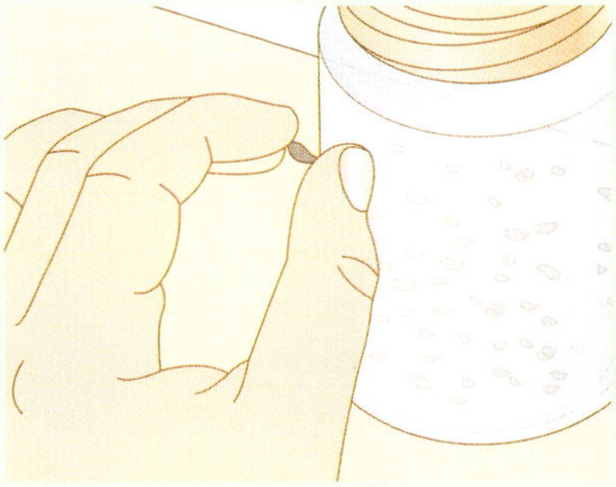

CIERRE
Deje los sobres con semillas en el gel de sílice durante 7 u 8 días. Compruebe la sequedad de las semillas planas doblándolas por la mitad; si se rompen, están secas. Las redondas estarán secas si resisten la uña de su dedo.

ALMACENE
Ponga los paquetes de semillas en un tarro hermético y deje el tarro en la nevera todo el invierno o incluso durante unos pocos años.

DESCONGELE
Deje que las semillas adquieran la temperatura de la habitación antes de abrir el tarro hermético y a continuación deje adaptar las semillas a las temperaturas y niveles de humedad ambientales antes de sembrarlas.

Evitar enfermedades

Algunas enfermedades de las plantas se transmiten por el aire. Si usted vende semillas, deberá tratarlas contra las especies patógenas. A escala doméstica basta en principio con tratar sólo las semillas que provienen de plantas presuntamente infectadas.

Algunas enfermedades son difíciles de evitar. Al final de la estación vegetativa, casi todas las tomateras acaban teniendo una infección de hongos transmitidos por el aire o por las semillas, o de bacterias como la septoriosis (*Septoria* spp.), los geranios y las begonias se han infectado con las bacterias *Pseudomonas* spp. y las zinnias y petunias con *Alternaria zinniae*.

Por mucho que intente no recuperar las semillas infectadas, a veces esto es inevitable. La solución en estos casos es tratar las semillas después de retirarlas de su almacenaje invernal, cuando ya esté a punto de sembrarlas. Todos los tratamientos humedecen las semillas y las preparan para la siembra.

Tratamiento a elegir

Puede tratar las semillas con agua caliente o con sustancias químicas.

Los tratamientos con agua caliente son la manera más fácil y más "amable" de tratar las semillas. Matan la mayoría de patógenos bacterianos y fúngicos comunes pero no los virus, de modo que es mejor no conservar las semillas con una infección vírica.

Tratar las semillas en casa

Dos sustancias se usan comúnmente para tratar semillas a escala doméstica.

La información sobre la dilución de estos materiales varía, dependiendo del fabricante, al igual que la duración del tratamiento. Para estar seguro, no rebase los siguientes tiempos o concentraciones, y para estar doblemente seguro, no trate más de la mitad de las semillas recuperadas. Si estas semillas germinan sin problemas, sabrá que puede tratar el resto de las semillas cuando se plantee sembrarlas.

- **Lejía de lavandería:** diluya mezclando de ½ a 1 parte de lejía con 9 partes de agua. Remoje las semillas pequeñas durante unos 5 minutos; las medianas, unos 10 minutos y las grandes y duras, unos 15 minutos. Aclare después.
- **Peróxido de hidrógeno de calidad alimentaria:** diluya mezclando de ½ a 1½ partes de peróxido con 9 partes de agua. Remoje las semillas pequeñas durante 5 minutos; las medianas, unos 10 y las grandes, unos 15. Aclare después.

Requisitos

Estación: primavera

Herramientas: un termómetro para lácteos, unas pinzas de cocina

Equipo: un cronómetro de cocina y varios contenedores de cerámica o de vidrio (para enfriar)

Materiales: estopilla, cordel, peróxido de hidrógeno, lejía de lavandería

Estos Agapanthus están casi listos para producir semillas. No son especialmente propensos a las enfermedades pero cualesquiera semillas que tengan se verán beneficiadas con el tratamiento.

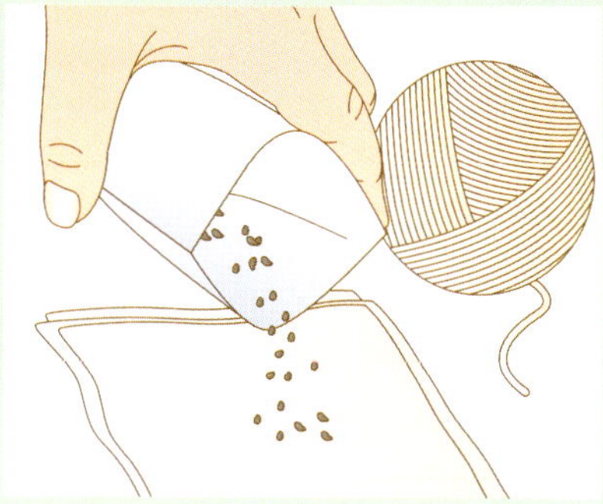

PREPARE
Haga un "bouquet garni" con sus semillas similar al que hace con sus especias cuando cocina. En una triple capa de estopilla corte un cuadrado grande para que sus semillas tengan espacio para moverse de un lado a otro. Ate bien la bolsa con cinta de algodón.

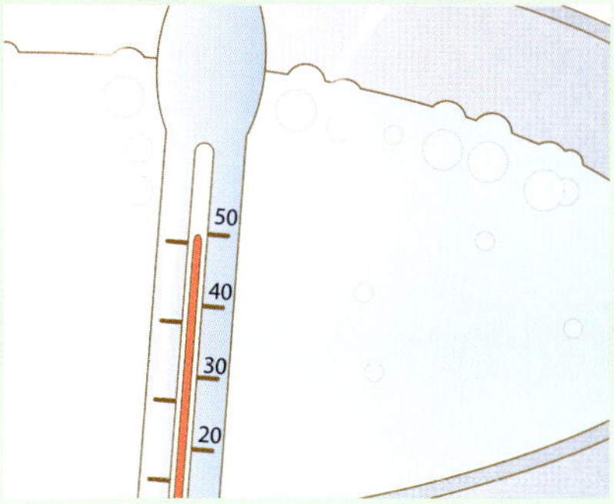

MIDA
Emplee un termómetro para lácteos mejor que un termómetro para azúcar porque será más preciso. La mayoría de semillas quedan esterilizadas a 50 °C.

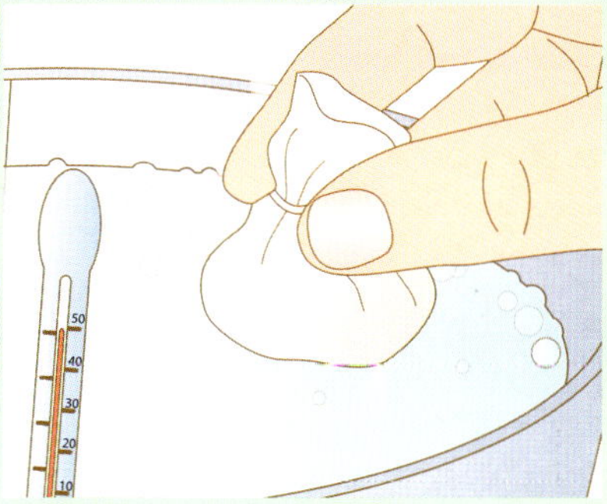

SUMERJA
Espere a que la temperatura se estabilice a 50 °C durante unos pocos minutos antes de sumergir las semillas. Empiece a cronometrar de inmediato.

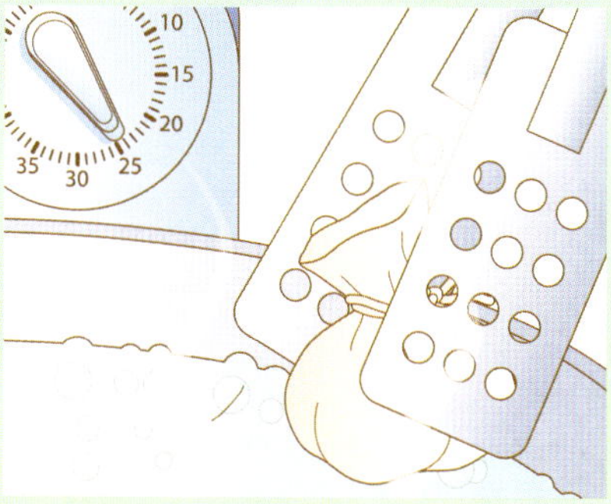

RETIRE
Investigue los tiempos y las temperaturas necesarios para las semillas de hortalizas. Para las ornamentales, deje las semillas pequeñas en el agua durante 20 minutos y las más grandes durante 25. Retírelas con las pinzas de cocina.

DEJE ENFRIAR
Deje que las semillas se enfríen lo suficiente para que no le quemen, pero no las deje enfriar desmasiado tiempo.

SIEMBRE
No deje que las semillas se sequen antes de plantarlas. Prepare las bandejas mientras se están esterilizando las semillas y siémbrelas tan pronto como pueda manipularlas.

CALIENTE
Las semillas tratadas germinan mejor si su suelo está a la temperatura óptima, así que coloque la bandeja sobre una manta térmica. Las semillas germinarán con mayor rapidez que la habitual.

Posibles problemas

Las semillas se mueren: si las sustancias químicas están muy concentradas, si las semillas se dejan mucho tiempo o si se secan antes de sembrarlas, se mueren.

Las semillas enferman: es posible que el tratamiento no fuera el adecuado o, lo que es igualmente probable, que el suelo en el que sembró estuviera infectado.

Ate bien fuerte con cinta de algodón los fardos de estopilla.

Trabajar con híbridos

Trabajar con híbridos es más fácil de lo que podría pensarse. Hacen falta llevar un cuidadoso registro, cuidar atentamente de las plantas y tener paciencia durante muchos años, pero no es necesario tener un diploma en genética para cosechar éxitos.

Muchas Alcea rosea *son plantas de polinización abierta que pueden hibridarse con relativa facilidad.*

Los jardineros preocupados por la pérdida de diversidad genética del mundo echan a veces parte de las culpas a los híbridos. Como consecuencia, se alegran mucho cuando aprenden a "deshibridar" un cultivar híbrido pero no se imaginan tomándose el tiempo para desarrollar alguno. Si también tiene esta opinión, recuerde que los híbridos comerciales tienen a veces un vigor, una productividad y una resistencia a las enfermedades mayores, así como otras características deseadas por quien los obtuvo, como un color o un tamaño de flor concretos. Cuando hibride, intente crear las cualidades que desee en una planta; cuando "deshibride", intente estabilizar las cualidades que le gustaron en un híbrido para transmitirlas de una generación a otra mediante la polinización abierta.

Las indicaciones de estas páginas pueden servir para iniciarle en la hibridación y la "deshibridación".

PLANTAS APROPIADAS

Cualquier planta de polinización abierta es apropiada para la hibridación y cualquier planta híbrida es apropiada para la "deshibridación".

En la práctica es más fácil estabilizar cualidades en las plantas que se autofecundan que en las que deben ser fecundadas por el polen de otra planta, porque puede emplearse un menor número de plantas –y por tanto una diversidad genética menor– para desarrollar el cultivar. Las que se autofecundan suelen tener flores pequeñas e inconspicuas, mientras que las de polinización externa tienen flores coloreadas y vistosas para atraer a los polinizadores. Si tiene la más mínima duda con una planta concreta, trátela como si necesitara polinización externa.

Requisitos

Estación: de primavera a otoño

Equipo: jaulas de tela metálica para plantas, tarros de cristal

Materiales: semillas, cinta adhesiva, cordel, gasa de algodón, etiquetas, tela antiheladas, cinta adhesiva de sellado

Posibles problemas

Las plantas son débiles: después de las primeras generaciones, las plantas reproducidas en casa pueden perder vigor y debilitarse. Esto suele deberse a la falta de diversidad genética dentro de la estirpe o línea genética. Evite estos problemas cultivando un mínimo de 20 –pero preferiblemente 30– pies de su nuevo cultivar cada año y recuperando algunas semillas de cada uno de ellos.

Las plantas acaban mezclándose: la organización es la clave del éxito. Etiquete cada paquete de semillas y cada plantación con todos los detalles posibles –plantas parentales, generación, fechas, descripciones– y no olvide mantener las distintas plantaciones aisladas unas de otras con jaulas de geotextil o con tela antiheladas.

Hibridar

RECUPERE LAS SEMILLAS

Aísle en dos jaulas las dos plantas parentales que desea cruzar. Si hace esto durante un par de años y recupera y siembra las semillas de estas plantas, podrá desarrollar líneas o estirpes relativamente puras. Si una planta se vuelve demasiado alta para las jaulas –como sucede con estas malvarrosas–, corte el brote más apical; se desarrollarán los brotes laterales y se formarán flores a partir de ellos.

POLINICE

Realice la polinización cruzada de dos especies parentales transfiriendo polen de una a la otra. Para estar seguro de que sólo recupera semillas obtenidas por polinización cruzada, elimine todas las demás flores de la planta a medida que se formen.

GENERACIÓN F2

Recupere las semillas de su primer cruce y siémbrelas el año siguiente. Polinice una vez más de forma cruzada y recupere las semillas. El año siguiente tendrá la generación F2 y muchas de sus plantas mostrarán ya las características deseadas. Polinice de forma cruzada y recupere una vez más las semillas. Plantéese realizar esta misma operación durante cuatro o cinco generaciones para obtener una población algo estable.

"Deshibridar"

RECUPERE LAS SEMILLAS

Si se enamora de una planta híbrida como esta boca de dragón o dragoncillo *(Antirrhinum majus)* que cae en cascada y se plantea "deshibridarla", empiece recuperando sus semillas.

SELECCIONE

Al siguiente año cultive al menos 20 plantas –pero preferiblemente 30– a partir de las semillas que había recuperado. Conserve tan sólo las plantas que muestren las características deseadas –en este caso un hábito de caer en cascada– y descarte las restantes antes de que florezcan.

VUELVA A SELECCIONAR

El año siguiente, vuelva a seleccionar las plantas. Siembre en una bandeja, sobre una manta térmica u otro lugar donde el suelo mantenga temperaturas óptimas para acelerar la germinación. A la larga, al cabo de cinco o más generaciones, tendrá una población bastante estable. No olvide cultivar bastantes plantas cada año para que su acervo genético no se reduzca excesivamente.

DIVISIÓN DE PLANTAS ESTABLECIDAS

La división de plantas establecidas es una de las técnicas de propagación más fáciles y seguras; así pues, siempre que pueda elegir entre la división y una técnica de propagación más arriesgada, elija la división. Siempre que preste la debida atención a unas pocas pautas directrices y técnicas básicas, nunca perderá una planta ni tendrá un fallo de propagación al dividirla.

Muchas herbáceas perennes necesitan ser divididas cada pocos años para permanecer saludables. Si desea tener más plantas, puede dividirlas tan pronto como estén lo bastante grandes para poder sobrevivir a su escisión por la mitad. Incluso si no quiere más plantas, deberá dividir algunas de ellas como máximo un año después de detectar los síntomas siguientes:

Desaparición paulatina del centro: si las matas de plantas de múltiples tallos como las monardas o bergamotas (*Monarda* spp.) se vuelven más vigorosas en el perímetro que en el centro, precisan de una división. Este proceso se conoce como crecimiento en rosquilla porque sólo quedan vivos los bordes.

Flores pequeñas/pocas flores: si una planta crece en un suelo bueno pero sus flores son más pequeñas de lo normal, es probable que necesite una división. Las plantas con un número inusualmente reducido de flores deben ser divididas.

Rebrote escaso: si unas plantas plantadas en un suelo bueno empiezan a producir menos tallos en primavera o menos hojas basales hay que dividirlas.

Invadir las plantas vecinas: algunas plantas permanecen sanas pese a crecer más allá del espacio que tienen asignado. La división de estas plantas es el mejor sistema para mantenerlas dentro de sus límites.

*Arriba: para dividir las aleluyas (*Oxalis*) es mejor hacerlo a principios de primavera, antes de que empiecen a crecer con vigor.*

*Izquierda: las monardas o bergamotas (*Monarda*) le indican cuándo es preciso dividirlas mediante la desaparición de su parte central.*

Cavar correctamente

La cava para el arrancado de plantas es un elemento esencial en muchos tipos de división. Una vez haya convertido esta acción en parte de su rutina en el jardín, le gustará hacerlo de la mejor manera posible. Si cava con una técnica apropiada protegerá a las plantas de daños innecesarios.

Prepare sus plantas para el arrancado regándolas a fondo con al menos 12 a 24 horas de antelación. Empape bien la zona. Antes de cerrar el grifo, hunda la pala en un lugar cercano para saber si el suelo está realmente saturado. Sondee al menos hasta la profundidad a la que imagina que llegan las raíces. Si el suelo del nivel más bajo no está húmedo, riegue hasta que lo esté.

Prevea cavar en una mañana fresca, preferentemente nubosa, para que la planta no sufra mientras trabaja. Empiece sacando todo el mantillo a una distancia de 15 a 20 cm más ancha que la extensión del follaje. Cave con una horca de cavar o una pala de fondo plano en lugar de una pala estándar y no olvide afilar bien sus herramientas antes de empezar.

Hunda la pala o la horca en toda su longitud, trabajando fuera de la línea de goteo del follaje de la planta. Levante la herramienta y vuelva a hundirla otra vez. Continúe procediendo de este modo, trazando un círculo en torno a la planta, hasta volver al lugar donde hizo su primer corte en el suelo. No olvide mantener la espalda bien recta; para adoptar esta buena postura de una forma natural, sostenga el mango de la herramienta con los pulgares dirigidos hacia el cielo en lugar de hacia el suelo.

Vuelva a trazar un círculo en torno a la planta hundiendo aún más la herramienta en el suelo si las raíces se extienden más allá del primer corte. Cuando empiece el tercer círculo, haga servir la pala o la horca de palanca para empezar a arrancar el cepellón.

La mayoría de los cepellones que arrancará serán lo bastante pequeños para levantarlos del suelo en la tercera ocasión. No obstante, si cava una planta muy grande, pídale a un amigo que introduzca un estrecho tablón de madera bajo el cepellón mientras usted trabaja. El tablón hará las veces de una palanca más larga con la que podrá arrancar el cepellón.

Las raíces deben permanecer frescas y húmedas hasta su trasplante. Si no puede dividir y trasplantar inmediatamente, ponga la planta en un lugar sombreado y cubra las raíces con mantillo o con trozos de arpillera humedecida.

Arriba: mantenga la espalda lo más recta posible mientras esté cavando.

Abajo: recupere la mayor cantidad posible de cepellón y de raíces más pequeñas.

División de plantas con el sistema radicular fibroso

Los sistemas radiculares de las plantas maduras son una auténtica maravilla. Pueden formar una masa densa y enmarañada que parece crecer en todas las direcciones posibles, o una pulcra colección de cordones bien organizados y delicados pelos radiculares.

Las raíces pueden ser tan densas que sea necesario cortar a su través.

Si examina un sistema radicular fibroso mientras la planta está en latencia, podrá ver yemas en la corona o ápice del sistema radicular. Cada una de estas yemas está lista para convertirse en un nuevo tallo tan pronto como la planta empiece su crecimiento primaveral. Los tallos solitarios con un sistema radicular diminuto son demasiado vulnerables para plantar; por sí solos, es fácil que sucumban a un accidente letal, a una plaga o una enfermedad. Asegure el éxito de sus divisiones cortando el cepellón parental en no más de dos o tres trozos; de este modo cada trozo tendrá las yemas y raíces suficientes para soportar las condiciones normales del jardín.

La época es importante cuando se trata de dividir plantas. Como regla general, las plantas que florecen en primavera y verano deben dividirse en otoño, y las que florecen en otoño, muy a principios de primavera. Sin embargo, si el clima de su zona es frío y con veranos muy cortos, esto no resulta práctico porque las divisiones repicadas en otoño no tienen tiempo para establecerse antes del invierno. Si éste es el caso, haga sus divisiones a principios de primavera y espere a que el suelo esté deshelado para cavar.

Posibles problemas

La división se malogra: hasta que no esté bien establecida, deberá tratar la nueva división como una planta a raíz desnuda recién plantada. Asegúrese de que el suelo se mantiene siempre húmedo. Si la planta se marchita con el suelo húmedo, reduzca su parte aérea o quítele unas hojas para reducir sus necesidades hídricas. Una vez las raíces estén reestablecidas, la planta podrá tener un crecimiento normal.

No intente repicar una división que sólo tiene unas cuantas raíces.

PREPARE
Cave el hueco de plantación de la división antes de dividir la planta, ya que así podrá repicarla justo después de obtenerla.

CAVE
Si el suelo no está húmedo, riéguelo al atardecer antes de cavar. Para poder arrancar el cepellón entero, y no únicamente trozos, tómese su tiempo cuando trabaje en torno a la planta.

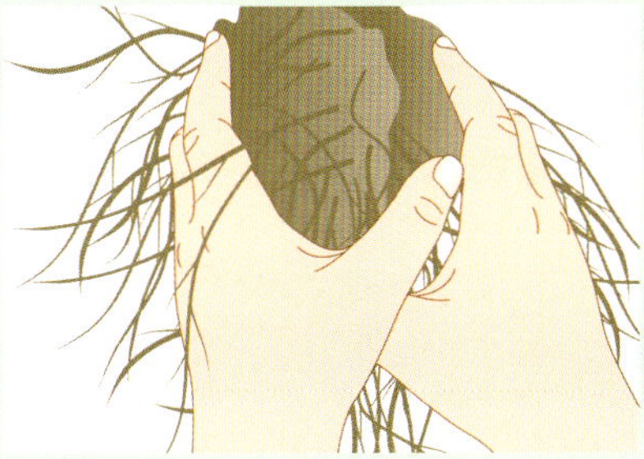

ARREGLE
En muchas plantas el centro acaba muriendo. Cuando las divida, tendrá una oportunidad ideal de quitar la parte muerta y de repicar tan sólo los brotes nuevos y fuertes.

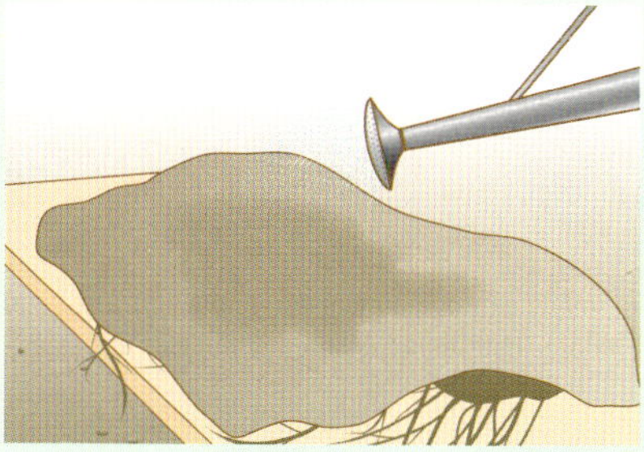

RIEGUE
Las divisiones no deben secarse antes de su trasplante. Si tiene que dejarlas sin plantar, póngalas a la sombra, cúbralas con arpillera o papel de periódico y riéguelas bien.

PLANTE
Cuando planee los trasplantes, asegúrese de apretar con fuerza la tierra con la que rellena el hueco para eliminar las bolsas de aire. Cuando el hueco esté a medio llenar, riéguelo bien. Continúe llenando y apretando.

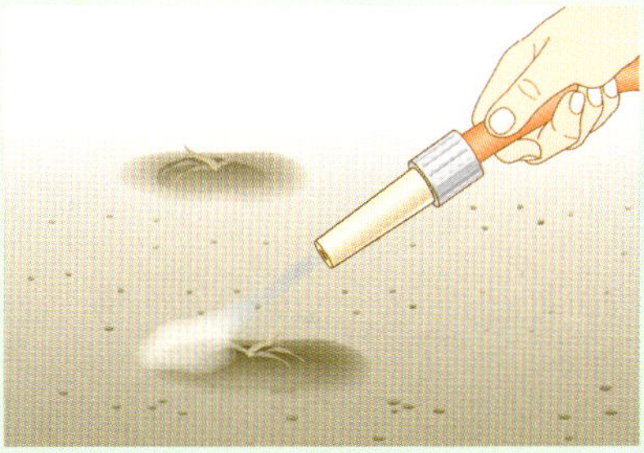

MANTENGA
Cuando acabe de llenar el hueco, riegue la planta. Las plantas necesitan humedad constante mientras se arraigan. Riéguelas durante su primera estación vegetativa y si el clima de su zona es frío, cúbralas bien con mantillo en cuanto se hiele el suelo.

Requisitos

Estación: principios de primavera u otoño

Herramientas: pala, horca de cavar, desplantador, navaja de de jardín, serrucho pequeño

Equipo: regadera provista de alcachofa, cubo de agua

Materiales: compost, enmendador de suelos, arpillera

Temperatura: tiempo fresco pero no ventoso

Humedad: no es importante.

Luz: tiempo nublado

PLANTAS APROPIADAS

Las siguientes son unas pocas de entre las plantas cuyo sistema radicular es fácil de dividir. Deberá dividirlas cada pocos días para mantener su vitalidad, como se muestra en la columna "Frecuencia". Recuerde que las frecuencias dadas son valores promedio: la mayoría de especies tienen que dividirse con esta frecuencia. Dado que sus plantas pueden crecer más rápida o más lentamente, decida cuándo debe dividirlas en base a las plantas y no según otras recomendaciones.

N. COMÚN	N. CIENTÍFICO	FRECUENCIA	ESTACIÓN
Aquileas, milenramas	*Achillea* spp.	2-3 años	Principios de primavera u otoño
	Armeria spp.	3-5 años	Principios de primavera
Ásteres	*Aster* spp.	1-3 años	Principios de primavera
Campánulas	*Campanula* spp.	3-5 años	Principios de primavera u otoño
Crisantemos	*Chrysanthemum* spp.	1-2 años	Principios de primavera
Ojo de poeta y afines	*Coreopsis* spp.	1-2 años	Principios de primavera u otoño
Equináceas	*Echinacea* spp.	4-5 años	Principios de primavera u otoño
	Gaillardia x *grandiflora*	3-5 años	Principios de primavera
	Geranium spp.	2-4 años	Principios de primavera u otoño
Monardas o bergamotas	*Monarda* spp.	3 años	Principios de primavera u otoño
Onagras	*Oenothera* spp.	1-3 años	Principios de primavera
	Penstemon spp.	1-3 años	Principios de primavera
	Phlox paniculata	3-4 años	Principios de primavera u otoño
Jovinovas	*Rudbeckia* spp.	3-4 años	Principios de primavera u otoño
Orejas de liebre	*Stachys byzantina*	2-3 años	Principios de primavera u otoño
Verónicas	*Veronica* spp.	3-5 años	Principios de primavera
Gramíneas ornamentales	Varios géneros	3-4 años	Principios de primavera

División de plantas con la corona carnosa o leñosa

La primera vez que arranque una *Hosta* o una *Canna* es probable que le sorprenda la corona de la planta. En vez de ser pequeña y poco apretada, es grande y densa y está llena de yemas de crecimiento. Aun cuando la división de estas coronas y sistemas radiculares pueda intimidarle no tardará en descubrir lo fácil que es con buenas herramientas.

Después de desenterrar una planta para dividirla, examine la corona y mire si hay yemas de crecimiento. Cada una de estas yemas tiene el potencial para convertirse en una nueva planta entera, pero al igual que en las plantas de raíz fibrosa, las yemas aisladas en un pequeño trozo de corona y con sólo unas pocas raíces son vulnerables a todo tipo de infortunios. Para asegurar el éxito, divida las coronas de forma que incluyan tres o cuatro yemas de crecimiento y un sistema radicular considerable; de dos a tres divisiones es el número habitual que puede obtener de una planta en una estación.

Algunas plantas con la corona carnosa o leñosa son resistentes a la división. Las peonías (*Paeonia* ssp) y los corazones sangrantes (*Dicentra* spp.) encabezan esta lista. El estaquillado es un método de propagación mucho más seguro y más fiable. Es posible dividirlas, pero continuarán estando sanas si no las desentierra.

Para cortar una corona carnosa o leñosa es imperativo que las herramientas estén afiladas. Si emplea una herramienta desafilada, es probable que magulle el tejido circundante mientras se esfuerza por cortar la corona. Compre navajas de jardín y serruchos de buena calidad y afílelos antes de cada uso.

Posibles problemas

Muere la división: varias condiciones pueden matar una división: puede que sea tan pequeña que sucumba fácilmente a una enfermedad o a un ataque de insecto plaga; puede que muera de sequedad, como consecuencia de tener pocas raíces en comparación con la corona y los tallos en brotación; puede que los nutrientes del nuevo hueco de plantación estén tan concentrados que quemen los tiernos pelos radiculares. Proteja las divisiones cortándolas con al menos cuatro yemas de crecimiento y un sistema radicular adecuado, y mezcle con la tierra circundante materiales que liberen lentamente nutrientes, tales como compost o rocas en polvo, antes de plantar.

Requisitos

Estación: principios de primavera u otoño

Herramientas: pala, horca, desplantador, navaja, serrucho, tijeras

Equipo: tablón de madera, regadera provista de alcachofa, cubo de agua

Materiales: compost, enmendador de suelos, arpillera

Temperatura: tiempo fresco.

Humedad: no es importante

Luz: tiempo nublado

Plantas apropiadas

No se ciña maquinal e irreflexivamente a este programa: básese en la condición de la planta para saber si necesita o no la división, o si puede soportarla.

N. COMÚN	N. CIENTÍFICO	FRECUENCIA	ESTACIÓN
Acónitos	*Aconitum* spp.	Pocas veces	Principios de primavera u otoño
Agapanto, flor del amor	*Agapanthus* spp.	Pocas veces	Principios de primavera
Ajenjos, artemisas, etc.	*Artemisia* spp.	3–5 años	Principios de primavera u otoño
	Aruncus spp.	3–5 años	Principios de primavera u otoño
Astilbes	*Astilbe* spp.	3–5 años	Principios de primavera u otoño
Achira y afines	*Canna* spp.	3–4 años	Principios de primavera
Albarraz y afines	*Delphinium* spp.	Pocas veces	Después de la floración
Corazones sangrantes	*Dicentra* spp.	Pocas veces	Principios de primavera
Eléboros	*Helleborus* spp.	3–5 años	Principios de primavera
Lirios de un día	*Hemerocallis* spp.	3–6 años	Después de la floración
	Hosta spp.	Pocas veces	Principios de primavera u otoño
	Kniphofia spp.	Pocas veces	Principios de primavera u otoño
Altramuces	*Lupinus* spp.	Pocas veces	Después de la floración
Peonías	*Paeonia* spp.	Pocas veces	Principios de primavera u otoño

Las peonías soportarán la división si toma la precaución de dañar lo menos posible sus raíces.

1 CAVE
Divida las plantas un día nublado. Si las divide en otoño, hágalo al menos un mes antes de que se espere alguna helada intensa.

2 LAVE
Quite con el chorro la tierra en torno a las raíces, porque es más fácil cortar las divisiones de una planta si puede ver sus raíces y su corona.

3 CORTE
A veces se necesita un serrucho de jardín para seccionar una densa acumulación de raíces. Asegúrese de que esté bien afilada antes de emplearla.

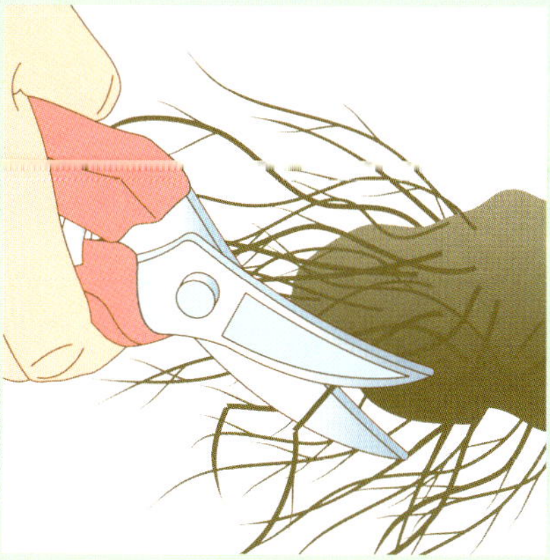

4 RECORTE
Corte y elimine todas las raíces rotas antes de plantar para ayudar a proteger la planta de la infección. Si está plantando en otoño, pode asimismo la parte aérea.

5 RIEGUE
Cuando repique, no olvide eliminar las bolsas de aire del suelo y riegue la planta recién repicada cuando el hoyo esté a medio llenar de tierra.

6 MANTENGA
Mantenga las plantas constantemente húmedas. En climas fríos, una vez se haya helado la capa superior del suelo, cubra bien con mantillo para evitar deshielos y levantamientos del suelo.

División de chupones

Los chupones se forman en los nudos de los tallos subterráneos de las plantas (estolones o rizomas). Es posible que ya haya observado en su jardín los chupones de frambuesos, lilos o forsitias, e incluso que haya intentado eliminarlos. La emisión de chupones puede ser difícil de evitar o frenar pero si los corta y separa de su planta parental para crear nuevos individuos, tendrá nuevas plantas.

Requisitos

Estación: principios de primavera

Herramientas: horca de cavar, serrucho o navaja de jardín

Equipo: maceta de 30 cm, regadera o manguera con alcachofa o difusor

Materiales: arpillera, compost, enmendador de suelos, tierra para macetas

Temperatura: tiempo fresco pero no ventoso

Humedad: no es importante

Luz: tiempo nublado

Muchas plantas leñosas forman chupones una vez se han desarrollado hasta su altura de madurez, probablemente porque constituyen un modo excelente para asegurar la supervivencia de la planta. Los chupones que se forman en el perímetro de la planta parental tienen la capacidad de independizarse una vez poseen un buen sistema radicular. Si no hay limitación de espacio pueden crecer muchos chupones en torno a la planta original sin causarle problemas. Pero en zonas limitadas o cuando el suelo es pobre, conviene limitar el número de chupones.

En la mayoría de plantas podrá dividir los chupones que se formaron en el verano anterior y trasplantarlos sin problemas. No obstante, si no está seguro de si el chupón podrá sobrevivir por sí sólo, prepárelo un año antes de dividirlo. A principios de primavera examine el chupón para encontrar el estolón a partir del cual crece. Hunda la pala en círculo en torno al chupón, a unos 20-30 cm de distancia de su tallo, en todos los lados excepto a través del estolon. Repita esta operación varias veces durante la estación. El chupón responderá concentrando sus nuevas raíces dentro de la "maceta" así creada.

Puede ver los chupones a la izquierda del tallo principal.

OBSERVE
Para dividir un chupón deberá encontrar primero el estolón sobre el que está creciendo. Explore suavemente para no herir la planta parental.

EXAMINE
Antes de decidirse a cortar un chupón y separarlo de la planta parental, compruebe si su sistema radicular es bastante grande para sustentar a la nueva planta.

CORTE
Como siempre, convendrá utilizar la mejor herramienta posible para cortar el chupón y separarlo de la planta. En muchos casos se necesitará una herramienta fuerte, un serrucho de jardín pequeño y afilado. Mientras corte y separe el chupón de su planta parental, cuide de no mutilar más raíces de las necesarias.

REPLANTE
Si ya tiene demasiados pies de una planta, plante los chupones en macetas. Envuelva las raíces sin plantar en arpillera húmeda.

MANTENGA
Mantenga la planta constantemente húmeda y favorezca el crecimiento de las raíces eliminando todos los capullos florales que se formen el primer año.

Las forsitias son fáciles de propagar a partir de chupones o por acodado de punta.

Posibles problemas

Muere el chupón dividido: un chupón muy pequeño puede no tener vitalidad para establecerse antes de que el tiempo se vuelva caluroso y la planta necesite más agua de la que puede suministrarle su sistema radicular. Reduzca la parte aérea si le parece grande para el sistema radicular.

El chupón de la izquierda no tiene suficientes raíces para la planta.

PLANTAS APROPIADAS

N. COMÚN	N. CIENTÍFICO	ESTACIÓN
Falso castaño de flores limpiatubos	*Aesculus parviflora*	Primavera
Guillomos	*Amelanchier* spp.	Primavera
	Aronia spp.	Primavera
Calicantos	*Calycanthus* spp.	Primavera
	Clethra spp.	Primavera
Cornejos	*Cornus* spp.	Primavera
Forsitias	*Forsythia* spp.	Primavera
	Gaultheria shallon	Primavera
Hortensia lisa	*Hydrangea arborescens*	Primavera
Querria o rosa japonesa	*Kerria japonica*	Primavera
Faya y afines	*Myrica* spp.	Primavera
	Pachysandra spp.	Primavera
Álamos y chopos	*Populus* spp.	Primavera
Rosa rugosa	*Rosa rugosa*	Primavera
Saúcos	*Sambucus* spp.	Primavera
Sansevieria	*Sansevieria* spp.	Primavera
Lilos	*Syringa* spp.	Primavera

División de plantas con rizomas

Cuando piense en rizomas, es posible que le vengan a la cabeza los "lirios" con sus prominentes rizomas que sobresalen por encima del suelo. Pero como puede ver en la lista de la derecha, éstas no son las únicas plantas que crecen a partir de un rizoma.

El momento o la estación son importantes a la hora de dividir rizomas. En la mayoría de regiones es mejor esperar a que la planta termine de florecer para desenterrar el rizoma y dividirlo. Pero si vive en una zona fría con una corta estación vegetativa, puede que esto no sea práctico porque las divisiones plantadas a finales de verano y principios de otoño no tendrían tiempo de arraigar antes de que el suelo se hiele. Si éste es el caso, divida en primavera y elimine todos los capullos florales que se formen para que la planta invierta sus energías en crear un sistema radicular fuerte durante el año anterior a su floración.

Puede que se pregunte cuán a menudo hay que dividir las plantas rizomatosas. Algunas de ellas sufren si se deja que sus rizomas crezcan sin control, así que conviene dividirlas cada 3 a 5 años para que se mantengan vitales y fuertes. Divida la planta cuando su floración decrezca, su tamaño de flor disminuya o cuando se vea muy densa.

Plantas apropiadas

N. COMÚN	N. CIENTÍFICO
	Achimenes spp.
Hierbas de S. Cristóbal	*Actaea* spp.
Adiantos	*Adiantum* spp.
Orejas de elefante	*Alocasia* spp.
Lirios del Perú	*Alstroemeria* spp.
Ásaro y afines	*Asarum* spp.
	Belamcanda chinensis
	Bergenia spp.
Berro de prado	*Cardamine pratensis*
"Lirios" o iris	*Iris* spp.
Lotos	*Nelumbo* spp.
	Podophyllum spp.
Nardo	*Polianthes tuberosa*
Sellos de Salomón	*Polygonatum* spp.
Polipodios (helechos)	*Polypodium* spp.
Polísticos (helechos)	*Polystichum* spp.
Sanguinaria	*Sanguinaria canadensis*
	Trillium spp.

Posibles problemas

El rizoma no desarrolla hojas: si planta un rizoma que carece de yemas, no podrá desarrollar las hojas y morirá. Si corta un rizoma antes de que hayan brotado las hojas, cerciórese de que cada trozo tenga al menos una yema de crecimiento fuerte, y preferentemente dos.

Este rizoma debería tener más yemas de crecimiento.

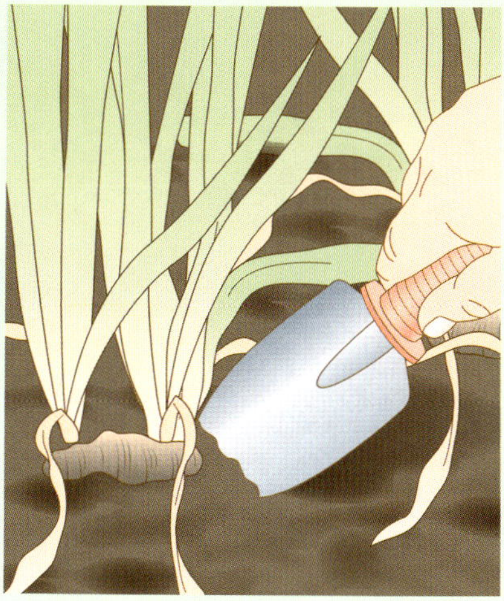

ARRANQUE
Desentierre el rizoma entero de la planta que desee dividir, intentando no dañar el sistema radicular.

EXAMINE
Las divisiones se reestablecerán mejor si tienen al menos dos yemas de crecimiento con hojas que crecen a partir de ellas, además de muchas raíces.

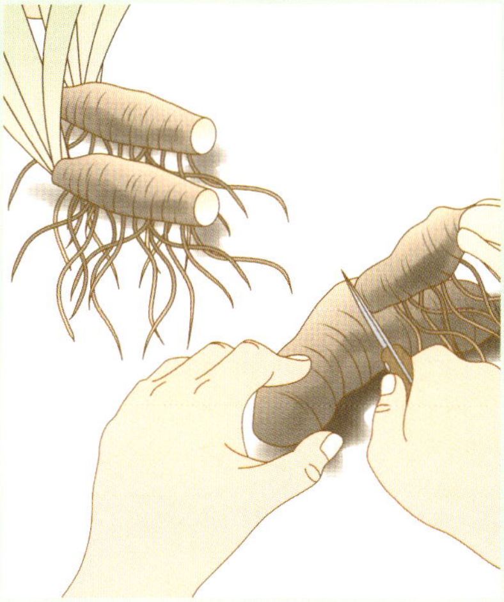

CORTE
Utilice una navaja afilada para cortar las divisiones. Una navaja desafilada podría magullar los tejidos ya que obliga a presionar con fuerza sobre el rizoma.

Requisitos

Estación: primavera o una vez terminada la floración de las plantas

Herramientas: horquilla de jardín, desplantador, navaja de jardín, tijeras de podar

Equipo: manguera, tabla para cortar

Materiales: compost, enmendador de suelos, arpillera

Temperatura: tiempo fresco pero no ventoso

Humedad: no es importante

Luz: tiempo nublado

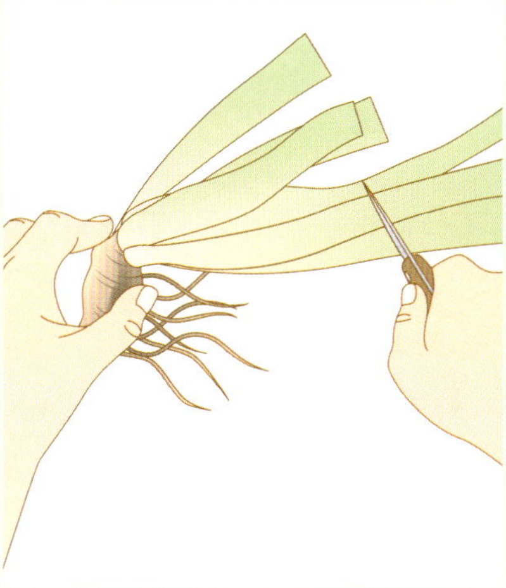

RECORTE
Reduzca la longitud de las hojas para que la planta no sufra el estrés de tener que irrigar una gran superficie foliar.

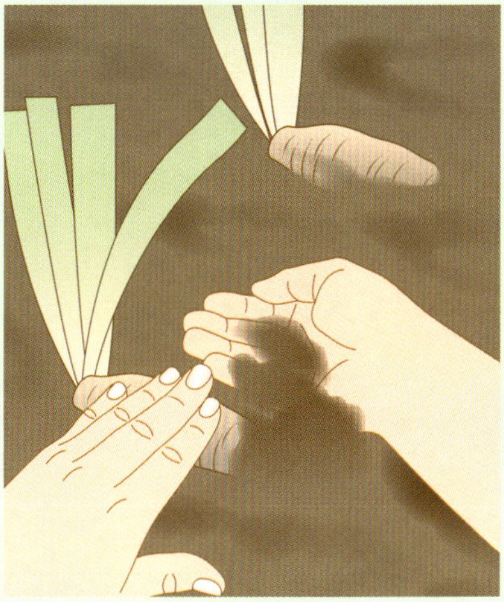

PLANTE
Replante el rizoma a la misma profundidad a la que estaba creciendo y riegue bien para eliminar las bolsas de aire en torno a las raíces.

Propague las Bergenia *por división de rizomas.*

División de plantas con tubérculos

Los tubérculos son tallos subterráneos hinchados. Dado que también son así los rizomas, los jardineros tienden a diferenciarlos por su aspecto (los tubérculos tienen la piel más lisa y formas más regulares) así como por su profundidad bajo el suelo. Con todo, estas diferencias no son muy relevantes, ya que tanto si una planta tiene tubérculos como si tiene rizomas, se trata del mismo tipo de estructura y el modo de propagación es idéntico.

Cuando piense en tubérculos, es probable que las patatas sean lo primero que le venga a la mente. También es posible que piense en las dalias o las begonias tuberosas, pero se da el caso que las estructuras subterráneas engrosadas de las dalias no son tubérculos, ya que no son tallos sino raíces. Por fortuna, esta diferencia tampoco importa en la práctica. Una raíz tuberosa es tan capaz de convertirse en una nueva planta como un tubérculo o un rizoma y se planta de la misma manera.

Muchas plantas tuberosas provienen de regiones cálidas donde el suelo no se hiela y, por consiguiente, sus tubérculos no pueden sobrevivir al invierno en un suelo helado. Así pues, si vive en una zona fría, desentiérrelos al final del verano, almacénelos en una zona oscura donde la temperatura se mantenga en torno a 4 °C y replántelos en la estación vegetativa siguiente, una vez terminado el riesgo de heladas. Guárdelos en arena o turba de esfagno e inspecciónelos durante el invierno para ver si no están moribundos o pudriéndose. Rocíe el medio de almacenaje con un poco de agua y cierre el contenedor para que conserve la humedad. Si se están pudriendo, tire a la basura los tubérculos enfermos y deje secar los restantes un día o dos.

Requisitos

Estación: otoño o antes de replantar en primavera

Herramientas: horquilla de jardín, desplantador, tijeras de podar

Equipo: banco de trabajo, contenedor de almacenaje

Materiales: arena o turba de esfagno

Temperatura: no es importante

Humedad: lo más seco posible

Luz: fuera de la luz solar brillante

Los tubérculos almacenados no tienen que estar demasiado secos ni demasiado húmedos.

Posibles problemas

Los tubérculos se mueren durante el almacenado: si los desentierra antes de que hayan podido desarrollar una piel gruesa y fuerte, serán vulnerables a los hongos de la pudrición en los meses invernales. Si el medio de almacenaje está demasiado húmedo, pueden pudrirse. Si está muy seco, puede sustraerle humedad al tubérculo. Verifique cada dos semanas y ajuste la humedad.

Los tubérculos se pudren en el suelo: si replanta tubérculos en un suelo mal drenado justo antes de un periodo de lluvias, serán vulnerables a

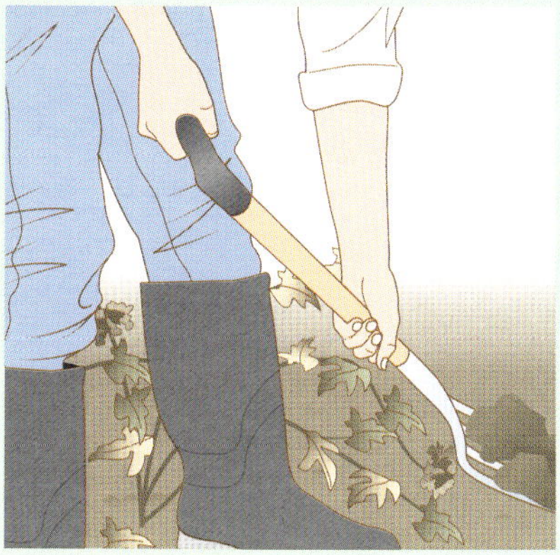

DESENTIERRE
Deje que los tubérculos descansen una semana después de haber cortado la parte aérea o que ésta se haya muerto por las heladas para que su piel se endurezca. Cave a unos 30 cm de distancia de los tallos en todo el perímetro.

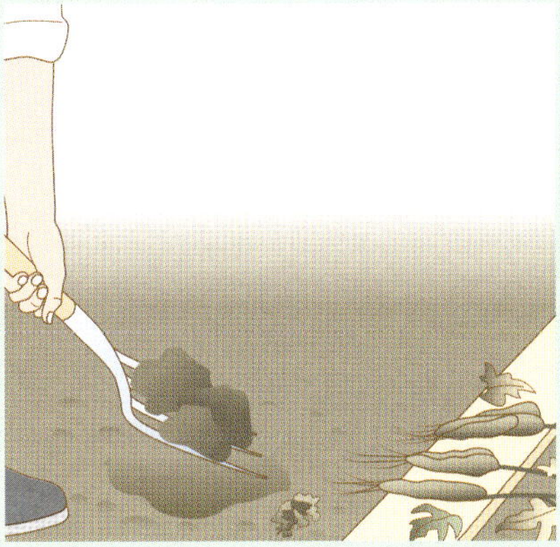

DEJE SECAR
Deje secar la tierra que rodea los tubérculos antes de manipularlos .

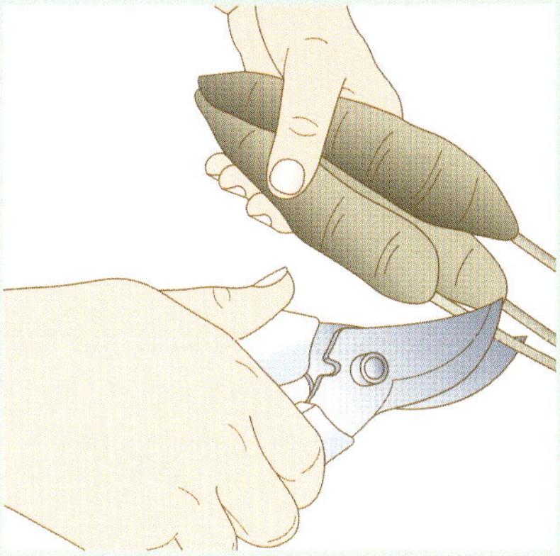

CORTE
Reduzca la longitud de los tallos hasta unos pocos centímetros por encima de los tubérculos. Los ojos del año siguiente crecerán a partir de esta misma zona. Verifique si no hay enfermedades o no está roto el cuello.

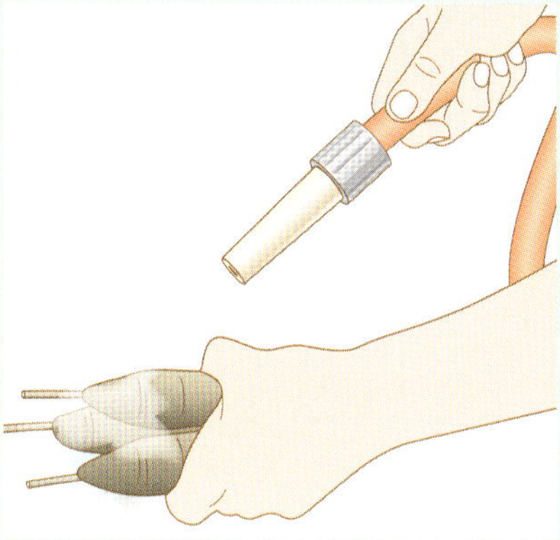

LAVE
Limpie suavemente con agua los tubérculos una vez más para quitarles toda la tierra. Deje secar por completo su superficie.

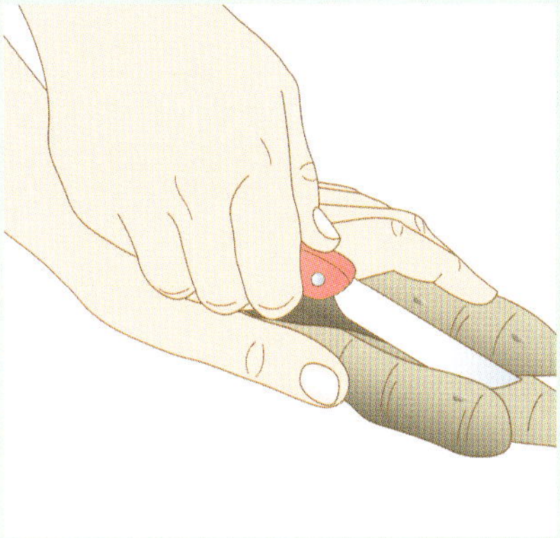

CORTE
Corte y separe los tubérculos para que el año siguiente pueda cultivarlos sin que estén apretujados. Asegúrese de que cada tubérculo tiene al menos un ojo; de lo contrario, déjelo unido a un tubérculo que sí lo tenga.

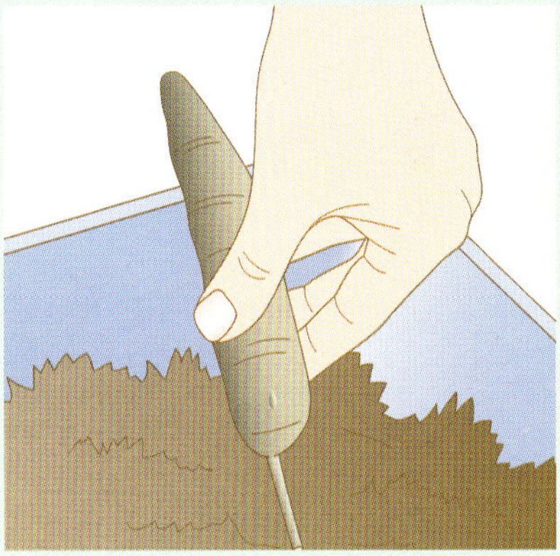

ENVASE
Deje secar los tubérculos toda la noche y a continuación enváselos boca abajo, sobre una capa de arena o de turba de esfagno, en una caja resistente.

las enfermedades fúngicas. Mezcle materiales de gran drenaje tales como compost muy maduro o arena con la tierra antes de plantar.

Al carecer de ojo, a este tubérculo le será imposible crecer.

PLANTAS APROPIADAS

N. COMÚN	N. CIENTÍFICO
Aros	*Arum* spp.
Esparraguera	*Asparagus densiflorus*
Begonia tuberosa	*Begonia* x *tuberhybrida*
Caladiums	*Caladium* spp.
Mataperros y afines	*Ceropegia* spp.
Dalias	*Dahlia* spp. & cvs.
Colas de zorro	*Eremurus* spp.
Gloriosas	*Gloriosa* spp.
Eléboros	*Helleborus* spp.
Lirios de un día	*Hemerocallis* spp.
Aleluyas	*Oxalis* spp.
Botones de oro	*Ranunculus* spp.
Lirios de agua	*Zantedeschia* spp.
Cefirantes o lirios de lluvia	*Zephyranthes* spp.

División de plantas con renuevos

Los renuevos son plantas jóvenes que crecen a partir de la corona o de un estolón de una planta parental. Como puede imaginar, no siempre es fácil distinguir entre un renuevo y un chupón pero aun así, no se deje amedrentar por los nombres. Incluso si un renuevo no es un chupón, lo separará de su planta parental como si fuera un chupón.

Muchas de las plantas que emiten renuevos son nativas de regiones cálidas y secas donde la supervivencia de las semillas en germinación no está en absoluto garantizada. Los renuevos –que obtienen agua y nutrientes a partir de la planta parental hasta que están completamente enraizados– son un medio de propagación más seguro. Puede que la mayoría de las plantas que cultive de este modo sean de interior y, por consiguiente, las trasplantará en macetas en lugar de repicarlas en un arriate del jardín.

Si va a replantar un renuevo en el jardín, tenga en cuenta la estación. En las zonas libres de heladas, podrá separar y replantar los renuevos en otoño e invierno pero si éstas son sus estaciones secas, no olvide regarlos bien mientras arraigan. En una zona con inviernos fríos, asegúrese de que el renuevo tiene de 4 a 6 semanas si tiene que establecer su sistema radicular antes de las heladas. Si no está seguro, espere a la primavera para separar la nueva planta.

La madurez de un renuevo también determina la época de plantación. Los renuevos que todavía carecen de un buen sistema radicular no pueden vivir como individuos y morirán. En vez de dividir un renuevo demasiado pronto, espere hasta el siguiente año para separarlo de la planta parental.

Plantas apropiadas

Técnicamente, los bulbos como los de los narcisos son renuevos. Aun así, aquí empleamos el convencionalismo de los jardineros de tratarlos por separado (v. pp. 68-73).

N. COMÚN	N. CIENTÍFICO
Bromeliáceas *Aechmea*	*Aechmea* spp.
Pitas	*Agave* spp.
	Aglaonema modestum
Áloes	*Aloe* spp.
Piñas tropicales	*Ananas* spp.
Anturios	*Anthurium* spp.
Lloradilla de bosque	*Blechnum spicant*
Bromelias	*Bromelia* spp.
Cintas	*Chlorophytum* spp.
Clivias	*Clivia* spp.
Crinos	*Crinum* spp.
Palma del sagú	*Cycas* spp.
Bromeliáceas *Dyckia*	*Dyckia* spp.
Cactos *Echinopsis*	*Echinopsis* spp.
Fresales	*Fragaria* spp.
	Haworthia spp.
Plataneras	*Musa* spp.
	Ortegocactus macdougallii
	Orthophytum spp.
Pelo de la Virgen	*Saxifraga stolonifera*
Siempervivas	*Sempervivum* spp.
Musgo español	*Tillandsia* spp.
Yuca	*Yucca* spp.

Esta planta ha emitido renuevos en todas las direcciones.

Requisitos

Estación: primavera u otoño

Herramientas: horquilla de jardín, desplantador, navaja de jardín, tijeras de podar

Equipo: macetas

Materiales: tierra para macetas

Temperatura: tiempo fresco

Humedad: no es importante

Luz: fuera de la luz solar brillante

1 MIRE
Examine la planta para encontrar renuevos bastante grandes para vivir por sí solos.

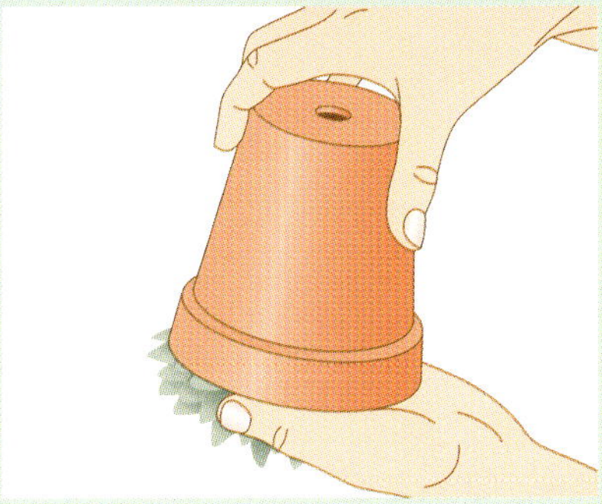

2 DESMACETE
Saque la planta de su maceta. No intente desenterrar únicamente el renuevo porque podría mutilar las raíces restantes y abrir así la puerta a las enfermedades.

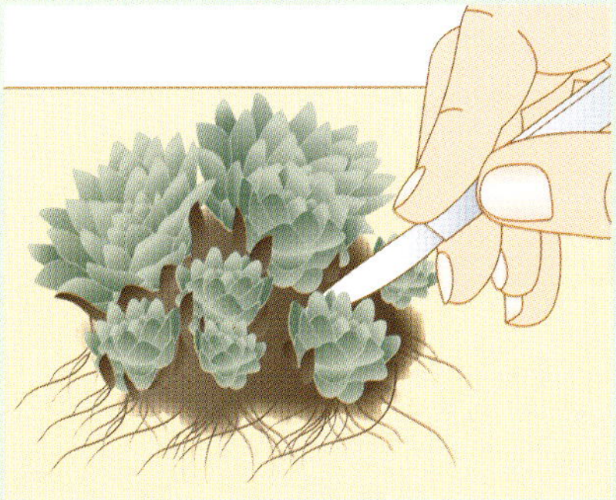

3 SEPARE
Separe suavemente el renuevo, junto con sus raíces, de la planta parental.

4 PLANTE
Plante el renuevo en su maceta tan pronto como pueda para no dejar que se seque.

5 CONTROLE EL DESARROLLO
Ponga la planta en un lugar con luz indirecta y déjela crecer hasta que esté completamente establecida en sus nuevas condiciones ambientales.

Espere a que las pequeñas cintas o renuevos de Chlorophytum *hayan desarrollado raíces antes de separarlas de la planta.*

Posibles problemas

Mueren los renuevos: si no consiguen la humedad adecuada, ya sea porque su sistema pedicular no es lo bastante grande para suministrar suficiente agua a la parte aérea o porque el suelo se seca, los renuevos pueden morir. Separe únicamente renuevos con un sistema radicular sano y mantenga su sustrato húmedo hasta que estén arraigados.

Con tan pocas raíces, es probable que este renuevo se muera.

División con bulbos y cormos

Los bulbos y cormos son estructuras de almacenaje subterráneo que contienen nutrientes útiles para la planta cuando ésta vence la latencia de invierno y empieza su crecimiento vegetativo. La regla básica cuando se cultiva una planta con un bulbo o cormo es la de no cortarle sus hojas al florecer. Déjelas morir por sí mismas para que sinteticen los nutrientes que sustentarán los nuevos brotes.

Entre las verdaderas plantas de bulbo figuran los narcisos, azucenas, campanillas de invierno, nazarenos, escilas e irises. Los gladiolos, crocos, cólquicos y freesias son plantas de cormo. Esta diferenciación es importante tan sólo porque marca una diferencia en cómo crecen las plantas.

Los bulbos –que en realidad son capullos florales modificados y tallos encerrados dentro de escamas o bases foliares– crean nuevos bulbos, o bulbillos, en torno al perímetro de sus placas basales o en sus bases foliares. A la larga algunos de ellos se agrandan hasta el tamaño del bulbo original y se escinden para formar un nuevo individuo. No es raro observar este fenómeno cuando compra narcisos, cuyos bulbos provistos de una doble punta están convirtiéndose en dos individuos. Debido a los numerosos bulbos maduros y bulbillos, las camas de bulbos que se dejan a su aire durante varios años acaban repletas. Para mantener estas camas con el mejor aspecto posible, deberá desenterrar y dividir sus bulbos cada 3 o 4 años.

Los cormos se reproducen cada año. Una vez el cormo original ha producido raíces y una parte aérea, un nuevo cormo se desarrolla para ocupar su lugar. La planta también puede producir cormos diminutos. El cormo y los cormos diminutos de muchas plantas no son lo bastante rústicos para sobrevivir a un suelo helado, así que tendrá que desenterrarlos y almacenarlos durante el invierno al igual que las begonias tuberosas (v. p. 64).

Bulbo de tulipán

Bulbo de narciso

Requisitos

Estación: otoño

Herramientas: horca de cavar, desplantador

Equipo: bolsa de papel o caja de cartón

Materiales: turba de esfagno o arena, agua y etiquetas para plantas

Temperatura: que no hiele

Humedad: tan seco como sea posible

Luz: no es importante

Posibles problemas

Las plantas no florecen: es posible que un pequeño bulbillo o un cormo diminuto tarde de 2 a 4 años en crecer hasta la talla de floración. Si se trata de un cormo poco rústico, no olvide desenterrarlo y almacenarlo junto con el resto de sus cormos cada año. Su paciencia se verá recompensada.

Los cormos o bulbos se mueren en el almacenaje: observe sus bulbos y cormos cada pocas semanas para cerciorarse de que no se estén pudriendo debido a un exceso de humedad o de que no se estén secando. Si están demasiado húmedos, sáquelos del medio de almacenaje, deje secar su superficie y guárdelos en un material algo más seco. Si los ve un poco arrugados, rocíe su medio con agua y enciérrelos en una bolsa de plástico durante unos cuantos días para que se rehidraten. No olvide trasladarlos a una bolsa de papel al cabo de unos pocos días para que no sufran un exceso de humedad.

Dividir bulbos

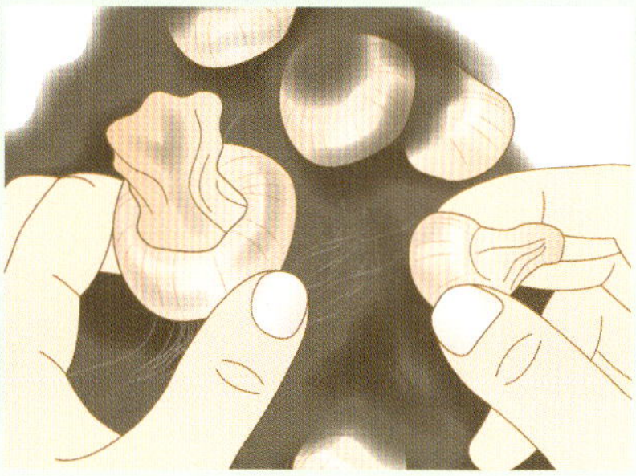

BUSQUE
Cribe el suelo con los dedos para encontrar los diminutos bulbillos que pudieran haber caído del bulbo parental.

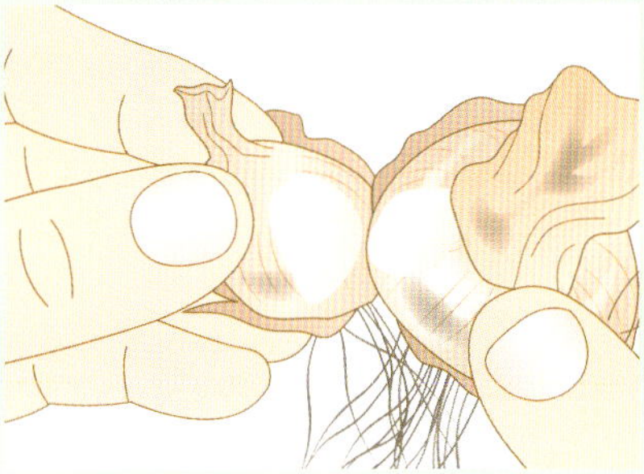

SEPARE
Separe suavemente los nuevos bulbos una vez hayan desarrollado piel entre dos bulbos; antes de ello, el nuevo bulbo es demasiado joven para dividirlo.

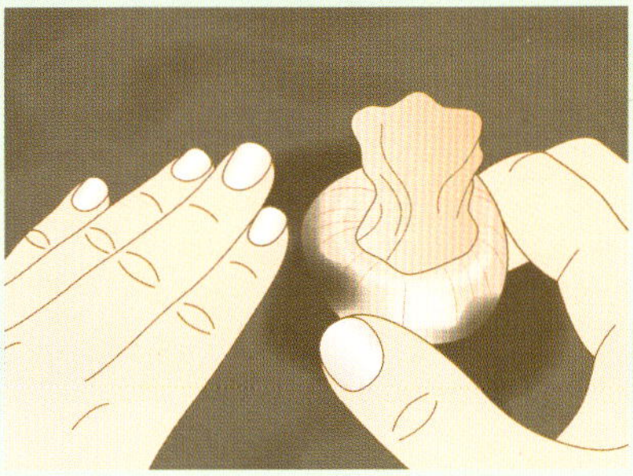

PLANTE
Plante las divisiones del mismo modo que plantaría los bulbos que adquiere en el comercio. Si son netamente más pequeños, plántelos apenas un poco menos hondo que los bulbos totalmente desarrollados.

Dividir cormos

DIVIDA
En otoño, cuando desentierre los cormos, corte los tallos y deje que sus cuellos se sequen.

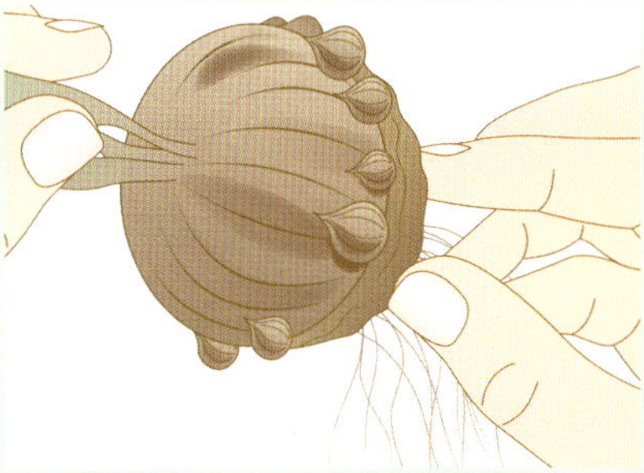

DESCARTE
Tras descartar el cormo viejo, arranque los pequeños "bebés" de cormo que puedan haberse formado en torno a la base del nuevo cormo.

ALMACENE
Almacene tanto los nuevos cormos como los pequeños "bebés" de cormo en una caja de cartón o una bolsa de papel etiquetadas durante el invierno. No deje que se hielen. Plántelos en primavera.

Cubra los bulbillos plantados con 2 cm escasos de tierra.

PLANTAS APROPIADAS

N. COMÚN	N. CIENTÍFICO	ESTACIÓN
Cebollas ornamentales	*Allium* spp.	Otoño
	Camassia spp.	Otoño
	Cardiocrinum spp.	Otoño
Glorias de las nieves, quionodoxas	*Chionodoxa* spp.	Otoño
Cólquicos	*Colchicum* spp.	Med. verano
Crocos	*Crocus* spp.	Otoño
Dientes de perro	*Erythronium* spp.	Otoño
Freesias	*Freesia* spp.	Otoño
Coronas imperiales	*Fritillaria* spp.	Otoño
Campanillas de invierno	*Galanthus* spp.	Otoño
Gladiolos	*Gladiolus x hortulanus* cvs.	Med. verano
Jacinto silvestre y afines	*Hyacinthoides* spp.	Otoño
Jacintos	*Hyacinthus orientalis* cvs.	Otoño
Irises o "lirios"	*Iris* spp.	Otoño
Azucenas o lirios	*Lilium* spp.	Otoño
Azucenas mágicas	*Lycoris* spp.	Verano
Nazareno	*Muscari* spp.	Otoño
Narcisos	*Narcissus* spp.	Otoño
Leche de ave y afines	*Ornithogalum* spp.	Otoño
Escilas	*Scilla* spp.	Otoño
Arlequines o esparaxis	*Sparaxis* spp.	Otoño
Tulipanes	*Tulipa* spp.	Otoño

Cortar en cruz, seccionar, cortar la base y extraer el centro de bulbo

Aunque es posible que no emplee nunca ninguna de las siguientes técnicas, éstas pueden ser de gran utilidad cuando se encuentre con un bulbo que le guste mucho y que ya no esté a la venta. Si se trata de un narciso, puede esperar a que produzca bulbillos, pero si es un jacinto puede que no lo haga. Estas plantas se resisten a crear bulbillos, y es útil aprender cómo se estimula su producción.

Plantas apropiadas

N. COMÚN	N. CIENTÍFICO
Cebollas ornamentales	*Allium* spp.
Campanillas de invierno	*Galanthus* spp.
Amarilis	*Hippeastrum* spp.
Jacintos	*Hyacinthus orientalis* cvs.
Narcisos	*Narcissus* spp.
Escilas	*Scilla* spp.
Tulipanes	*Tulipa* spp.

Los bulbos se clasifican como tunicados o no tunicados, dependiendo de cómo están dispuestas sus capas o bases de hojas. Si las capas crecen en círculos concéntricos –como en las cebollas, los tulipanes y los narcisos–, los bulbos son tunicados. Por el contrario, los bulbos como los de las azucenas son no tunicados porque las bases de sus hojas forman capas imbricadas o escamas. Esta diferenciación determina la manera de obligar al bulbo a crear más bulbillos. Divida los bulbos no tunicados en escamas (como en las pp. 72-73) y emplee las técnicas de esta página con los bulbos tunicados.

El fondo del bulbo, al que están unidas las bases de las hojas de los bulbos tanto tunicados como no tunicados, se denomina placa basal. Parece una especie de callo engrosado pero es un tallo muy corto con la capacidad de desarrollar raíces y también nuevas hojas. En algunas de estas técnicas se elimina esta base.

Requisitos

Estación: principios de verano

Herramientas: navaja de jardín

Materiales: arena, vermiculita o perlita

Temperatura: depende de la técnica elegida, pero nunca inferior a 21 °C

Humedad: depende de la técnica elegida, pero nunca inferior al 80%

Luz: ponga los bulbos en la oscuridad mientras se están desarrollando bulbillos

Bulbo con cortes en cruz

Bulbo seccionado

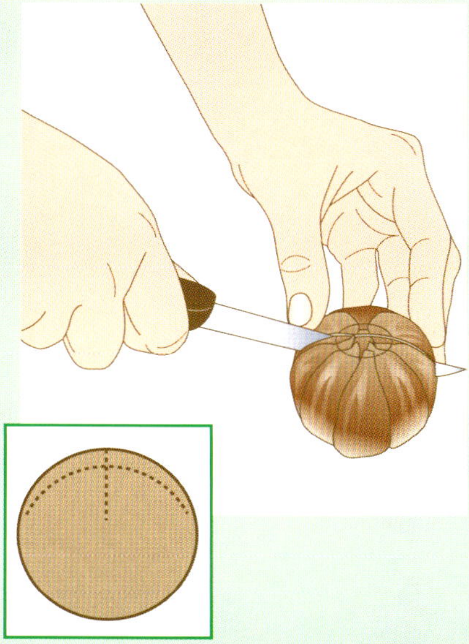

CORTAR EN CRUZ

Haga dos cortes en cruz en el bulbo a través de la placa basal, justo más allá de la circunferencia máxima. Coloque los bulbos boca abajo, con la placa basal dirigida hacia arriba, sobre una cama de arena, perlita o vermiculita fresca y limpia. Ponga los bulbos en un lugar oscuro, cálido (de 21° a 27 °C) y con una humedad elevada (80-90%) hasta otoño. Al menos 10 (y hasta 20) bulbillos se formarán en otoño. Plante el bulbo entero, sin separar los bulbillos como haría normalmente en el jardín. Marque el lugar y en el otoño siguiente desentierre el bulbo, divida los bulbillos y plántelos en una cama de germinación, donde tardarán normalmente 3 o 4 años en alcanzar el tamaño de floración.

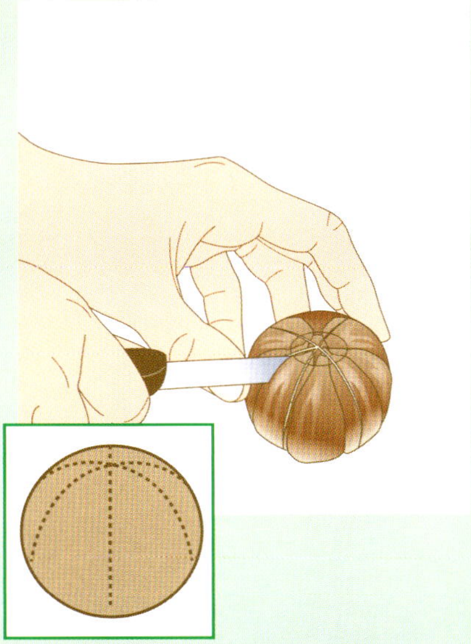

SECCIONAR

Para seccionar un bulbo, corte a su través tres o cuatro veces, haciendo 6 u 8 cortes como de pastel. Coloque los cortes boca abajo, con la placa basal dirigida hacia arriba, sobre una cama de arena, perlita o vermiculita fresca y limpia, y ponga los bulbos en un lugar oscuro, cálido (de 21° a 27 °C) y con una humedad elevada (80-90%) hasta otoño. En la placa basal se formarán bulbillos en cada sección. Plante los cortes sin dividir los bulbillos como haría normalmente en el jardín. Marque el lugar y en el otoño siguiente desentierre el bulbo, divida los bulbillos y plántelos en una cama de germinación, donde tardarán normalmente 3 o 4 años en florecer.

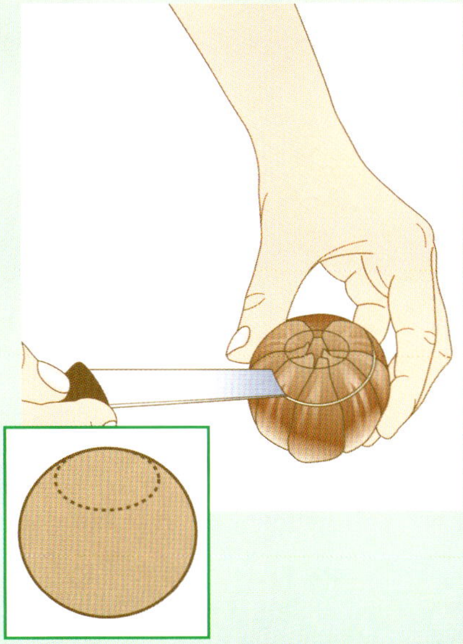

CORTAR LA BASE

Quite la placa basal después de cortarla con un cuchillo. Corte lo bastante hondo hasta el centro del bulbo para eliminar el brote y el capullo floral. De las bases foliares que ahora quedan al descubierto crecerán bulbillos. Coloque los bulbos boca abajo sobre un sustrato limpio, en un lugar con una temperatura de 21 °C y una humedad relativamente baja –de 65 a 75%– durante unas 2 semanas. La "carne" cortada formará un callo durante este tiempo. Inspeccione los bulbos a diario durante la 3.ª semana y cuando vea una hinchazón definida suba la temperatura hasta 27 °C y la humedad hasta el 85%. Continúe vigilando los bulbillos y cuando formen raíces, plántelos en una mezcla de tierra que contenga nutrientes. En otoño métalos en una cama de germinación en el exterior y déjelos crecer a su aire durante 4 años. Llegado este momento, trasplántelos a los arriates porque ya estarán listos para florecer.

Posibles problemas

El bulbo se pudre: esterilice su cuchillo antes de cortar el bulbo; colóquelo en un sustrato nuevo y limpio o en una caja de cartón limpia, y mantenga las condiciones ambientales recomendadas para reducir la posibilidad de enfermedades fúngicas.

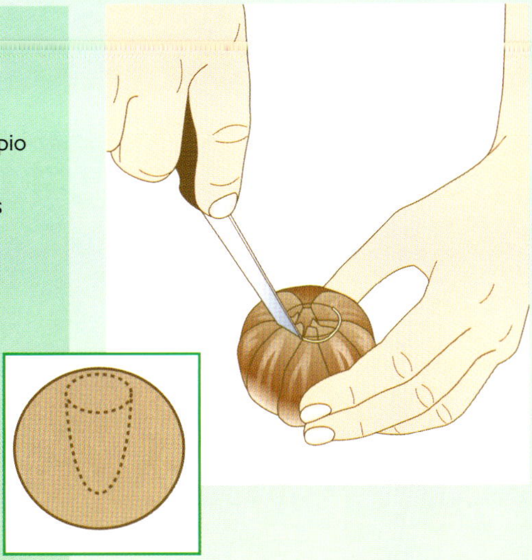

Cuide de que no se pudran.

EXTRAER EL CENTRO

Corte un cono desde la placa basal hasta el centro del bulbo, eliminando el tallo y los capullos florales al mismo tiempo. Coloque los bulbos así vaciados boca abajo y sobre un sustrato limpio, en un lugar oscuro, cálido (de 21 a 27 °C) y con una humedad elevada (80-90%) hasta otoño y entonces plántelos en el jardín. Aunque con este método se forman menos bulbillos, éstos son lo bastante grandes para alcanzar el tamaño de floración en apenas 2 a 3 años.

Propagar azucenas por escamas

¿Qué podría ser más espectacular que una amplia franja de azucenas que cubre una ladera o que bordea una larga avenida de entrada a una casa? Si le entusiasma la idea pero cree que no es capaz de costearla, le encantará saber cómo se propagan azucenas por escamas.

Contrariamente a otros bulbos, el de la azucena está formado por escamas imbricadas que pueden desprenderse de la placa basal sin dañar el bulbo madre. Cada escama puede producir hasta cuatro bulbillos en su base, lo que le permite incrementar su población de azucenas a un coste muy bajo. Pero teniendo en cuenta que las jóvenes plantas pueden tardar 3 o 4 años en alcanzar el tamaño de floración, es mejor plantar en el terreno una cubierta vegetal no invasora con la que las azucenas acabarán compartiendo la zona.

¿Cuánto tiempo?

Una vez las jóvenes azucenas con bulbo se trasplanten a las camas de germinación, empezarán a crecer con rapidez. Aunque es posible que unas pocas florezcan en la estación siguiente, la mayoría esperarán hasta su tercer año para hacerlo. Trasplántelas un año o dos después de haberlas puesto en las camas de germinación.

Otro método

En lugar de enraizar las escamas en un contenedor, algunos jardineros las meten en una bolsa de plástico con vermiculita húmeda y colocan la bolsa en el medio ambiente adecuado. Cuando formen raíces y bulbillos, plántelas en macetas de 8 cm y déjelas crecer tal como se indica a la derecha.

Requisitos

Estación: primavera

Herramientas: un desplantador o una horca de cavar (para desenterrar los bulbos), sus dedos (para arrancar las escamas)

Medio de cultivo: sustrato sin tierra, estéril y que retenga la humedad, tal como turba o mitad de turba y mitad de arena

Profundidad: entierre dos tercios de cada escama en el sustrato

Temperatura: el sustrato deberá mantenerse entre 16 y 21 °C

Humedad: siempre que la mezcla de tierra esté húmeda pero no empapada, no es necesario incrementar la humedad

Luz: indirecta y difusa. Coloque la bandeja de enraizar en un lugar algo sombreado para que las escamas no se calienten en exceso

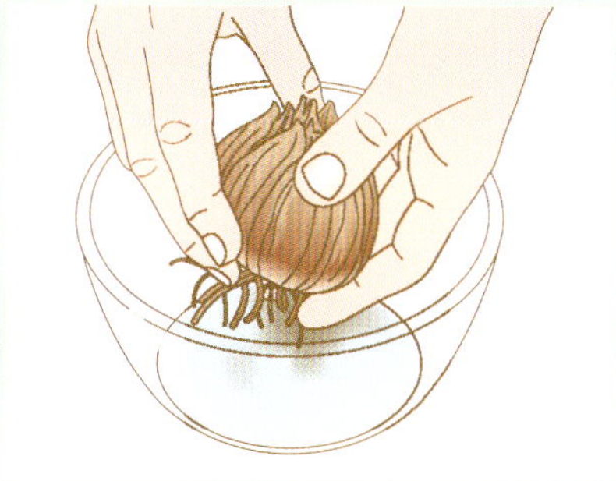

LIMPIE LOS BULBOS

Después de desenterrar los bulbos o de comprarlos, quíteles toda la tierra con suavidad. De este modo no sólo podrá ver todas las partes del bulbo sino que también eliminará una fuente potencial de esporas fúngicas. Compruebe que no haya enfermedades y descarte los bulbos sospechosos.

ELIMINE LAS ESCAMAS VIEJAS

Arranque las escamas más externas para eliminarlas. Las viejas no serían viables; la planta se deshace de ellas a medida que crece. Pero si el bulbo se compró en fechas recientes, es probable que ya hubieran eliminado las viejas escamas antes del envío, por lo que las externas podrían ser buenas.

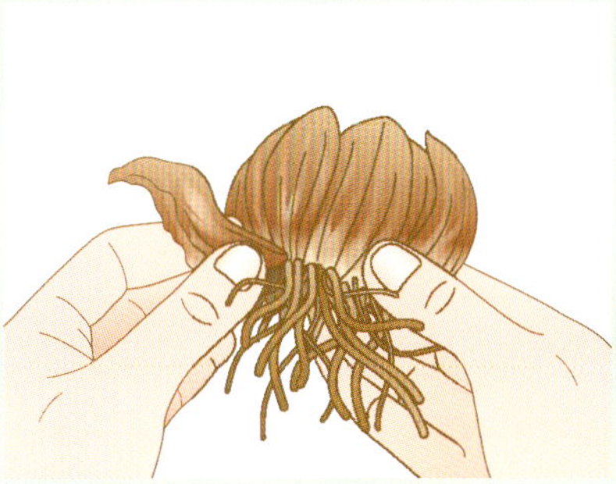

SEPARE LAS ESCAMAS VIABLES

Para arrancar las escamas viables, estire suavemente cada escama hacia un lado y hacia abajo de forma que su unión con la placa basal se rompa de forma natural. Esto puede parecer alarmante, así que experimente hasta que llegue a sentir cuáles son los ángulos correctos y la fuerza con que debe estirarlas.

MOJE Y SEQUE

Introduzca las escamas en peróxido de hidrógeno tópico o en fungicida de cobre para eliminar posibles hongos. Deje secar las escamas sobre una toalla de papel y espere a que se forme un callo protector en la base de la escama antes de plantarla. Este callo evitará la entrada de muchos hongos en la herida.

PERFORE EL SUSTRATO

Haga huecos o muescas en el sustrato para plantar las escamas. Deje 2,5 cm entre cada uno de ellos en todas las direcciones y apisone suavemente el sustrato alrededor de ellas. Coloque la bandeja de enraizar en un lugar con luz difusa y temperaturas de 16 a 21 °C. Riegue cuando el sustrato esté seco.

DEJE CRECER LAS PLANTAS

Al cabo de unas cuantas semanas, empezarán a crecer las raíces y los bulbillos. Cuando las primeras hojas midan unos 2 cm de altura, trasplante cada escama a una mezcla de tierra en una maceta de 8 cm. Deje que las azucenas se desarrollen durante un año; separe las plantas individuales la primavera siguiente y plántelas en una cama de germinación.

Posibles problemas

Enfermedades fúngicas: las escamas de azucena pueden contraer enfermedades fúngicas. Para evitarlo inspeccione con esmero los bulbos madre y descarte todos los que parezcan sospechosos. Después de arrancar las escamas, métalas en una solución de peróxido de hidrógeno y déjelas secar sobre una toalla de papel. No las plante hasta que no estén del todo secas riegue para mantener húmedo el sustrato.

Esté especialmente alerta si planta más de un bulbo por maceta. La enfermedad puede propagarse de una planta a otra.

ESTAQUILLADO

El estaquillado –técnica consistente en obtener esquejes y estimularlos para que se enraícen– puede ser una manera simple y fácil de propagar plantas. En el caso de plantas tropicales de interior y de muchos arbustos y trepadoras leñosas, es el método más apropiado, ya que no sólo da los mejores resultados, sino que también garantiza que la nueva planta sea idéntica a la parental. Para tener éxito, siga algunas pautas de sentido común.

Pautas directrices para tener éxito en la propagación

• Los esquejes tienen más probabilidades de desarrollar raíces si los obtiene en plantas relativamente jóvenes que estén creciendo con vigor. Cuando tenga que tomar un esqueje de una planta vieja para conservarla, intente preparar la planta con un año de antelación. Pode hasta la madera vieja y dé a la planta una nutrición equilibrada y la cantidad de agua apropiada para la estación. Este tratamiento debería estimular su crecimiento en la primavera siguiente.

• Tome siempre esquejes de la estación vegetativa del año; incluso si toma estacas de madera dura en otoño, la madera debe haber crecido en la estación de este mismo año y no el año anterior.

• Obtenga los esquejes a primera hora de la mañana, cuando el tallo está todavía lleno de agua. Póngalos todos (excepto los de madera dura) en agua o envuélvalos en toallas de papel húmedas en una bolsa de plástico hasta el enraizado.

• Tome esquejes sólo en plantas libres de plagas y de enfermedades. Si toma un esqueje de una planta con un problema de plaga o de infección, es probable que se muera en vez de arraigarse. Remedie los problemas antes de propagar una planta.

• Justo antes de cada corte, limpie la hoja de la navaja con un trapo embebido en una solución de lejía de lavandería al 10% (1 parte de lejía por 9 de agua).

• Tome esquejes sólo de plantas en excelente estado de salud. Si una planta crece en condiciones no del todo ideales puede responder emitiendo brotes blandos y con mucha savia o desarrollando entrenudos excesivamente largos. Estos síntomas significan que el esqueje será más propenso a las enfermedades fúngicas.

Utilice una navaja con la cuchilla lo más afilada posible para no magullar el tallo.

• En el caso de plantas como la hiedra que tienen follaje tanto juvenil como adulto, tome esquejes sólo en la madera que produce las hojas juveniles, ya que está aún en una fase de crecimiento vegetativo activo, a diferencia de la madera de las hojas adultas.

• En todos los esquejes excepto los de madera dura, haga un corte al bies en la base del esqueje para dejar su interior más expuesto al medio para enraizar. En las estacas de madera dura, haga un corte al bies en el ápice y un corte recto en la base para poder distinguir el ápice y la base del tallo.

• Aprenda qué tipo de esqueje hay que tomar de cada especie de planta. Consulte la Guía de plantas para obtener información.

• Tome más esquejes de los que necesite. Si se enraízan regálelas.

Tipos de esqueje

Cuando piensa en esquejes, es probable que sólo le vengan a la cabeza los tiernos ápices de plantas de interior que corta y pone en agua para que se enraícen. Aquí aprenderá a tomar esquejes de tallos en todas las fases de crecimiento, esquejes de hojas e incluso esquejes de raíces.

Las coníferas se propagan con esquejes de madera dura.

Como verá en las páginas siguientes, hay varios tipos de esquejes de diferentes edades y diferentes partes de plantas. Dependiendo de la especie, podrá obtener con éxito una nueva planta a partir del tallo, una hoja o una raíz.

- Los esquejes de tallos se clasifican según su edad en esquejes de madera blanda, de madera verde, semimaduros y de madera dura o estacas.
- Cuando trabaja con madera dura puede cortar los esquejes en horizontal, en mazo o con talón.
- Las plantas tropicales como las diefembaquias tienen un tallo central que nunca se vuelve leñoso. Los esquejes de tallo de estas plantas se llaman esquejes de caña y no se manipulan como los esquejes de tallo.
- Los esquejes de hojas pueden clasificarse en esquejes de pecíolo, de nervio foliar, de hoja vertical y es de hoja de monocotiledónea.
- Los esquejes de raíz son trozos de raíz capaces de desarrollar tanto una nueva parte aérea como un sistema radicular formado.

Meristemos

Los esquejes dan lugar a nuevas plantas porque comprenden meristemos o células que se convierten fácilmente en este tejido indiferenciado con gran capacidad de proliferación y creación de nuevas células. El esqueje puede producir raíces o tallos, hojas y flores.

En la raíz, el meristemo apical está en las puntas de las raíces, lo que permite crear células que se convierten en la capa protectora de la raíz y las que forman el cuerpo de la raíz.

En el tallo, el meristemo situado en el ápice de cada brote también se llama meristemo apical, mientras que el que se halla en las axilas foliares se llama meristemo axilar. Cada yema de cada axila foliar de la mayoría de plantas tiene la capacidad de convertirse en una rama, si bien, debido al proceso denominado dominancia apical, muchas de ellas permanecen latentes (inactivas). Esto es así porque el ápice del tallo produce auxinas vegetales –compuestos similares a las hormonas– e impide el crecimiento de los tallos secundarios. Si corta el ápice del tallo –como hace a menudo cuando poda la planta–, elimina estas auxinas y, en respuesta a ello, los nudos foliares más superiores empiezan a desarrollarse. En poco tiempo producirán a su vez sus propias auxinas para impedir el crecimiento en los nudos del tallo situados más abajo.

En las plantas leñosas existe una ubicación adicional para el meristemo, el cámbium que se sitúa justo debajo de la corteza. El cámbium puede formar corteza así como las estructuras necesarias para la formación del cuerpo interior de la planta.

Cuando toma un esqueje y lo coloca en el medio ambiente apropiado, responde desarrollando nuevos brotes. Esto es especialmente cierto en los nudos, donde el meristemo recibe un suministro de auxinas que estimulan el crecimiento de raíces o brotes. Aunque esto también puede suceder en otros lugares, no todos los trozos de cada planta tienen la misma capacidad de producir una nueva planta. Obtendrá los mejores resultados si toma el tipo más apropiado de esqueje de cada planta que intente propagar, emplea hormonas de enraizar que estimulan las auxinas naturales que inician el crecimiento de las raíces de la planta, y coloca los esquejes en el medio correcto mientras se desarrollan.

Para estaquillar madreselvas es mejor tomar esquejes de brotes nuevos en primavera o semimaduros en verano.

Esquejes de madera verde

Los esquejes de madera verde son algo más viejos que los de madera blanda y algo más jóvenes que los semimaduros. Están aún en una fase de crecimiento rápido o vegetativa, y se enraízan muy rápidamente. Sin embargo, son más fáciles de manipular, ya que su madera no se marchita con tanta facilidad.

Muchas plantas que se enraízan bien a partir de esquejes de madera blanda también lo hacen con los de madera verde. Esto significa que si no pudo tomar un esqueje en el momento preciso para arraigarlo a partir de madera blanda, podrá enraizarlo como un esqueje de madera verde. Análogamente, si ve una recomendación de arraigar una planta a partir de un esqueje de madera blanda, no dude en probar de enraizarla con uno de madera verde.

Los esquejes de madera verde están listos entre principios y mediados de verano, dependiendo la fecha exacta de la planta y del clima de su zona. Lo más conveniente es tomar estos esquejes allí donde empieza la estación vegetativa; observe la diferencia de madurez entre la corteza del año anterior y los brotes del año en curso. Dado que los esquejes de madera verde han empezado a desarrollar corteza, la diferencia de color será aparente aunque no llamativa. Si la planta crece con rapidez, podrá tomar hasta 30 cm de la rama; no se alarme por ello, ya que los nudos situados debajo de esta zona empezarán a crecer de inmediato para producir una rama sustitutiva, y por lo demás tendrá que cortar el ápice del nuevo brote (como el que se muestra a la derecha) cuando lo prepare para el enraizado.

Plantas apropiadas

N. COMÚN	N. CIENTÍFICO
Abutilones	*Abutilon* spp. e híbs.
Acacias	*Acacia* spp.
Alisos	*Alnus* spp.
Abedules	*Betula* spp.
Floripondio,	*Brugmansia* spp.
Lilo de verano o arbusto de las mariposas	*Brunfelsia* spp.
	Buddleja davidii
Bojes	*Buxus* spp.
Limpiatubos	*Callistemon* spp.
Calicantos	*Calycanthus* spp.
Árbol del amor	*Cercis* spp.
Membrillero japonés	*Chaenomeles speciosa*
Croton o croto	*Codiaeum variegatum*
Cornejo de flor	*Cornus florida*
Cotoneásters	*Cotoneaster* spp.
Deucias	*Deutzia* spp.
Lechetreznas	*Euphorbia* spp.
Higuera y ficus	*Ficus* spp.
Forsitias	*Forsythia* spp.
Fucsias	*Fuchsia* spp.
Hibiscos	*Hibiscus* spp.
Acebos	*Ilex* spp.
	Kalmia spp.
Querria o rosa japonesa	*Kerria japonica*
	Kolkwitzia amabilis
Lantanas	*Lantana* spp.
Malva arbórea y afines	*Lavatera* spp.
	Leucothoe spp.
Magnolias	*Magnolia* spp.
Bambú sagrado	*Nandina domestica*
Margarita del Cabo	*Osteospermum* spp.
Geranios	*Pelargonium* cvs.
Celindo o filadelfo	*Philadelphus coronarius*
Álamo balsámico	*Populus balsamifera*
Cincoenramas	*Potentilla* spp.
Teucrios	*Teucrium* spp.

Posibles problemas

Enfermedades fúngicas: prevenga este problema introduciendo aire fresco varias veces al día en el recinto de propagación. Si el problema persiste, instale un pequeño ventilador computarizado dentro del recinto para mantener el aire húmedo en movimiento.

Los esquejes no se enraízan: las condiciones ambientales han de ser las apropiadas. Mantenga temperatura y humedad elevadas, así como una luz tamizada, dentro del recinto de propagación.

Requisitos

Estación: de principios a mediados de verano, dependiendo de la especie

Herramientas: navaja de jardín o tijeras de podar tipo bypass, lápiz o plantador estrecho

Equipo: maceta o plato de 10 a 15 cm de hondo, botella de plástico sin fondo que encaje encima de la maceta o marco cubierto de polietileno; cuenco para regar la base del tiesto

Materiales: cuenco o bolsa de plástico de recolección y toallas de papel o trapos húmedos, etiquetas para plantas, hormona de enraizar

Sustrato: 1 parte de arena por 1 parte de vermiculita o 1 parte de perlita por 1 parte de vermiculita

Temperatura: tanto la del aire como la del suelo deberán estar a unos 21-27 °C.

Humedad: para la mayoría de esquejes, la humedad adecuada es del 70 al 80%

Luz: tome los esquejes por la mañana antes de que el sol esté alto. Arraigue los esquejes de raíz bajo una luz tamizada

Mantenga la humedad a 70-80% para que las hojas no se marchiten.

CORTE
Cuando la base del tallo haya empezado a madurar, podrá utilizarla como esqueje de madera verde. Elija brotes terminales y haga un corte al bies a aprox. 1 cm por debajo de un nudo. Si recoge más de un esqueje, téngalos a la sombra para que no se marchiten.

PODE
Para minimizar las pérdidas de agua, elimine del esqueje el brote apical lleno de savia. Deje al menos tres nudos. Si las hojas son grandes, córtelas por la mitad para reducir la pérdida hídrica.

UTILICE HORMONAS
Elimine la hoja inferior y corte la base del esqueje. Vierta un poco de hormona de enraizar en un contenedor separado para no contaminar el resto del producto y acto seguido cubra la herida y los nudos del tallo con una capa fina de hormona. Asegúrese de cubrir los nudos y la herida. Sacuda la hormona sobrante y tire la hormona sin usar que sacó de la botella original.

PERFORE
Para que el esqueje no pierda la hormona que lo cubre, haga un hoyo de 5 a 8 cm de hondo en el sustrato e inserte el esqueje en él. Después de insertarlo, apilone sustrato contra el esqueje. Coloque la maceta en un cuenco con agua para irrigar el fondo.

CONSERVE LA HUMEDAD
Ponga la maceta en un lugar con luz indirecta y disponga la "tapa" de botella de plástico de tal forma que no toque las hojas. Si esto es imposible, haga un marco de palillos de comida oriental y polietileno para cubrir los esquejes. Si emplea una botella, deje la parte superior abierta para ventilar. Si emplea polietileno, controle el interior y abra un lado del recinto si la humedad aumenta en exceso.

TIRE DEL TALLO
Al cabo de 6 a 8 semanas la mayoría de esquejes habrán desarrollado raíces. Tire suavemente del tallo para ver si hay alguna resistencia. En caso positivo, saque con cuidado los esquejes de la maceta. Si las raíces miden 1-2 cm de largo, repique los esquejes en macetas individuales con un suelo a base de compost y entierre las macetas en un arriate del jardín para protegerlos durante el invierno.

Esquejes de madera blanda

Determinar qué es y qué no es "madera blanda" es bastante sencillo. La propia rama se lo indicará: de principios a mediados de verano, agarre su extremo y dóblelo sobre sí mismo, a unos 15 cm de la punta, hasta un ángulo de 90°. Si se rompe con un sonido seco y brusco, está en el estadio correcto para ser un esqueje de madera blanda. Los esquejes semimaduros no se doblan o rompen con tanta facilidad y los de madera dura no se doblan.

Los esquejes de madera blanda se enraízan más fácil y rápidamente que los semimaduros o los de madera dura y son recomendables para muchas plantas y para los híbridos que no pueden obtenerse a partir de semillas. Si sigue las pautas de la página 74 cosechará éxitos.

Los viveristas emplean cámaras de propagación para enraizar los esquejes de madera blanda. Van equipadas con una manta térmica que calienta el sustrato para enraizar, con un sistema de nebulización intermitente para incrementar la humedad y con paredes y un techo que permiten la entrada de luz suficiente para que los esquejes puedan fotosintetizar y desarrollar nuevas raíces, pero no la suficiente para quemar las hojas. Si propaga centenares de esquejes al año, estas unidades se amortizan con rapidez.

Si sólo está enraizando unos pocos esquejes a la vez, corte el fondo de una botella de plástico y empléela como se muestra en el paso 5 de la página siguiente. Para un mayor número de esquejes, construya un marco de madera o de alambre, cúbralo con polietileno y colóquelo sobre los esquejes procurando que no toquen el plástico. Inspeccione el medio ambiente con frecuencia. Si está demasiado seco, humedezca el aire con un nebulizador manual varias veces por la mañana y a principios de la tarde. Si está demasiado húmedo, quite la cubierta para que las hojas se sequen y corte agujeros de ventilación en la parte superior del recinto.

En las perennes tropicales y poco rústicas que se emplean como plantas de interior, los esquejes que enraizará no son técnicamente de madera blanda, ya que pueden ser más jóvenes y sus tallos nunca producen madera dura. Para estas plantas tome esquejes de punta de 10-15 cm de largo. En las especies muy suculentas como los geranios (*Pelargonium* spp. y cvs.), deje que sus tallos se sequen y formen un callo y luego enraícelos como se describe en la página siguiente.

PLANTAS APROPIADAS

N. COMÚN	N. CIENTÍFICO
Arce japonés palmeado	*Acer palmatum* cvs.
Guillomos	*Amelanchier* spp.
Aucuba	*Aucuba japonica*
Agracejo y afines	*Berberis* spp.
Lilo de verano	*Buddleja davidii*
Bojes	*Buxus* spp.
Calicarpas o bayas bonitas	*Callicarpa* spp.
Calicanto	*Calycanthus floridus*
	Caryopteris x *clandonensis*
Membrillero japonés	*Chaenomeles speciosa*
	Clethra alnifolia
Cornejos	*Cornus alba*, *C. sericea*
	Corylopsis spp.
Fustetes	*Cotinus* spp.
Torvisco y afines	*Daphne* spp.
Deucia grácil	*Deutzia gracilis*
Arbusto ardiente	*Euonymus alatus*
Bonetero rastrero	*Euonymus fortunei*
Forsitias	*Forsythia* spp.
	Fothergilla major
Hamamelis	*Hamamelis* spp.
Hiedras	*Hedera* spp.
Hortensias	*Hydrangea* spp.
	Itea virginica
Querria o rosa japonesa	*Kerria japonica*
	Kolkwitzia amabilis
Árbol de Júpiter	*Lagerstroemia indica*
Aligustre del Japón	*Ligustrum japonicum*
Madreselvas	*Lonicera* spp.
Magnolias	*Magnolia* spp.
Celindo o filadelfo	*Philadelphus coronarius*
Fotinia	*Photinia davidiana*
Cincoenramas	*Potentilla* spp.
Azaleas	*Rhododendron* spp.
Rosa rugosa	*Rosa rugosa*
Sauces	*Salix* spp.
Saúcos	*Sambucus* spp.
Espireas	*Spiraea* spp.
Falsa camelia	*Stewartia pseudocamellia*
Lilos	*Syringa* spp.
Viburnos	*Viburnum* x *burkwoodii*, *V. carlesii*
	Weigela spp.

Requisitos

Estación: de principios a mediados de verano, dependiendo de la especie

Herramientas: navaja de jardín o tijeras de podar tipo "bypass" bien afiladas, lápiz o plantador estrecho

Equipo: una bandeja o maceta de 10 a 15 cm de hondo; una botella de plástico sin fondo que encaje sobre los esquejes o un marco cubierto de polietileno; un cuenco para irrigar el fondo; cuenco o bolsa de plástico recolectores

Materiales: toallas húmedas

Sustrato: 1 parte de arena y 1 parte de vermiculita

Luz: tome los esquejes por la mañana, antes de que el sol esté muy alto. Enraíce los esquejes bajo una luz tamizada

Humedad: mantenga los niveles de humedad bastante elevados para que las hojas no se marchiten pero no tanto como para que estén bañadas en humedad. Para la mayoría de esquejes, lo adecuado es una humedad del 70-80%

Temperatura: tanto la del aire como la del suelo deberán estar a unos 21-27 °C

Posibles problemas

Marchitamiento: sin las raíces, los esquejes pueden perder mucha humedad por sus tallos y hojas. Elimine siempre del tallo unos dos tercios del follaje; si las hojas son bastante grandes, corte al menos una de las hojas restantes por la mitad.

Pudrición: la humedad excesiva puede provocar enfermedades fúngicas. Ventile el recinto al menos dos veces al día y si aun así es excesiva, quite la cubierta por la noche. Una segunda causa podría ser el escaso drenaje del sustrato. Si observa pudrición, añada más perlita a la mezcla e inténtelo otra vez con nuevos esquejes.

1 CORTE
Tan pronto como un tallo deje de alargarse podrá emplearlo como esqueje de madera blanda. Elija brotes que crezcan a partir de una guía de la planta y córtelos al bies a 1 cm por debajo de un nudo. Envuélvalos en toallas de papel húmedas para mantenerlos húmedos.

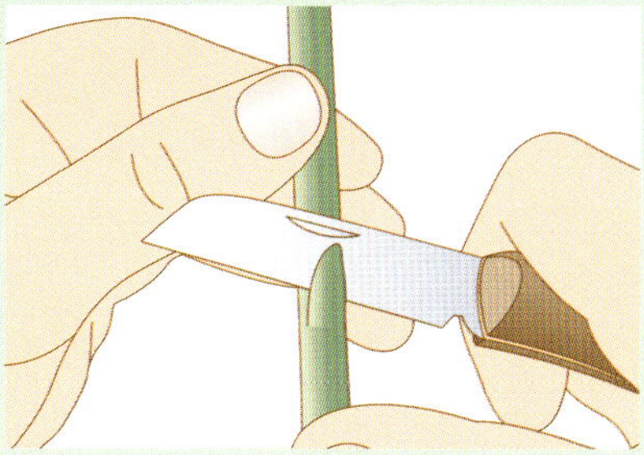

2 DESCORTECE
Pellizque y arranque las hojas basales y recorte una fina tira de corteza en la base del esqueje. Estas heridas formarán callos que estimularán a las células a producir tejidos radiculares.

3 CUBRA
Cubra la base del esqueje con una hormona de enraizar, tal como se indica en el paquete, y cubra también los nudos donde ha arrancado hojas. Vierta siempre la hormona en un contenedor separado y tírela después del uso para no contaminar el material contenido en el tarro. Sacuda la hormona sobrante antes de insertar el esqueje en el sustrato para enraizar.

4 PERFORE
Para que el esqueje no pierda la hormona que lo cubre, haga un hoyo en el sustrato e inserte el esqueje en él, a unos 5 a 8 cm de profundidad. Apilone sustrato contra el esqueje. Coloque la maceta en un cuenco con agua para regar el fondo.

5 CUBRA
Ponga la maceta en un lugar con luz indirecta y disponga la botella de plástico que hace de "tapa" de tal forma que no toque las hojas. Si esto es imposible, haga un marco de palillos de comida oriental y de polietileno para cubrir los esquejes. Si emplea una botella, deje su parte superior abierta para ventilar. Si utiliza polietileno, controle el interior y abra un lado del recinto si la humedad aumenta en exceso.

6 TIRE DEL TALLO
Al cabo de 6 a 8 semanas la mayoría de esquejes habrán desarrollado raíces. Tire suavemente del tallo para ver si ofrece resistencia. En caso positivo, arranque con cuidado los esquejes de la maceta. Si las raíces miden 1-2 cm de largo, repique los esquejes en macetas individuales, en una tierra con una base de compost, y entierre las macetas en un arriate del jardín para protegerlas en invierno.

Esquejes semimaduros

Las coníferas, los perennifolios de hoja ancha y muchos arbustos se propagan con frecuencia por esquejes semimaduros. En el caso de las coníferas y los perennifolios de hoja ancha, éste es casi siempre el método preferido. También es muy eficaz con muchos arbustos; inténtelo cuando no encuentre información sobre cómo se propaga un arbusto.

Los esquejes semimaduros son más viejos que los de madera verde pero más jóvenes que los de madera dura. Una vez más, se toman en la madera de la estación vegetativa del año. Para asegurarse de que los toma en el estadio de crecimiento correcto, empiece a observar las plantas a principios de verano: algunas plantas producen esquejes semimaduros en junio, mientras que otras lo hacen en julio o incluso a principios de agosto.

Estos esquejes se caracterizan por tener la madera blanda en la punta del tallo y más dura a unos 15-20 cm más abajo. Corte por debajo de esta última, justo debajo de un nudo foliar –le convendrá tener algo de esta madera en proceso de endurecimiento– pero por encima de la madera del año anterior. Si es posible, elija tallos que no tengan yemas en desarrollo ni flores para que el tallo pueda desarrollar un sistema radicular.

Plantas apropiadas

N. COMÚN	N. CIENTÍFICO
Forsitia blanca	*Abeliophyllum distichum*
Abutilones	*Abutilon* spp. + híbs.
Kiwis	*Actinidia* spp.
Aristoloquias	*Aristolochia* spp.
Ajenjos, artemisas, etc.	*Artemisia* spp.
Aucuba	*Aucuba japonica*
Agracejo y afines	*Berberis* spp.
Adelfilla	*Bupleurum fruticosum*
Bojes	*Buxus* spp.
Calicarpas	*Callicarpa* spp.
Cedro blanco de California	*Calocedrus decurrens*
Camellias	*Camellia* spp.
Trompetas trepadoras	*Campsis* spp.
[illegible]	[illegible]
Membrillero japonés	*Chaenomeles* spp.
Cotoneásters	*Cotoneaster* spp.
Ciprés de Leyland	*Cupressocyparis leylandii*
Deutzias	*Deutzia* spp.
Brezos	*Erica* spp.
Boneteros o evónimos	*Euonymus* spp.
Forsitias	*Forsythia* spp.
Árboles del fuego	*Grevillea* spp.
	Hebe spp.
Hiedras	*Hedera* spp.
Hibiscos	*Hibiscus* spp.
Hortensias	*Hydrangea* spp.
Acebos	*Ilex* spp.
Índigos	*Indigofera* spp.
Jazmines	*Jasminum* spp.
Enebros, sabinas, etc.	*Juniperus* spp.
	Kalmia spp.
Laureles	*Laurus* spp.
Espliegos, cantueso, etc.	*Lavandula* spp.
Madreselvas	*Lonicera* spp.
Magnolias	*Magnolia* spp.
	Penstemon spp.
Celindos o filadelfos	*Philadelphus* spp.
Andrómeda o pieris	*Pieris japonica*
Maníos	*Podocarpus* spp.
Cincoenramas	*Potentilla* spp.
Espinos de fuego	*Pyracantha* spp.
Azaleas	*Rhododendron* spp.
Romero	*Rosmarinus officinalis*
	Schisandra chinensis
[illegible]	[illegible]
Espireas	*Spiraea* spp.
Lilos	*Syringa* spp.
Tejos	*Taxus* spp.
Viburnos	*Viburnum* spp.
Vides	*Vitis* spp.
	Weigela spp.

Posibles problemas

Enfermedades fúngicas: los hongos crean problemas con todos los esquejes. El sustrato para enraizar debe ser fresco. No deje que el aire húmedo [illegible] estanque.

Los esquejes no se enraízan: los esquejes no arraigarán en un sustrato demasiado seco. Inspecciónelo para asegurarse de que está húmedo.

Requisitos

Estación: de finales de primavera a principios de verano, según la especie

Herramientas: navaja de jardín o tijeras de podar tipo bypass, lápiz o plantador estrecho

Equipo: maceta o plato de 10 a 15 cm de hondo, una botella de plástico sin fondo que encaje encima de la maceta o marco cubierto de polietileno; cuenco para regar el fondo del tiesto

Materiales: cuenco o bolsa de plástico recolectores y toallas de papel o trapos húmedos, etiquetas para plantas, hormona de enraizar

Sustrato: 1 parte de arena o de perlita por 1 parte de vermiculita

Temperatura: tanto la del aire como la del suelo deberán estar a unos 21-27 °C

Humedad: mantenga la humedad lo bastante elevada para evitar que las hojas se marchiten pero no tanto para que estén bañadas en humedad. Para la mayoría de esquejes, lo adecuado es una humedad del 70 al 80%

Luz: tome los esquejes por la mañana, antes de que el sol esté alto. Enraíce los esquejes de raíz bajo una luz tamizada

Destruya los esquejes que estén infectados de hongos.

1 CORTE
Tome esquejes semimaduros de una planta cuando sus brotes de 15 a 20 cm de largo hayan empezado a "madurar" (a volverse leñosos) en la base.

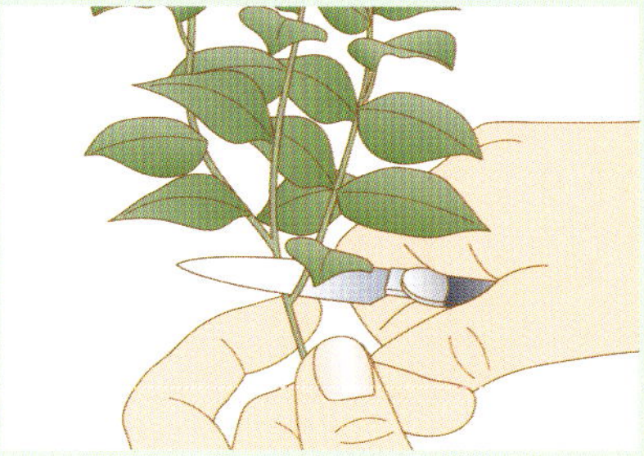

2 PODE
Recorte y elimine todos los brotes laterales y hojas de los 4 cm basales del tallo. Si el brote apical es blando y con savia, recórtelo también.

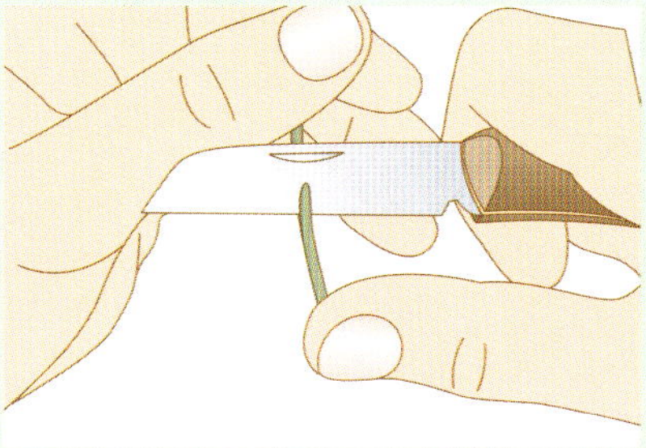

3 HIERA
Mutile el esqueje cortando una fina tira de corteza de 2 cm en su base. El callo resultante que se formará sobre la herida estimulará la formación de raíces.

4 TRATE
Vierta un poco de hormona de enraizar en un contenedor separado para no contaminar el resto del material y acto seguido cubra la herida y los nudos del tallo con una capa fina. Sacuda la hormona sobrante y tire a la basura toda la hormona no utilizada que haya sacado de la botella original.

5 PERFORE
Haga hoyos en el sustrato de plantación y coloque los esquejes dentro de los hoyos. Apisone el sustrato en torno a los esquejes y riegue bien. Coloque la cubierta de botella de plástico sobre la maceta (no aparece en la ilustración).

6 COMPRUEBE
Al cabo de unos 2 meses, tire suavemente de una hoja basal para ver si la planta está arraigada. En caso positivo, desentierre la planta: estará lista para su trasplante a una maceta más grande cuando sus raíces midan unos 2 cm. Mantenga las macetas frescas todo el invierno; en primavera plante en una cama de germinación del jardín.

Esquejes de madera dura

Después de la caída otoñal de las hojas, hay que tomar esquejes de madera dura. Para muchas plantas, ésta la manera más fácil de asegurar el éxito en la propagación, porque en este estadio son muy inmunes a los daños y porque el callo que se forma en el extremo durante el invierno estimula la producción de raíces.

Hay tres tipos de esquejes de madera dura o estacas: en horizontal o recto en mazo o bastón y con talón. La mayoría de los arbustos y árboles caducifolios –y muchas plantas perennifolias de hoja ancha– se enraízan bien a partir de estacas en horizontal pero a veces se encontrará con instrucciones que le aconsejan propagar una planta caducifolia con un esqueje en mazo o con talón. Las instrucciones para estos esquejes se hallan en las páginas 84 y 85.

Cuando tome un esqueje de madera dura en horizontal, corte justo debajo de un nudo de la estación vegetativa anterior (todavía será capaz de distinguir esta madera). Dependiendo de la planta, podrá obtener a veces más de un esqueje a partir de una rama; cada esqueje debe incluir unos cinco nudos. A diferencia de lo que haría con otros esquejes de tallo, haga el corte basal horizontal y el apical en bisel. Para minimizar los riesgos de infección fúngica, corte y elimine la madera más blanda de la punta para tener sólo madera endurecida.

PLANTAS APROPIADAS

N. COMÚN	N. CIENTÍFICO
Abelias	*Abelia* spp.
Kiwis	*Actinidia* spp.
Lilos de verano o arbustos de las mariposas	*Buddleja* spp.
Camelias	*Camellia* spp.
Trompetas trepadoras	*Campsis* spp.
Cornejos	*Cornus* spp.
Membrillero	*Cydonia oblonga*
Deucias	*Deutzia* spp.
	Escallonia spp.
Higuera y ficus	*Ficus* spp.
Forsitias	*Forsythia* spp.
	Franklinia alatamaha
	Garrya spp.
Hiedras	*Hedera* spp.
Rosa de Siria	*Hibiscus syriacus*
	Holodiscus discolor
Hortensias	*Hydrangea* spp.
Jazmines	*Jasminum* spp.
Enebros, sabinas, etc.	*Juniperus* spp.
Querria o rosa japonesa	*Kerria japonica*
Madreselva del Himalaya	*Leycesteria formosa*
Aligustres	*Ligustrum* spp.
Madreselvas	*Lonicera* spp.
Viñas o parras vírgenes	*Parthenocissus* spp.
Celindos o filadelfos	*Philadelphus* spp.
Cerezos, ciruelos, almendro, melocotonero	*Prunus* spp.
Azaleas	*Rhododendron* spp.
Rosas	*Rosa* spp.
Sauce	*Salix* spp.
Abrótano hembra y afines	*Santolina* spp.
	Stephanandra spp.
Viburnos	*Viburnum* spp.
Vides	*Vitis* spp.
	Weigela spp.

Posibles problemas

Los esquejes se pudren: los hongos patógenos pueden infectar los esquejes de madera dura. Asegúrese de emplear un sustrato fresco y limpio; si planta más de un esqueje, elimine los enfermos.

Los esquejes no se enraízan: los esquejes de madera dura suelen precisar de hormona de enraizar. Asegúrese de que emplea una hormona apropiada para las maderas duras y a la concentración correcta; si pone demasiada, se inhibirá el enraizado. También es posible que tenga que herir el tallo, cortándole en la base una astilla de corteza de unos 2 cm de largo para tener una mayor superficie de callo para que se formen raíces.

Los esquejes de madera muy esbeltos no suelen enraizarse bien. Intente emplear esquejes del grosor de un lápiz.

Requisitos

Estación: finales de otoño o principios de invierno, una vez la planta esté latente

Herramientas: tijeras de podar tipo bypass, y navaja de jardín afilada

Equipo: macetas o cajas o bandejas de 10 cm de hondo, camas frías

Materiales: hormona de enraizar para madera dura, etiquetas para plantas

Sustrato: arena gruesa o una mezcla de arena gruesa y perlita

Temperatura: casi todas las especies forman callos sin problemas a 4 °C. En primavera las preferencias térmicas varían según las preferencias climáticas de la planta concreta

Luz: difusa o media sombra

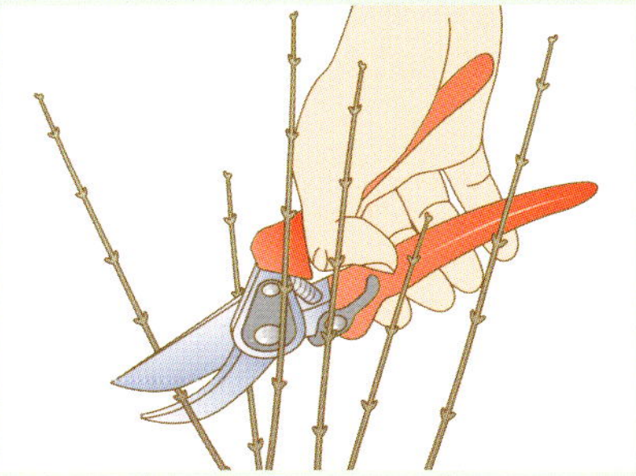

CORTE
Idealmente, los esquejes de madera dura deberían tener el grosor aproximado de un lápiz. Después de tomar el esqueje elimine toda la madera blanda apical, cortando una vez más por encima de un nudo. Haga el corte basal horizontal y el corte apical al bies. No deje secar los esquejes; envuélvalos en toallas de papel húmedas hasta que los plante.

ENTIERRE
Agrupe los esquejes en haces y trate las bases de los tallos con hormona de enraizar. Entierre los dos tercios basales de su longitud en el sustrato para enraizar. Si vive en un clima algo cálido (zonas 8 a 10, p. 183), puede colocar los esquejes en el exterior, sin cubrirlos, durante el invierno. En zonas moderadamente frías, póngalos en camas frías que mantendrá aisladas y al abrigo del viento durante el invierno. En las zonas 5A y más al norte, es mejor poner los esquejes en una caja llena de arena, regarla y luego enterrar la caja a unos 30 cm por debajo del suelo.

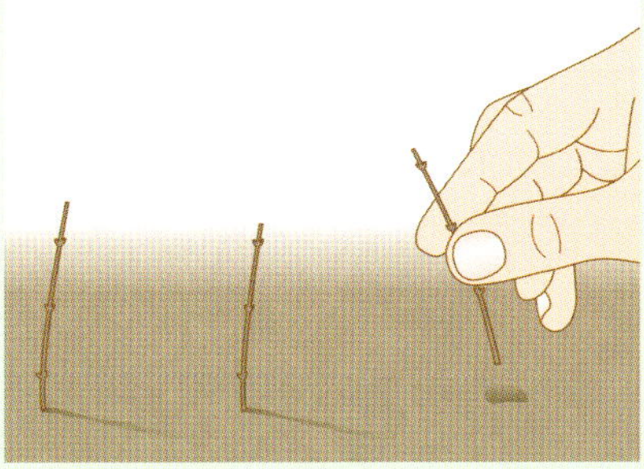

PLANTE
La primavera siguiente, plante los esquejes en una trinchera llena de arena, en una cama de germinación en el jardín. Apisone bien la arena para que no haya bolsas de aire en torno a los tallos. Crecerán raíces desde los tallos y en los extremos de los esquejes.

INSPECCIONE CON REGULARIDAD
Mantenga la arena constantemente húmeda e inspeccione los esquejes a intervalos regulares. Algunos desarrollarán hojas en unas pocas semanas. Sombree los esquejes por la tarde si no están en una zona con luz tamizada.

DESCARTE Hacia mediados de verano podrá saber ya qué esquejes desarrollaron suficientes raíces para sustentar nuevos brotes y cuáles no. Descarte todos los esquejes que no sustentaron su crecimiento foliar; así se asegurará que cualesquiera patógenos secundarios atraídos por el esqueje moribundo no puedan proliferar.

TRASPLANTE Dependiendo de la velocidad con la que creció el esqueje y de la severidad de su clima, podrá trasplantar la nueva planta a su lugar definitivo en otoño o esperar hasta la primavera siguiente. Si vive en una zona de inviernos fríos, no olvide cubrir bien con mantillo la planta antes de que el suelo se hiele.

Esquejes de coníferas

Aunque las coníferas crecen bien a partir de semillas, hay muchos jardineros que prefieren propagarlas por esquejes. Las semillas son el método de propagación más fiable pero los esquejes tienen dos ventajas notables: producen plantas grandes con mayor rapidez que las semillas y las nuevas plantas tienen las mismas características que la planta parental, ya que las plantas que crecen de los esquejes son clones de la parental y su código genético es idéntico.

Los esquejes de las coníferas se llaman de madera dura porque suelen obtenerse de finales de otoño a principios de invierno pero se tratan como otros tipos de esquejes porque conservan sus hojas y continúan fotosintetizando, respirando y transpirando –todo ello sin raíces– al igual que los esquejes de madera blanda o verde o los semimaduros.

Tome los esquejes de coníferas en los brotes laterales que crecen en medio de las secciones inferiores del arbusto o del árbol; los esquejes de la parte apical no suelen arraigar tan bien como los más basales.

Muchas especies de enebros o sabinas se resisten a enraizarse. Para solventar este problema, tome un esqueje en mazo que incluya unos 1 a 2,5 cm de la rama desde la cual crece el tallo cuando corta el esqueje. Esta madera tiene 2 años de edad y, curiosamente, arraiga con más facilidad que los esquejes de enebros o sabinas en horizontal. Las tuyas *(Thuja)* también pueden plantear problemas, pero en este caso puede tomar un esqueje con talón. Los esquejes con talón también son útiles en otras coníferas.

Plantas apropiadas

N. COMÚN	N. CIENTÍFICO
Abetos	*Abies* spp.
Cedros	*Cedrus* spp.
Falsos cipreses	*Chamaecyparis* spp.
Ciprés de Leyland	*Cupressocyparis leylandii*
Cipreses	*Cupressus* spp.
Enebros, sabinas, etc.	*Juniperus* spp.
Alerces	*Larix* spp.
Píceas	*Picea* spp.
Pinos	*Pinus* spp.
Abeto de Douglas	*Pseudotsuga menziesii*
Tejos	*Taxus* spp.
Tuyas	*Thuja* spp.
Tsugas	*Tsuga* spp.

Requisitos

Estación: finales de otoño o principios de invierno

Herramientas: una tijera de podar tipo bypass, una navaja de jardín afilada

Equipo: una maceta o una bandeja de al menos 10 cm de profundidad una cama fría aislada o una cámara de propagación con calefacción en el suelo y nebulización intermitente o una manta térmica en el suelo y [illegible]

Materiales: hormona de enraizar para madera dura, tela de sombreo, etiquetas para plantas

Sustrato: mitad de turba de esfagno o mantillo de hojas y mitad de arena

Temperatura: mantenga una cámara de propagación a unos 20 °C. Si enraíza esquejes en una cama fría, 16 °C de día y de 2 a 4 °C de noche

Luz: brillante en regiones norteñas, y tamizada en zonas mediterráneas

CORTE
Sus probabilidades de éxito serán máximas si selecciona una rama horizontal que no tenga más de 5 años de edad y mida al menos 10-13 cm de largo. Arranque las hojas basales del esqueje.

MOJE
No olvide emplear hormona de enraizar para madera dura. Moje sus tallos en un poco de hormona extraída previamente del contenedor original y sacuda el exceso de producto.

PERFORE
Plante los esquejes en hoyos preparados en el sustrato y apisone dicho sustrato en torno a ellos para asegurar que no haya bolsas de aire.

DEJE ENRAIZAR
Coloque la maceta en una cámara de propagación con calefacción en el suelo o en una cama fría, en un lugar protegido en el exterior. En este último caso, suspenda una tela de sombreo o un trozo de arpillera por encima de la cama fría para darle un sombra tamizada.

CONTROLE EL MEDIO INVERNAL
Inspeccione los esquejes durante todo el invierno para asegurarse de que el sustrato permanece húmedo y las temperaturas dentro del intervalo óptimo. Los esquejes que se guardaron en el interior todo el invierno desarrollarán raíces en un mes; para las del exterior espere a la primavera.

CRECIMIENTO
Una vez los esquejes del interior tengan raíces, trasplántelos en macetas más grandes con una tierra rica en humus. Cuando ya no haya riesgos de heladas, saque las macetas al exterior. Controle los esquejes del exterior para determinar cuándo sus sistemas radiculares son lo bastante grandes para soportar su trasplante en macetas más grandes con una mezcla rica en humus. En otoño hunda las macetas en el jardín. Hacia la primavera siguiente las plantas estarán listas para su repicado a sus lugares definitivos.

Posibles problemas

Los esquejes se pudren: como en todos los demás tipos de esquejes, los hongos son la fuente de problemas más probable. Mantenga la circulación del aire elevada en la cámara de propagación e independientemente de la ubicación, no riegue hasta el punto de saturar el sustrato.

Esqueje con enfermedad fúngica.

Esquejes de caña

Aunque es probable que no utilice esta técnica a menudo, a menos que viva en una zona tropical donde estas plantas crecen en la naturaleza, vale la pena saber cómo se propagan. Por lo menos podrá desarrollar algo parecido a una jungla de interior para mantener a raya la depresión invernal, o cultivar macetas y donarlas con fines caritativos.

PLANTAS APROPIADAS

N. COMÚN	N. CIENTÍFICO
Aglaonemas	*Aglaonema* spp.
Planta Ti	*Cordyline fruticosa*
Drácena o cordiline indivisa	*Cordyline indivisa*
Diefembaquias	*Dieffenbachia* cvs.

Las plantas exóticas con caña son tan fáciles de propagar que el único problema es su multiplicación excesiva. Para arraigarlas basta con cortar una caña en trozos de 5 a 10 cm y colocarlos horizontalmente sobre el sustrato de enraizar. Una vez los nudos de estas plantas entren en contacto con la mezcla de tierra húmeda, se verán estimulados a producir raíces.

Ésta es una técnica ideal para compartir con los niños, siempre que vaya con cuidado con las diefembaquias, ya que la savia que fluye de su caña al cortarla puede provocar un sarpullido alérgico, y ser letal si se ingiere. Lleve guantes de látex si trabaja con diefembaquias, y elija otra planta si piensa introducir a sus niños en esta sencilla técnica de propagación.

Requisitos

Estación: cualquier estación

Herramientas: una navaja de jardín afilada, un plantador

Equipo: una bandeja o una maceta ancha de 5 a 8 cm de profundidad; manta térmica para el suelo; un marco cubierto de plástico

Materiales: etiquetas para plantas

Sustrato: sustrato sin tierra de drenaje rápido tal como 1 parte de perlita y 1 de turba de esfagno

Temperatura: 21 °C como mínimo

Humedad: relativamente elevada; al menos del 40%

Luz: brillante en regiones norteñas y tamizada en zonas mediterráneas

Posibles problemas

Las cañas se pudren: asegúrese de que el sustrato es lo bastante húmedo para suministrar agua a las raíces en desarrollo pero no tanto como para favorecer las enfermedades fúngicas.

Las cañas no se enraízan: mantenga tanto la temperatura del aire como la del suelo elevadas mientras enraíce estos esquejes. Se trata, en efecto, de plantas tropicales o subtropicales que prefieren temperaturas de 26 °C como mínimo.

En un sustrato que se mantiene así de húmedo, es casi seguro que el esqueje se pudrirá.

Cordyline fruticosa *puede propagarse mediante esquejes de caña o esquejes de punta. Cuando tome esquejes de caña, asegúrese de que el tallo tenga dos nudos engrosados o "articulaciones".*

1 CORTE

Pode un poco de la parte aérea o si prefiere reducir la planta, la caña entera.

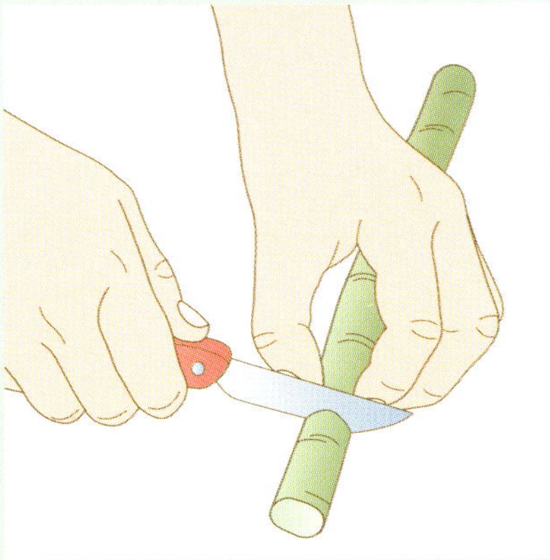

2 RECORTE

Las cañas tan cortas como 5 cm arraigan bien, siempre que contengan al menos una "articulación". Para más seguridad, sin embargo, conviene tomar esquejes con dos "articulaciones" hasta que esté seguro de que su medio ambiente es el apropiado.

3 ENTIERRE

Coloque las cañas horizontalmente sobre la bandeja y entiérrelas hasta no más de la mitad de su anchura.

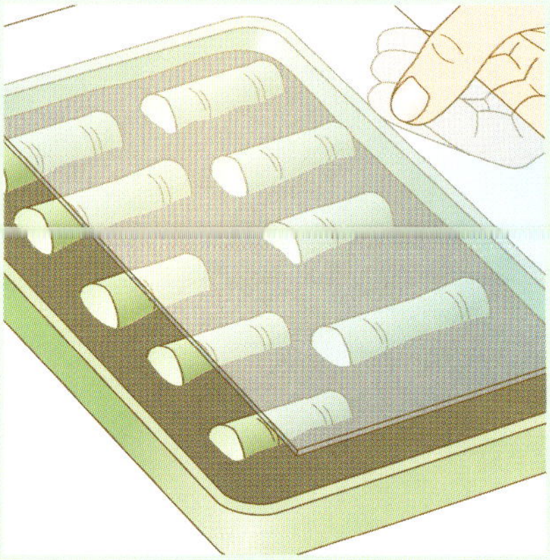

4 CUBRA

La humedad debe mantenerse elevada mientras la caña se está enraizando.

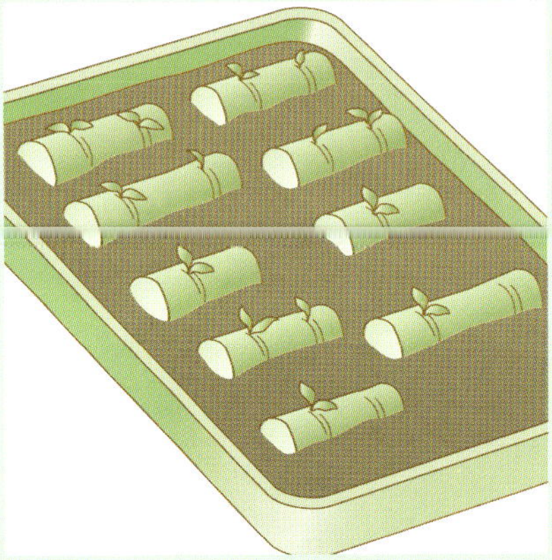

5 CONTROLE LA BROTACIÓN

Apague la manta térmica y quite la tapa de plástico tan pronto como vea que se están formando los brotes. Un exceso de humedad en este estadio podría favorecer las enfermedades fúngicas.

6 PLANTE

Una vez la planta tiene raíces y un tallo fuerte, plántela en una maceta individual con una mezcla de tierra de rápido drenaje. Continúe trasplantando cada vez que la planta crece demasiado para las sucesivas macetas.

Esquejes de pecíolo foliar

Los pecíolos de algunas hojas pueden desarrollar plantas nuevas enteras. Pero como verá en Plantas apropiadas, esta capacidad se limita a las plantas tropicales y subtropicales con hojas carnosas.

Obtener nuevas plantas a partir de pecíolos es una técnica de propagación sencilla. Siempre que su medio ambiente sea el apropiado, el éxito está casi garantizado. Si anhela todo el invierno el trabajo de jardín o si desea introducir a sus hijos en el disfrute de propagar plantas, intente trabajar con esquejes de pecíolos foliares.

Una navaja afilada es imprescindible para tener éxito. Dado que cortará el pecíolo al bies, un cuchillo desafilado podría dañarlo hasta el punto de impedirle el transporte de agua o de nutrientes. Si es extremadamente hábil puede utilizar una hoja de afeitar. En caso contrario, un cúter de mango largo le será de utilidad.

Plantas apropiadas

N. COMÚN	N. CIENTÍFICO
	Crassula ovata
	Episcia spp.
Plantas de cera o parras de cera	*Hoya* spp.
	Peperomia spp.
Violetas africanas	*Saintpaulia* cvs.
Uva de gato y otros sedos	*Sedum* spp.

Requisitos

Estación: cualquier estación

Herramientas: tijeras afiladas, hoja de afeitar o cúter de mango largo; plantador

Equipo: maceta de 10 cm, botella de plástico para cubrirla, maceta de 6 cm

Materiales: etiquetas para plantas

Sustrato: 1 parte de perlita por 1 parte de vermiculita para enraizar; mezcla de tierra para el crecimiento de los esquejes

Temperatura: 24 °C como mínimo

Humedad: al menos del 50%

Luz: difusa

Posibles problemas

Los esquejes se pudren: como todos los esquejes, los de pecíolo son propensos a varias enfermedades fúngicas. Evite problemas manteniendo el sustrato para enraizar húmedo pero no empapado. Si cubre las plantas para mantener elevada la humedad relativa, no olvide introducir aire fresco varias veces al día. Tampoco deje que la humedad se condense en la tapa, porque gotearía sobre la hoja y crearía problemas.

Este sustrato está tan húmedo que probablemente el pecíolo se pudrirá.

1 CORTE

Utilice unas tijeras afiladas para cortar una hoja joven pero totalmente crecida, incluido su pecíolo, de la planta parental.

2 PODE

Recorte un poco de la parte área y luego corte el pecíolo hasta aprox. 1 cm de largo. A continuación corte la base del pecíolo a un ángulo de unos 45° para exponer su interior al medio o sustrato para enraizar.

3 PERFORE

Haga un hoyo para no dañar el pecíolo cuando lo inserte dentro del sustrato. Apisone firmemente el sustrato en torno al pecíolo.

4 CUBRA

Coloque el esqueje en un lugar moderadamente cálido y con luz difusa. Si la humedad en el interior es escasa, cubra la maceta mientras el esqueje esté arraigando. No olvide levantar la botella para que entre aire fresco en el recinto varias veces al día.

5 SEPARE

Al cabo de unos 4 meses, las pequeñas plantas que han crecido a partir del pecíolo son bastante grandes para separarlas. Tire suavemente de ellas, tocando únicamente las hojas basales de cada una.

6 TRASPLANTE

Repique las pequeñas plantas a su mezcla de tierra normal cuando las vea lo suficientemente crecidas para manipularlas sin dañarlas.

Esquejes de nervio foliar

La primera vez que propague plantas a partir de los nervios de una hoja, es probable que se quede atónito: ¡la visión de unos bebés de planta que crecen de una hoja es tan sorprendente! Esta técnica es fácil cuando el medio ambiente es el adecuado, pero si tiene alguna dificultad en mantener elevada la humedad del interior o la temperatura de la casa a valores muy inferiores a 21 °C, es mejor que espere a que haga un tiempo más cálido.

PLANTAS APROPIADAS

N. COMÚN	N. CIENTÍFICO
Begonia de pestañas	*Begonia bowerae*
Begonia de invierno	*Begonia* x *hiemalis*
Begonia cruz de hierro	*Begonia masoniana*
Begonia rex o de hoja pintada	*Begonia rex-cultorum*
Dionea atrapamoscas	*Dionaea muscipula*
Atrapamoscas	*Drosera* spp.
Gloxinias	*Sinningia* spp.
	Smithiantha spp.

Propagar a partir de esquejes de nervio foliar no sólo es divertido, también resulta práctico. Esto es especialmente cierto en el caso de las begonias rex debido a que varían tanto de unas a otras. Si resulta que se ha quedado prendado de una de sus plantas, al propagarla a partir de una de sus hoja podrá obtener muchas más.

Las atrapamoscas y la dionea atrapamoscas –que también pueden propagarse con esta técnica– son plantas carnívoras que segregan una enzima digestiva a partir de sus hojas. Cuando las toca para cortar a través de sus nervios es probable que entre en contacto con ellas. Aunque esta concentración de enzima tan pequeña no debería afectarle, si tiene una piel muy sensible convendría que lleve guantes de látex.

Requisitos

Estación: cualquier estación, pero la primavera y el verano son las más fiables

Herramientas: tijeras afiladas, hoja de afeitar o cúter plantador

Equipo: pincel de pintar pequeño, maceta de 15 a 20 cm, horquillas de cabello, botella de plástico, macetas de 6 cm

Materiales: hormona de enraizar, etiquetas para plantas

Sustrato: mezcla para enraizar sin tierra y estéril, mezcla de tierra rica en humus para el crecimiento de los esquejes

Temperatura: 24 °C como mínimo

Humedad: al menos del 55%

Luz: difusa

Posibles problemas

La hoja se pudre: mantener la humedad elevada para favorecer el crecimiento pero no tan alta como para que sucumban a una enfermedad fúngica puede ser un desafío. Si la humedad está por debajo del 55%, emplee láminas de plástico o una botella de plástico abierta. Controle la humedad y abra el recinto varias veces al día.

No crece nada: el sustrato debe estar húmedo pero no empapado y la temperatura del suelo y la del aire deben estar entre 24 y 29°C para estimular el crecimiento. Si duda sobre la temperatura, ponga la maceta sobre una manta térmica y enciérrelas para mantener la temperatura interior elevada.

Si corta a través del nervio, se morirá la hoja antes de que se formen nuevas plantas.

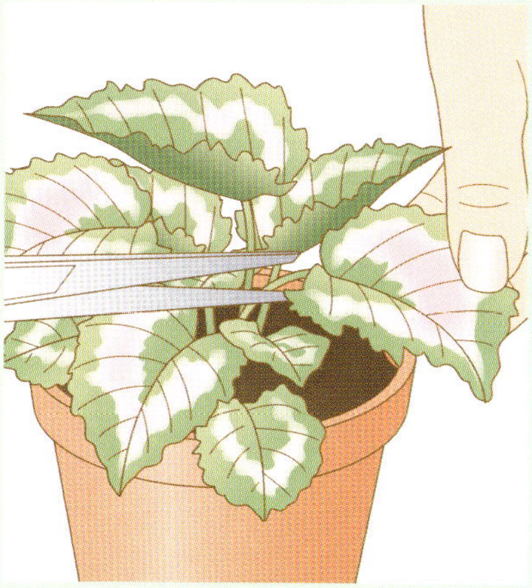

CORTE
Corte una hoja sana y madura de la planta parental. Procure que esta hoja no sea una de las más viejas, pero sí que tenga su tamaño definitivo.

RECORTE
Corte el pecíolo junto con la base de la hoja.

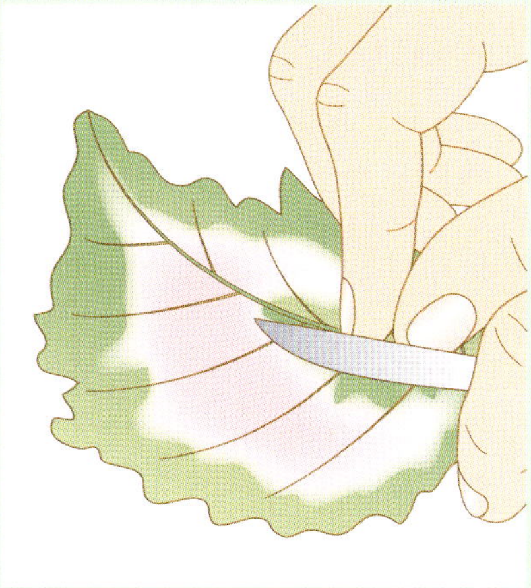

CORTE OTRA VEZ
Dé la vuelta a la hoja sobre una tabla para cortar esterilizada y corte varios de los nervios más grandes. Haga los cortes con unos 2 cm de separación y haga lo posible para no cortar a través de toda la hoja. Después de cortar espolvoree con un pincel las superficies de corte con hormona de enraizar.

SUJETE
Vuelva a poner la hoja boca arriba y póngala en la maceta de tal forma que los nervios cortados estén en contacto con el sustrato sin tierra humedecido. Emplee horquillas en forma de U y no clips de pelo, para mantener la hoja sujeta en su sitio; coloque las horquillas a horcajadas sobre los nervios.

CUBRA
Emplee una tapa para mantener una humedad elevada si hiciera falta; controle las temperaturas y la humedad de forma constante, ajustándolas si fuera necesario.

TRASPLANTE
Tan pronto como las nuevas plantas tengan su segunda serie de hojas, podrá trasplantarlas a macetas individuales. Si no las arranca con facilidad, corte la hoja parental en secciones, cada una de ellas con una nueva planta.

Las begonias se propagan fácilmente con esquejes de nervio foliar.

Esquejes de hoja verticales

El principio de propagar nuevas plantas a partir de esquejes de hoja verticales es el mismo que el de propagarlas a partir de una hoja apretada contra la superficie de un sustrato sin tierra húmedo: es apropiado para plantas capaces de producir tanto raíces como brotes a partir de un nervio foliar. Sin embargo, ambos métodos no son totalmente intercambiables.

PLANTAS APROPIADAS

N. COMÚN	N. CIENTÍFICO
Begonia de pestañas	*Begonia bowerae*
Begonia de invierno	*Begonia* x *hiemalis*
Begonia cruz de hierro	*Begonia masoniana*
Begonia rex o de hoja pintada	*Begonia rex-cultorum*
Planta de jade	*Crassula ovata*
Kalanchoes	*Kalanchoe* spp.
Maranta tricolor	*Maranta leuconeura*
Violetas africanas	híbridos de *Saintpaulia*
	Streptocarpus spp.

En el medio ambiente correcto, este método de propagación está poco menos que garantizado para crear nuevas plántulas. En algunos casos, como con los cultivares de *Streptocarpus*, es muy posible que se quede asombrado por su éxito: la mayoría de propagadores consiguen con una sola maceta de secciones foliares suficientes plantas para todo el vecindario. Otras plantas son más comedidas; así, le será difícil obtener más de una o dos plantas de jade (*Crassula ovata*) a partir de una sección foliar.

Elija bien sus hojas parentales. Las mejores suelen ser las que acaban de alcanzar su talla madura y están creciendo con vigor. Las hojas jóvenes son más propensas a las infecciones fúngicas y las viejas es menos probable que produzcan nuevas plantas. Las plantas obtenidas serán parecidas a la hoja parental.

Requisitos

Estación: cualquiera, pero la primavera y el verano son las más fiables

Herramientas: tijeras, hoja de afeitar o navaja de mango largo; plantador

Equipo: pincel de pintar pequeño, bandeja para semillas de 5 cm de profundidad o maceta de 15 cm, botella de plástico o marco de alambre para cubrir la bandeja, maceta de 6 cm

Materiales: hormona de enraizar, etiquetas para plantas

Sustrato: mezcla para enraizar sin tierra y estéril, mezcla de tierra rica en humus para el crecimiento de los esquejes

Temperatura: 24 °C como mínimo

Humedad: elevada; del 55%

Luz: difusa

Coloque las secciones foliares en el sustrato de tal forma que sólo quede enterrada la base de la hoja.

Si la sección foliar se entierra demasiado puede que se pudra. Mantenga el 80% de la sección foliar por encima del sustrato.

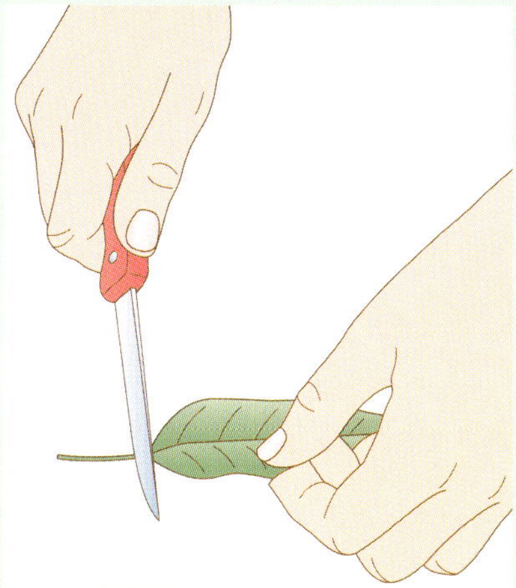

CORTE
Corte el pecíolo de la hoja que haya decidido propagar.

SECCIONE
Corte transversalmente la hoja en secciones de 5 cm de anchura. Para no ponerlas boca abajo, déjelas sobre la tabla para cortar hasta que no las coloque en el sustrato. Si lo desea, cepille las bases con un poco de hormona de enraizar aunque por lo general esto no sea necesario.

PREPARE EL SUSTRATO
Trace surcos separados por unos 5 a 7,5 cm en el medio para enraizar humedecido.

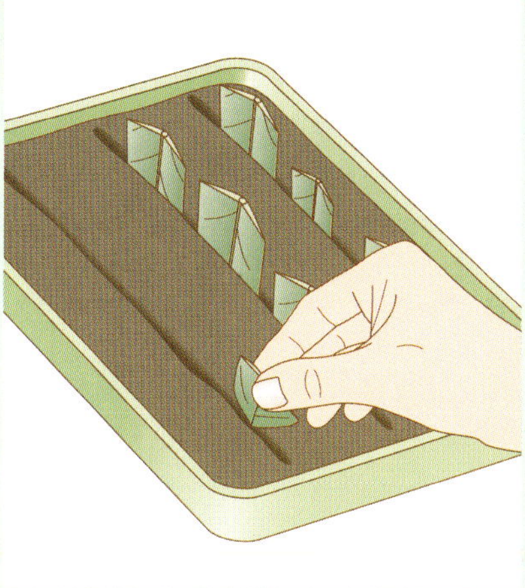

PLANTE
Coloque la sección de hoja de tal forma que su base quede insertada en el sustrato y su ápice quede vertical. Apisone el sustrato en torno a la sección foliar para mantenerla vertical.

CONTROLE
Quite la tapa de plástico tan pronto como sean visibles las pequeñas plantas. Riegue con un nebulizador manual para mantener el sustrato húmedo pero no saturado mientras crecen las plantas.

TRASPLANTE
Una vez las plantas tengan dos series de hojas, trasplántelas a macetas individuales.

Posibles problemas

No se forman las plantitas: si el ambiente es demasiado fresco, pueden no formarse las pequeñas plantas. Coloque la maceta o bandeja sobre una manta térmica y recúbralas si las temperaturas del aire y del suelo son inferiores a 24 °C.

El esqueje se pudre: como siempre, las enfermedades fúngicas son las enemigas de los esquejes. Asegúrese de que el medio para enraizar sea inicialmente estéril y controle los niveles de humedad relativa y de humedad del suelo.

Esquejes de hoja de monocotiledónea

Las monocotiledóneas son plantas con un cotiledón u hoja embrionaria en sus semillas. Además, en las monocotiledóneas los nervios foliares son paralelos entre sí y discurren verticalmente por la hoja.

PLANTAS APROPIADAS

N. COMÚN	N. CIENTÍFICO
	Eucomis spp.
	Lachenalia spp.
Sansevieria o rabo de tigre	*Sansevieria trifasciata*

Las azucenas y jacintos son mucho más fáciles de propagar por bulbos y bulbillos que por esquejes foliares, así que es mejor ceñirse a los bulbos. Sin embargo, en las detalladas en Plantas apropiadas, los esquejes foliares son un método más práctico.

La sansevieria o rabo de tigre *(Sansevieria trifasciata)* produce semillas en un ambiente cálido y soleado, y renuevos incluso en una maceta en el alféizar. Sin embargo, dado que las semillas no son fiables en las regiones frías y los renuevos se desarrollan lentamente, los esquejes de hojas tienden a ser el método preferido.

Contrariamente a lo que podría esperar, las plantas que crecen a partir de esquejes de hojas no son idénticas a la hoja parental sino que tienden a ser de un verde intenso. Para obtener una planta con la coloración parental, tendrá que dividir un renuevo del rizoma parental.

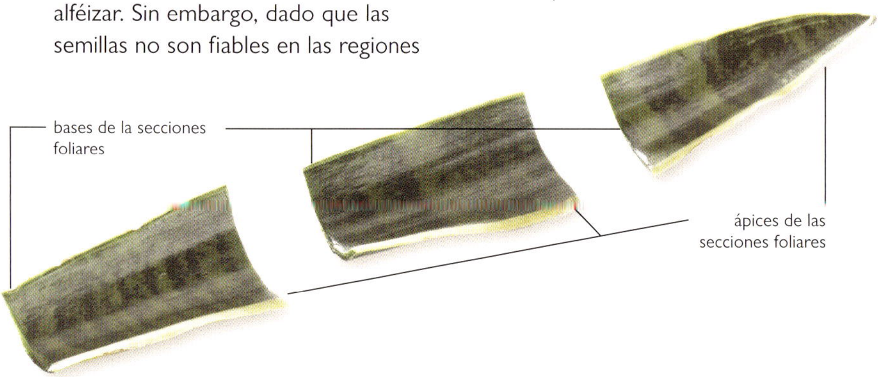

Coloque la base de la hoja en el sustrato.

Requisitos

Estación: cualquier estación, aunque la primavera y el verano son las mejores

Herramientas: navaja afilada; plantador

Equipo: maceta de 15 a 20 cm o bandeja para semillas, botella de plástico o marco de alambre cubierto de acero para hacer de tapa

Materiales: etiquetas para plantas

Sustrato: mezcla de suelo de drenaje rápido con arena limpia para el crecimiento de los esquejes

Temperatura: 24 °C como mínimo

Humedad: relativamente elevada; al menos del 55%

Luz: difusa

Posibles problemas

La sección foliar se pudre: aunque las plantas que crecen bien a partir de estos esquejes foliares prosperan con humedades elevadas, ninguna de ellas tolera los suelos empapados. Enraícelas en un sustrato de drenaje rápido y no deje que la humedad se condense en el techo de su recinto.

No entierre demasiado la sección foliar. Deje el 80% de la sección foliar por encima del sustrato.

CORTE
Para no desmejorar el aspecto de la planta parental, quite una hoja entera cuando la tome para hacer esquejes.

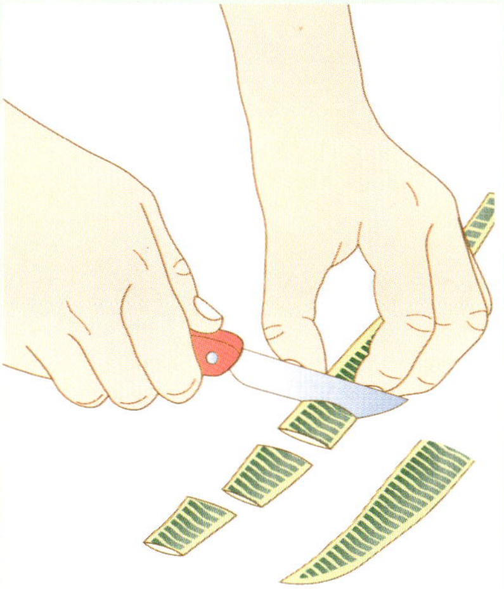

SECCIONE
Corte la hoja en secciones de unos 5 a 10 cm de longitud. No mezcle los trozos, ya que no podrían enraizar si estuviesen al revés.

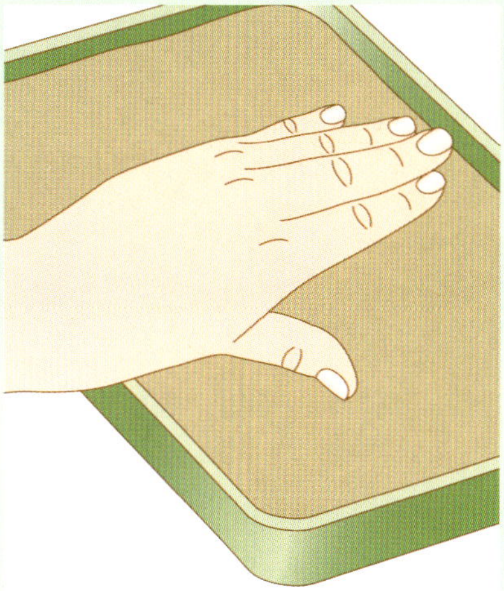

PREPARE EL SUSTRATO
Un sustrato empapado mataría esta planta; emplee arena gruesa húmeda para arraigar los esquejes.

PLANTE
Coloque las bases de los esquejes en surcos previamente trazados y apisone el sustrato en torno a ellos para mantenerlos fijos.

CUBRA
Encierre la bandeja para conservar la humedad. Si no tiene un marco, suspenda la cobertura de plástico con palillos de comida oriental.

TRASPLANTE
Aunque al cabo de un mes ya verá las primeras raíces, habría que esperar unos 2 meses para que las pequeñas plantas sean lo bastante grandes para trasplantarlas a sus propias macetas.

Esquejes de raíz

Es probable que las malas hierbas de su jardín ya le hayan mostrado con qué facilidad algunas plantas se propagan a sí mismas a partir de un trozo diminuto de raíz. Herbáceas comunes como la consuelda mayor y el cardo mariano pueden convertirse en malas hierbas si comete el error de trasladar trozos de sus raíces con un arado-rastra. Aunque no todas son tan invasoras, todas ellas se enraízan por esquejes de sus raíces.

Tome esquejes de raíz a finales de otoño o principios de invierno, cuando las plantas estén en latencia. En esta época los niveles de hidratos de carbono de la raíz son lo bastante altos para sustentarla durante su periodo de latencia. Estas sustancias alimentarias la sustentarán asimismo durante el periodo de enraizado, con lo que a la planta le será mucho más fácil formar raíces y brotes a tiempo para la futura estación vegetativa.

Algunas de las especies que crecen bien a partir de esquejes de raíz producen nuevos brotes antes de emitir nuevas raíces: los brotes alimentan a las raíces que a la larga les sustentarán a ellos. Pero otras plantas desarrollan sistemas radiculares antes de producir nuevos brotes. Este proceso tarda más en ser visible, así que sea paciente mientras espera.

Plantas apropiadas

N. COMÚN	N. CIENTÍFICO
Acantos	*Acanthus* spp.
Hierba de S. Cristóbal y afines	*Actaea* spp. (sin. *Cimicifuga* spp.)
Anémonas	*Anemone* spp.
	Bergenia spp.
Buglosa siberiana	*Brunnera macrophylla*
Trompetas trepadoras	*Campsis* spp.
Hierba cupido	*Catananche caerulea*
Escabiosa gigante	*Cephalaria gigantea*
Corazones sangrantes	*Dicentra* spp.
Díctamos	*Dictamnus* spp.
Equinácea púrpura	*Echinacea purpurea*
Cardo yesquero	*Echinops ritro*
Eringios	*Eryngium* spp.
Higuera y ficus	*Ficus* spp.
Gaillardia	*Gaillardia* spp.
Lúpulos	*Humulus* spp.
Jabonero de la China	*Koelreuteria* spp.
Ligularias	*Ligularia* spp.
Siemprevivas	*Limonium* spp.
Naranjo de los Osages o de Lousiana	*Maclura pomifera*
Onagras	*Oenothera* spp.
Amapolas y afines	*Papaver* spp.
Paulonia imperial	*Paulownia tomentosa*
	Phlox paniculata
Alquequenje y afines	*Physalis* spp.
Primaveras o prímulas	*Primula* spp.
Rosas	*Rosa* spp.
Cardo mariano	*Silybum marianum*
Áster de Stokes	*Stokesia laevis*
Consueldas	*Symphytum* spp.
Lilos	*Syringa* spp.
Gordolobos	*Verbascum* spp.

Un corte horizontal en la parte alta de la raíz y un corte al bies en la base ayudarán a distinguir los extremos.

Posibles problemas

El esqueje de raíz no se desarrolla: la mayoría de los esquejes de raíz arraigan con facilidad pero en casos en que no lo hagan, es de sospechar que el sustrato estaba tan húmedo que provocó infecciones o que la temperatura era muy elevada o baja.

Las raíces muy esbeltas no tienen bastante reserva de hidratos de carbono para producir una nueva planta.

Requisitos

Estación: finales de otoño, principios de invierno

Herramientas: desplantador de jardín u horca de cavar, tijeras de podar tipo bypass, navaja de jardín afilada, plantador

Equipo: maceta de 15 a 20 cm, caja llena de turba de esfagno, cama fría

Materiales: etiquetas para plantas

Sustrato: mezcla sin tierra

Temperatura: 21 °C como mínimo

Humedad: no es importante

Luz: no es importante

CAVE
Si va con cuidado podrá tomar esquejes de raíz de plantas sin tener que arrancarlas del suelo. Cave en un lado para poner al descubierto unas pocas raíces que tengan el grosor aproximado de un lápiz y corte una o dos de éstas cerca de la corona.

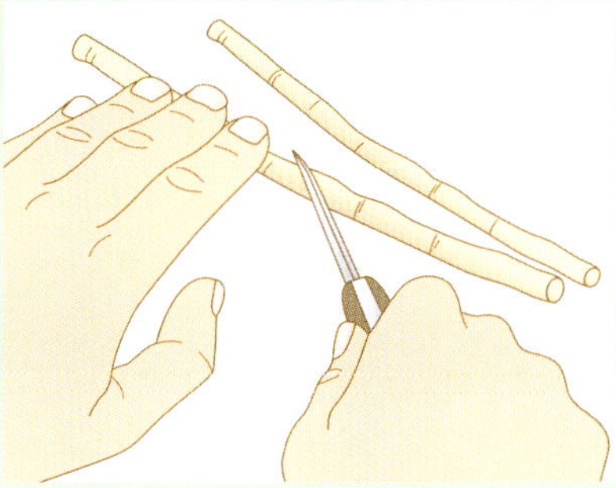

CORTE
Corte las raíces en trozos de 5 a 15 cm de longitud. Haga un corte hirzontal en el ápice del trozo y uno al bies en su base para que más tarde pueda distinguir los extremos.

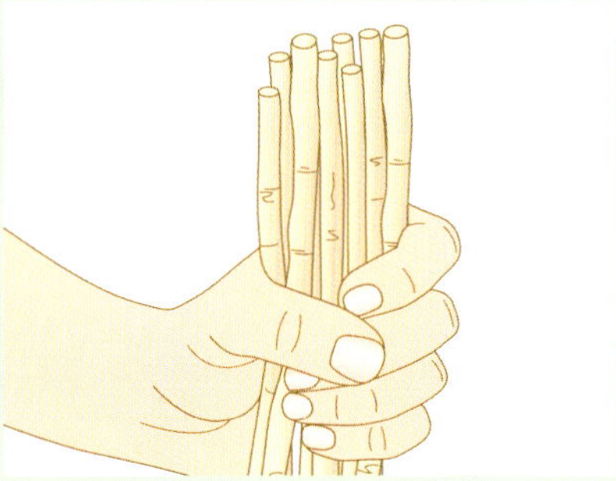

ALMACENE
Junte un haz con las raíces, todas ellas orientadas en la misma dirección, y colóquelo en una caja llena de turba de esfagno o de arena humedecidas. Guarde esta caja en la nevera o en otro lugar oscuro en que la temperatura se mantenga en torno a 4 °C durante unas 3 semanas.

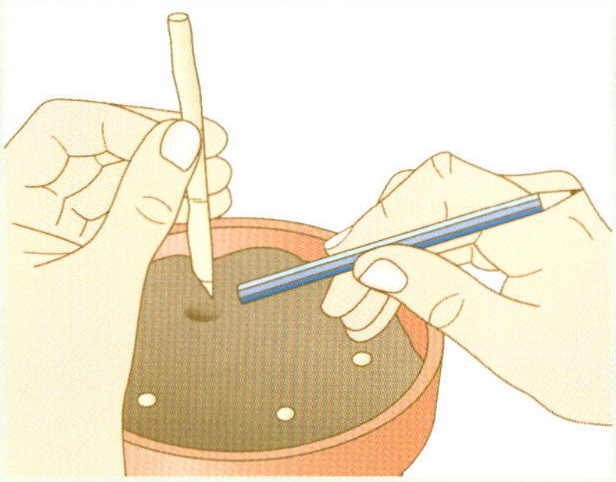

PLANTE
Plante los esquejes de raíz en una maceta con los extremos apicales situados justo debajo de la superficie del suelo. Guarde los esquejes en un lugar fresco pero donde no hiele, tal como una cama fría o un sótano, hasta la primavera.

TRASLADE
Si ha almacenado las macetas en el interior durante el invierno, trasládelas a una cama fría a principios de primavera para que puedan empezar a experimentar las fluctuaciones térmicas normales de la estación.

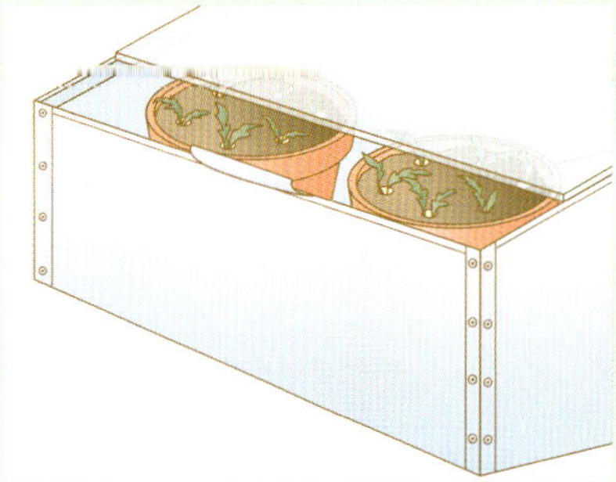

TRASPLANTE
Las raíces y los brotes se formarán en un mes o dos. Trasplante las pequeñas plantas a macetas que contengan una mezcla de tierra rica en nutrientes y cultívelas hasta principios de otoño, momento en que podrá trasplantarlas a sus lugares definitivos en el jardín.

ACODO

El acodo es una de las técnicas más fáciles para propagar plantas. Los tallos de muchas plantas forman raíces de manera natural cuando están en contacto con el suelo, y este método se vale de esta característica. En algunas plantas tendrá que lacerar el tallo para estimular el enraizado y con frecuencia tendrá que enterrar el tallo en la tierra o en un sustrato para enraizar húmedo –o rodearlo de tierra o sustrato–, pero esto es todo lo que hay que hacer, ya que la planta hace el resto del trabajo.

La parte acodada continúa unida a la planta parental mientras se arraiga, de modo que si dispone de agua suficiente para estimular el enraizado, no es probable que después se muera por sequía. Como crece en el mismo ambiente que su planta parental, no es probable que contraiga enfermedades por sí sola.

Cuando consulte la Guía de plantas (p. 134), observará que para muchas plantas puede elegir entre varios métodos de propagación. Cuando considere estas opciones, recuerde que las técnicas "seguras y sencillas" como el acodado tienen muchas ventajas. Aunque la propagación con una técnica sencilla puede no ser tan emocionante como tener éxito con un método difícil, es probable que invierta menos tiempo o destreza en llevarla a cabo y por lo general obtendrá resultados más seguros. Este principio es igualmente válido cuando tiene que elegir entre varias técnicas de acodado; si puede elegir entre el acodado simple y el soterramiento, elija el acodado simple.

Las instrucciones para las distintas técnicas de acodado son todas ellas algo diferentes. Sin embargo, las directrices de sentido común de la página siguiente son siempre aplicables.

Arriba izquierda: los viburnos pueden propagarse por acodado en primavera.
Arriba: el acodado de la lavanda a mediados de primavera garantiza la propagación del mismo tipo de lavanda.

Abajo: tras formarse las raíces en un acodo de tallo, puede separarse de la planta.

Cuando se acoda, la hiedra forma raicillas adventicias.

Directrices para el éxito

- Acode la planta cuando esté en una fase de crecimiento activo.
- Mulla el suelo allí donde el acodo de tallo formará su sistema radicular; si el suelo es arcilloso o está compactado, cave y añádale un poco de compost y arena.
- Arranque las hojas del tallo a acodar hasta unos 8-10 cm por encima. De este modo la planta invertirá su energía en echar nuevas raíces.
- Elija tallos de la estación vegetativa actual o justo anterior.
- Lacere la parte del tallo que está en contacto con el suelo o el sustrato cortando una incisión de 5 cm hasta aprox. un tercio del grosor de la madera. Introduzca una pequeña piedra o un palillo de madera dentro de la incisión para mantenerla abierta mientras el tallo esté enterrado.
- Si el tallo da muestras de que vaya a desprenderse del suelo, ponga una piedra bien pesada sobre la parte enterrada.
- Puede insertar una estaca fina cerca de la parte del tallo acodado que no está enterrada y atar el tallo a ella para favorecer el crecimiento en vertical.
- Mantenga la zona que rodea al tallo enterrado húmeda y sin malas hierbas.
- Deje el acodo unido a su planta parental hasta que no tenga una nueva y fuerte brotación, algo que puede tardar de 12 a 18 meses. Tras separar la nueva planta, déjela en su sitio durante una estación vegetativa antes de trasplantarla.

Los frambuesos a menudo se acodan a sí mismos, ¡sin ayuda alguna por su parte!

Acodo de punta

Si ha cultivado alguna vez zarzamoras trepadoras, es probable que haya vistos ejemplos naturales de acodos de punta. Cuando descuida el emparrado de estas plantas, es usual que unos pocos tallos se arqueen hacia delante y se doblen hacia el suelo. Si la punta de un tallo se apoya en la superficie del suelo es probable que arraigue allí.

PLANTAS APROPIADAS

N. COMÚN	N. CIENTÍFICO
Forsitias	*Forsythia* spp.
Frambuesos	*Rubus* spp.
Zarzamoras	*Rubus* spp.

El acodo de punta es la manera más fácil de propagar frambuesos y moras. Al ser esta técnica tan simple, podría pensarse que también es el mejor método para propagar otras trepadoras pero, curiosamente, no funciona bien con muchas plantas que no sean de los géneros *Forsythia* y *Rubus*; la mejor manera de multiplicar la mayoría de enredaderas y arbustos trepadores es por acodos simples o serpentinos, tal como se describe en la página 102.

Las zarzamoras son sensibles a numerosas enfermedades, entre ellas las víricas transmitidas por pulgones, cigarrillas y otros insectos chupadores. Si Si el rendimiento de sus plantas disminuye, si sus hojas muestran extraños fruncimientos o si nacen brotes tupidos o que amarilleen en las puntas de sus tallos, es probable que tengan una infección vírica. En vez de propagarlas –si lo hiciera sólo incrementaría la población del virus– elimine los especímenes enfermos, compre nuevas plantas certificadas libres de virus y propague estas últimas.

CAVE

Cave un pequeño hoyo en el suelo en el que enterrará la punta del tallo de la planta que se dispone a propagar. Recuerde que si necesita incrementar radicalmente sus plantaciones puede propagar muchos tallos a la vez.

INTRODUZCA

Meta la punta del tallo en el hoyo que ha cavado. Si el tallo es espinoso lleve guantes para protegerse de los pinchos.

ENTIERRE

Entierre la punta del tallo al menos 2,5 cm por debajo de la superficie del suelo y ate el tallo parental a una estaca para mantener la punta en su sitio.

CONTROLE

Al cabo de unas pocas semanas ya verá un nuevo brote que crece del tallo parental.

DEJE CRECER

Corte el tallo parental si lo desea pero deje que la nueva planta crezca en su sitio.

TRASPLANTE

Repique la nueva planta la primavera siguiente, puesto que entonces ya tendrá un cepellón grande y podrá sobrevivir fácilmente por sí misma.

Requisitos

Estación: de mediados a finales de verano

Herramientas: desplantador, pala, tijeras de podar tipo bypass

Equipo: guantes para protegerse de las espinas

Posibles problemas

La nueva planta se muere: no separe muy pronto la pequeña planta de su caña parental. Si tiene la más mínima duda sobre su capacidad de sobrevivir por sí misma, aparte el suelo circundante para examinar el sistema radicular. Si es pequeño, no la mueva hasta la primavera siguiente.

Si el sustrato es muy húmedo, el acodo se pudrirá.

Acodo simple y serpentino o sierpe

Antes de tomar esquejes de una de sus plantas favoritas intente acodarla, especialmente si se trata de uno de los muchos arbustos trepadores o enredaderas que se propagan por acodos. Sólo hacen falta unos pocos minutos, un par de herramientas y unas pocas técnicas básicas. Pero hay que tener paciencia. Puede que tenga que esperar una estación o un año antes de poder ver los resultados.

Algunas plantas arraigan tan fácilmente a partir de sus ramas que sólo tiene que doblarlas hacia abajo y ponerlas en contacto con el suelo. Otras son más resistentes. Parta de la base de que tendrá que vencer algunas dificultades antes de conocer las características de la planta a propagar.

Todo tallo que acode en el suelo deberá permanecer en su sitio mientras se enraíce, así que como primer paso, doble unos pocos tallos hasta el suelo para ver si pueden flexionarse sin romperse. Una vez haya encontrado el/los tallo/s correctos/s, arranque las hojas situadas a cada lado del nudo que se propone enterrar y lacere el tallo justo debajo del nudo. Si coloca un palillo o una piedrita en la incisión, ésta permanecerá abierta y formará un callo que estimulará la formación de raíces. Para la mayoría de plantas, esto es todo lo que se necesita. Si no tiene éxito, intente espolvorear la herida con hormona de enraizar antes de enterrar el tallo.

El acodo en sierpe es similar, a no ser porque enterrará dos o más nudos del mismo tallo. Lacere y entierre nudos alternos, dejando los nudos intermedios encima del suelo para que continúen realizando la fotosíntesis.

Las plantas de tallo largo o trepadoras como la clemátide pueden acodarse en sierpe lacerando y enterrando nudos alternos a lo largo del tallo.

PLANTAS APROPIADAS

N. COMÚN	N. CIENTÍFICO
Kiwis	*Actinidia* spp.
Guillomos	*Amelanchier* spp.
Laurel manchado	*Aucuba japonica*
Buganvillas	*Bougainvillea* spp.
Cisus	*Cissus* spp.
	Clethra spp.
	Corylopsis spp.
Avellanos americanos	*Corylus* spp.
	Cotinus spp.
Cotoneásters	*Cotoneaster* spp.
Torvisco y afines	*Daphne* spp.
Brezos	*Erica* spp.
Bonoteros	*Euonymus* spp.
Forsitias	*Forsythia* spp.
	Fothergilla spp.
Hiedras	*Hedera* spp.
Hibiscos	*Hibiscus* spp.
Plantas de cera o parras de cera	*Hoya* spp.
Lúpulos	*Humulus* spp.
Hortensia trepadora	*Hydrangea anomala* sbsp. *petiolaris*
Acebos	*Ilex* spp.
Laureles americanos o de montaña	*Kalmia* spp.
Aligustres	*Ligustrum* spp.
Liquidámbares	*Liquidambar* spp.
Madreselvas	*Lonicera* spp.
Magnolias	*Magnolia* spp.
Faya y afines	*Myrica* spp.
Viña virgen o parra virgen	*Parthenocissus* spp.
Filodendros	*Philodendron* spp., *Monstera* spp.
Andrómedas o pieris	*Pieris* spp.
Pitosporos	*Pittosporum* spp.
Azaleas y rododendros	*Rhododendron* spp.
Groselleros	*Ribes* spp.
Frambuesos y zarzamoras	*Rubus* spp.
Chefleras	*Schefflera* spp.
Falsas espireas	*Sorbaria* spp.
	Stachyurus praecox
	Stephanandra spp.
Jazmín de Madagascar	*Stephanotis floribunda*
[illegible]	*Styrax* spp.
Lilos	*Syringa* spp.
	Tibouchina spp.
Jazmín de leche o jazmín chino	*Trachelospermum jasminoides*
Arándanos	*Vaccinium* spp.
	Viburnum spp.
Vincapervincas	*Vinca* spp.
Vides	*Vitis* spp.

Aunque pueden hacerse acodos serpentinos de cualquier planta con tallos largos, esta técnica es apropiada para estas plantas:

Clemátides	*Clematis* spp.
Poto	*Epipremnum aureum*
Lúpulos	*Humulus* spp.
Madreselvas	*Lonicera* spp.
Filodendros	*Philodendron* spp.
Frambuesos y zarzamoras	*Rubus* spp.
Vides	*Vitis* spp.
	Waldsteinia spp.
Glicinias	*Wisteria* spp.

INVESTIGUE
Doble el tallo hasta el suelo para ver dónde entrará en contacto con el suelo y si puede hacer un acodo en sierpe con él.

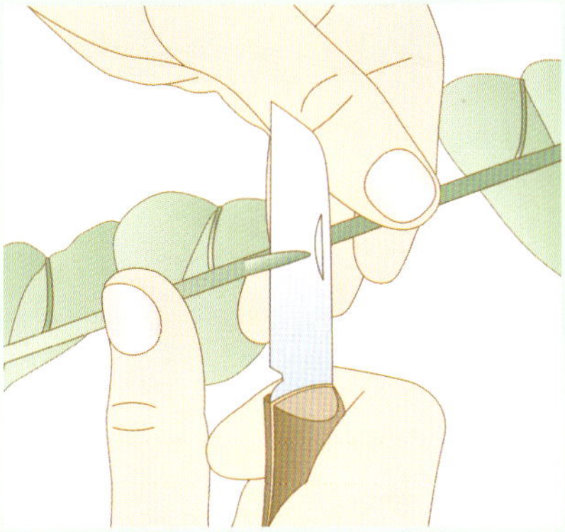

HAGA UNA INCISIÓN
Corte la cara inferior del tallo justo debajo de los nudos que está enterrando, hasta aprox. un tercio del grosor del tallo.

MANTENGA ABIERTA
Inserte un palillo o un pequeño guijarro para mantener la incisión abierta.

SUJETE
Mantenga el tallo fijo con un clip para suelos o un alambre en forma de U. Ponga tierra encima y apisónela para eliminar las bolsas de aire. Ponga una piedra grande sobre la parte soterrada para estar doblemente seguro de que queda fija. Mantenga el suelo húmedo mientras el tallo se está enraizando.

CONTROLE
Con el tiempo acabará viendo una nueva brotación en el tallo, lo que indicará que ha arraigado. Espere a que el acodo esté creciendo con vigor antes de cortarlo y separarlo de su planta parental.

CORTE Y SEPARE
Una vez la planta sea lo bastante grande, sepárela de la mata parental y de cualesquiera otras plantas. Déjela en el mismo sitio durante una estación vegetativa y trasládela luego a su lugar definitivo en el jardín.

Requisitos

Estación: primavera

Herramientas: desplantador, navaja de mango largo, tijeras de podar bypass

Equipo: clips para suelos o alambre de galga 9 doblado, palillo de madera pequeño, palillo de dientes o pequeño guijarro, pincel de acuarelas pequeño para la hormona de enraizar

Materiales: hormona de enraizar para la planta ocasional que la necesite

Posibles problemas

Las raíces no se forman: tenga paciencia. Algunas plantas tardan un año antes de formar raíces, así que deles tiempo a sus plantas. La segunda causa de un enraizado escaso podría ser la falta de agua o la compactación del suelo. Asegúrese de que el suelo en torno al tallo enterrado es friable y está siempre húmedo.

Procure dejar bastantes hojas por encima del suelo para que la planta pueda seguir realizando la fotosíntesis.

Acodo aéreo

Puede que nunca considere la posibilidad de hacer acodos aéreos hasta que una de sus plantas de interior favoritas amenace con tocar el techo o le caigan tantas hojas basales que pierda su belleza original. Aun así, puede que sea reacio a efectuar este procedimiento por miedo a perder la planta. Por suerte, el acodado aéreo es mucho más fácil de lo que parece y es casi siempre infalible.

La condición esencial para tener éxito en los acodos aéreos de plantas de interior es la limpieza. Si el medio para enraizar es inicialmente estéril, si el plástico con el que cubre el sustrato y el tallo es limpio y nuevo, y si todas las demás plantas de la zona están libres de enfermedades, su probabilidad de éxito será alta. La temperatura y la humedad son los siguientes factores a considerar; si el aire es tan fresco o tan seco que a la planta le cuesta mantenerse sana, no podrá invertir energía en desarrollar raíces. Espere a la primavera o incluso al verano para que suban las temperaturas y si el aire aún es seco, utilice un humidificador mientras la planta se arraiga.

Las plantas de exterior leñosas también pueden propagarse por acodado aéreo y exigen el mismo tipo de cuidados que las de interior: buenas condiciones sanitarias y un ambiente apropiado. Sin embargo, la técnica es algo distinta: en este caso hay que quitar un anillo de corteza en torno al tallo, como se muestra en la página siguiente antes de hacer en él el corte vertical.

Plantas apropiadas

N. COMÚN	N. CIENTÍFICO
Buganvillas	*Bougainvillea* spp.
Camelias	*Camellia* spp.
Cítricos	*Citrus* spp.
Croton o croto	*Codiaeum variegatum*
Planta Ti	*Cordyline fruticosa*
Diefembaquias	*Dieffenbachia* cvs.
Drácena compacta o planta de maíz	*Dracaena fragrans*
Higuera y ficus	*Ficus* spp.
Gardenias	*Gardenia* spp.
Avellano de bruja	*Hamamelis* spp.
Hibiscos	*Hibiscus* spp.
Acebos	*Ilex* spp.
Magnolias	*Magnolia* spp.
Adelfa	*Nerium oleander*
Azaleas y rododendros	*Rhododendron* spp.
Chefleras	*Schefflera* spp.

Requisitos

Estación: primavera para las plantas de exterior; primavera o verano para las de interior

Herramientas: navaja de jardín

Equipo: palillo de madera

Materiales: turba de esfagno sin moler o cáscara de coco molida, película de plástico, cierre para bolsas, hoja de aluminio, hormona de enraizar

Posibles problemas

Las raíces no se forman: las plantas de interior deberían formar raíces en un par de meses, pero las leñosas de exterior pueden tardar un año o más. Limítese a mantener la turba húmeda y asegúrese de que no se calienta en exceso y su paciencia se verá recompensada.

Encierre por completo la turba en el plástico porque de lo contrario se secaría antes de que la planta pueda formar raíces.

Acodo aéreo de plantas de interior y monocotiledóneas

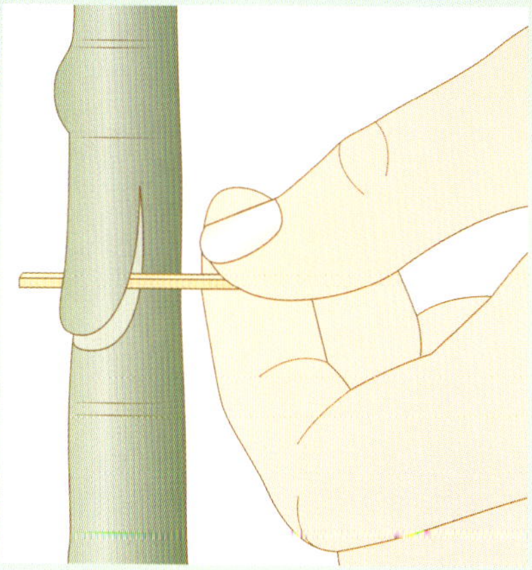

HAGA UNA INCISIÓN

Tras hacer una incisión de 2,5 a 4 cm hasta aprox. un tercio del grosor del tallo en la estación vegetativa en curso, emplee un palillo para mantener el corte abierto.

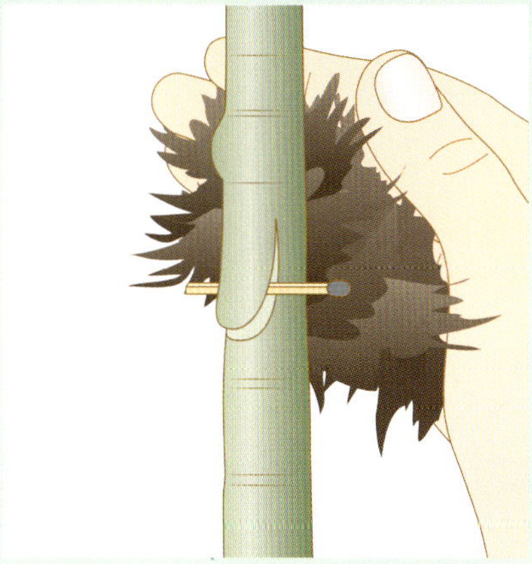

ENVUELVA

Remoje la turba de esfagno sin moler en agua caliente durante una hora o más, hasta que esté saturada. Escúrrala y apriétela contra el tallo en torno a la incisión. Pídale a un amigo que envuelva la turba y el tallo con una lámina de plástico mientras usted mantiene la turba en su sitio.

CUBRA

Emplee un cierre para bolsas por torsión o cordel de jardín para atar el plástico al tallo, tanto por arriba como por abajo. Si la planta está en un lugar soleado, cubra el plástico con hoja de aluminio para evitar que el tallo se caliente en exceso bajo el plástico. Controle para asegurarse de que la turba permanece húmeda. Las raíces deberían formarse en 6 a 8 semanas. Espere a que llenen la bolsa antes de cortar y separar la planta recién enraizada del tallo parental y de trasplantarla a una maceta nueva.

Acodo aéreo de una planta leñosa

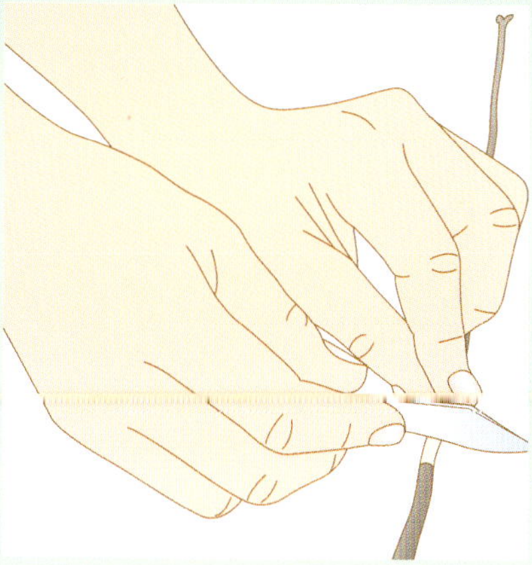

HAGA UN ANILLO

Elija un tallo de la estación vegetativa anterior que tenga la anchura aproximada de un lápiz. Justo debajo de un nudo, haga dos cortes horizontales separados por unos 2 cm en la corteza y en la capa de cámbium. Haga ahora un corte vertical que una los dos horizontales y arranque la corteza y la capa de cámbium de esta zona. Rasque y elimine toda la capa de cámbium restante para poner al descubierto la madera de aspecto más macizo de debajo.

ENVUELVA

Espolvoree la madera expuesta con hormona de enraizar. Sature de agua turba de esfagno sin moler, escúrrala y apriétela en torno a la madera al descubierto. Pídale a un amigo que envuelva la turba con una película de plástico mientras usted sujeta firmemente la turba.

CUBRA

Cierre bien la parte superior y la inferior del plástico con un cierre por torsión para mantener la turba en su sitio, y a continuación cubra el plástico con hoja de aluminio para no dejar pasar la luz. Las raíces deberían formarse en aprox. un mes. Espere a que midan 2,5 cm de longitud para cortar y separar la planta recién arraigada del tallo parental.

Acodo en montículo o aporcado

Este método de propagación inusual es especialmente efectivo con arbustos que desarrollan muchos tallos muy cerca unos de otros. Dado que la copa de la planta es capaz de producir tantos tallos, también puede producir muchas nuevas plantas a la vez.

Los viveristas y los fruticultores comerciales recurren a menudo al acodo en montículo para propagar patrones o especímenes de vivero especiales porque este método es rápido, fiable y extremadamente productivo. Si está iniciando un huerto de frutales y desea cultivar sus árboles sobre un patrón concreto, puede considerar el acodo en montículo de sus propios patrones. Aunque estos patrones tardarán unos pocos años en llegar a la edad en que puedan injertarse, no dudará nunca de su identidad o de su salud.

Esta técnica también le permitirá formar un llamativo seto vivo sin gastar un céntimo en el vivero. Si se plantea plantar un largo seto de filadelfos entre su jardín y la propiedad del vecino, el precio de compra de estas plantas sería prohibitivo, mientras que la compra de apenas unas pocas plantas para acodarlas en montículo es muy poco onerosa. Aunque puede que tenga que esperar dos años hasta que el seto sea lo bastante grande para hacer de barrera visual, el coste será mucho menor y los resultados obtenidos muy uniformes.

Plantas apropiadas

N. COMÚN	N. CIENTÍFICO
Aralias	*Aralia* spp.
Croton o croto	*Codiaeum variegatum*
Avellanos	*Corylus* spp.
Membrillero	*Cydonia oblonga*
Deucias	*Deutzia* spp.
Espliegos, cantueso, etc.	*Lavandula* spp.
Patrones de manzano	*Malus* spp.
Celindo o filadelfo	*Philadelphus* spp.
Groselleros	*Ribes* spp.
Frambuesos y zarzamoras	*Rubus* spp.
Espireas	*Spiraea* spp.

Requisitos

Estación: mediados de primavera

Herramientas: pala, desplantador, tijeras de podar tipo bypass o navaja de jardín

Materiales: compost o tierra de la capa arable rica en nutrientes

Posibles problemas

La planta parental se muere: no olvide dejar sin enterrar unos pocos centímetros apicales de cada tallo para que sus hojas puedan continuar la síntesis de azúcares para sustentar el crecimiento.

Si las plantas se entierran demasiado, las yemas quedan cubiertas de tierra y la planta acaba muriendo.

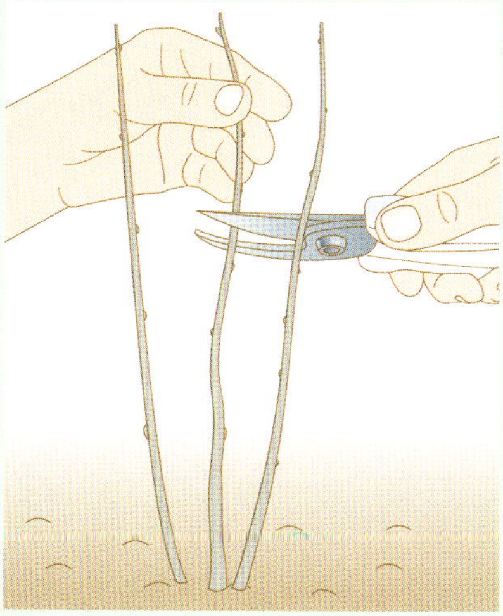

CORTE
El primer invierno después de haber plantado un arbusto que vaya a acodar en montículo, pode los tallos centrales hasta unos 30-45 cm de la superficie del suelo para estimular la formación de nuevos tallos.

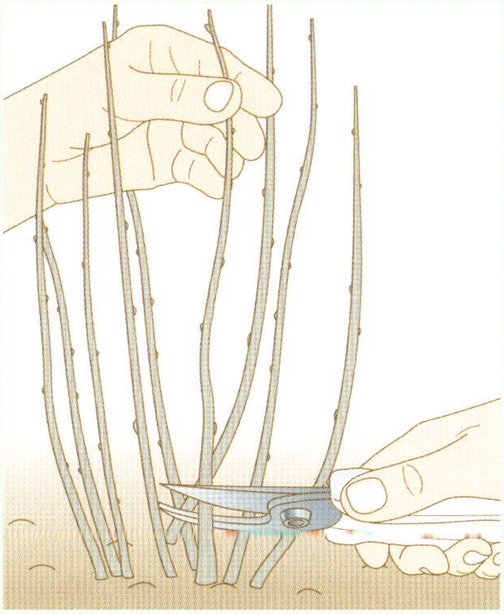

VUELVA A CORTAR
El año siguiente, a finales de invierno o principios de primavera, pode todos los tallos de la planta hasta unos 2 cm por encima de la superficie del suelo.

APORQUE
En primavera deje que los nuevos tallos que se forman crezcan hasta aprox. 15 cm de altura y acto seguido empiece a aporcarlos. Deje los 5 cm apicales de cada tallo al descubierto.

VUELVA A APORCAR
Añada tierra a medida que avanza la estación, hasta cubrir aprox. la mitad del tallo. En la parte subterránea se formarán raíces.

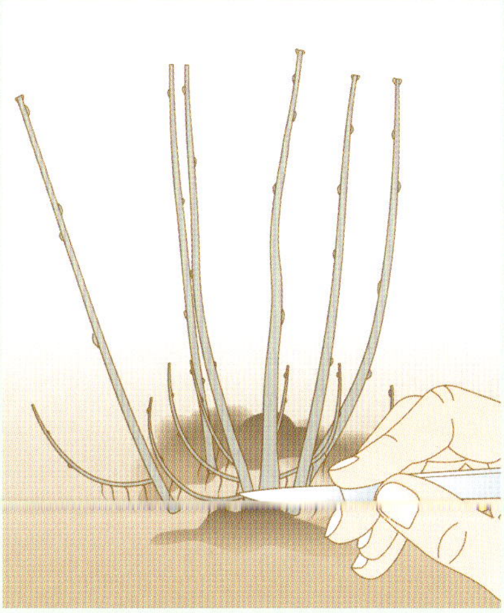

CORTE Y SEPARE
La primavera siguiente corte los tallos arraigados, sepárelos de la planta parental y repíquelos dentro de una cama de germinación donde podrán crecer hasta alcanzar el tamaño de trasplante. Déjeles el espacio suficiente para desarrollar un sistema radicular fuerte y unos troncos rectos.

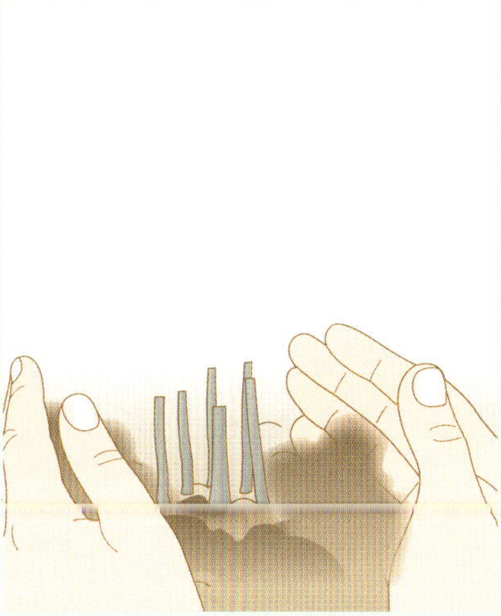

REPITA
No es raro que la planta parental produzca una nueva serie de brotes. Trátelos del mismo modo que la primera vez si quiere obtener más plantas a partir de la mata parental.

Acodo en trinchera

A primera vista, el acodo en trinchera recuerda al acodado serpentino (p. 102), pero se diferencia de él por la proporción de tallo que se entierra. A diferencia del acodo serpentino (en el que se entierra uno de cada nudo consecutivo de la rama), en el acodo en trinchera se entierran todos los nudos a excepción de los últimos dos o tres. Por consiguiente, se emplea para propagar plantas con un tallo leñoso y rígido, en vez de las que se doblan fácilmente.

Plantas apropiadas

N. COMÚN	N. CIENTÍFICO
Cornejos	*Cornus sericea, C. alba*
Fustete o árbol de las pelucas	*Cotinus coggygria*
Membrillero	*Cydonia oblonga*
Nogales	*Juglans* spp.
Patrones de manzano	*Malus* spp.
Patrones de cerezo	*Prunus* spp.
Patrones de melocotonero	*Prunus* spp.
Perales	*Pyrus* spp.
Sauces	*Salix* spp.
Viburnos	*Viburnum* spp.

El acodado en trinchera lo emplean sobre todo los cultivadores comerciales para propagar los patrones de varios árboles frutales. Empiezan plantando una hilera de pies del patrón deseado, dejando aprox. un metro de separación entre las plantas en todos los sentidos. A continuación acodan las plantas en trinchera y acaban teniendo una hilera de patrones con talla de plántula que pueden separar y cultivar hasta que puedan injertar en ellos.

Es raro que el propietario de un pequeño jardín necesite el número de plantas obtenibles con el acodado en trinchera. Ahora bien, si quiere un huerto frutal y desea utilizar un patrón concreto, o si planta un seto uniforme de una planta que admita bien esta técnica, vale la pena aprenderla dada la facilidad con que se incrementa el número de plantas. Una planta madre bien cuidada puede durar años y dar muchas cosechas sucesivas.

Requisitos

Estación: a principios de otoño y luego a principios de primavera durante 2 años sucesivos

Herramientas: pala, navaja de jardín, tijeras de podar tipo bypass

Equipo: clips para suelos o trozos en forma de U de alambre de galga 9, palillos o pequeños guijarros

Materiales: compost totalmente terminado o tierra de la capa arable rica en nutrientes, piedras

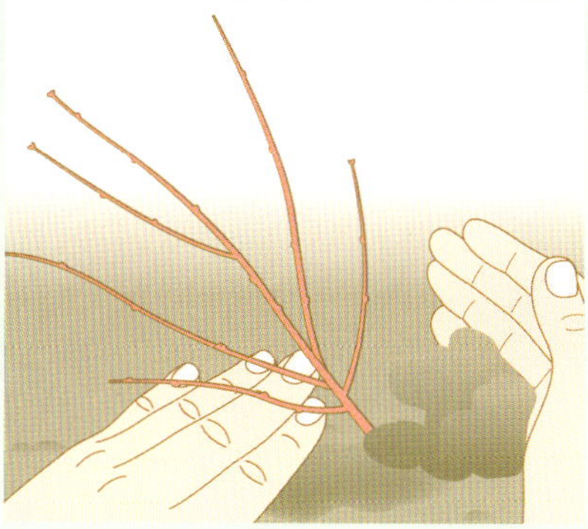

PLANTE
Prepare el acodado en trinchera comprando la planta que desee propagar con una temporada de antelación. En otoño plántela a un ángulo de 45° con respecto a la superficie del suelo para que aumente el crecimiento por un lado.

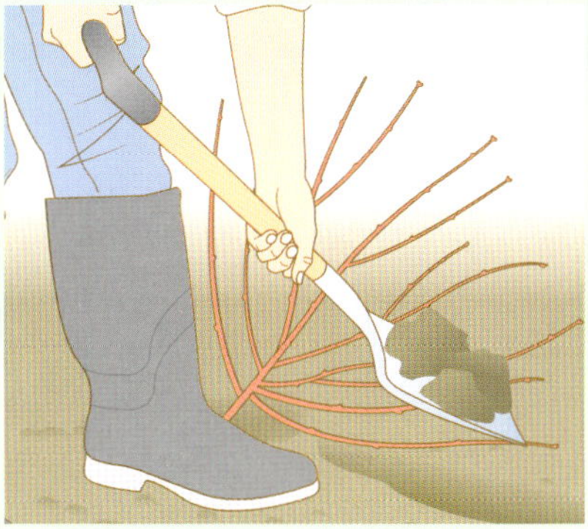

CAVE
A principios de la primavera siguiente, cave una trinchera en el suelo allí donde quiera soterrar los tallos de la planta. Si el suelo de la trinchera no drena bien, añada varios centímetros de arena y compost.

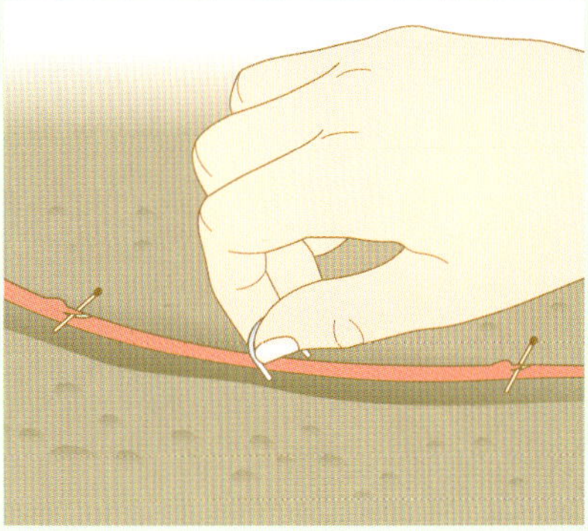

LACERE / "GRAPE"
Arranque las hojas de los tallos y haga cortes en ellas, justo debajo de los nudos. Coloque un palillo o una piedra en cada corte para mantenerlo abierto. Acto seguido tumbe los tallos en la trinchera y fíjelos con clips para suelos o trozos de alambre.

LLENE / SOTERRE
Las raíces y los tallos se formarán a lo largo de la estación. Añada tierra sobre los brotes mientras crecen para favorecer la formación de nuevas raíces, y mantenga el suelo constantemente húmedo pero no empapado.

CAVE
La primavera siguiente cave en torno a los tallos con cuidado de no dañar las raíces. Una vez los tallos estén al descubierto, córtelos a trozos, cada uno con una sola planta. Descarte los trozos de tallo entre las nuevas plantas.

TRASPLANTE
Repique las nuevas plantas en el suelo de una cama de germinación profundamente y dejando mucho espacio entre ellas para que puedan desarrollar fuertes sistemas radiculares.

Posibles problemas

Los nudos no se enraízan: dependiendo de la planta, el enraizado puede tardar desde unas pocas semanas hasta una estación vegetativa entera. Si todo lo ha hecho correctamente, tenga paciencia, su tallo acabará arraigando.

El tallo se pudre: plante en un suelo friable y bien drenado. Si tiene alguna duda sobre la capacidad de drenaje del suelo, cave la trinchera unos pocos centímetros más honda y llénela con una mezcla de arena y compost.

Asegúrese de que los nudos del tallo del patrón estén grapados y enterrados en la cama de tierra.

Soterrado de la planta

El soterrado es otra técnica de propagación que los jardineros caseros rara vez llevan a cabo. Dependiendo del método que elija –hay dos–, puede suponer un poco de trabajo duro, razón por la cual esta técnica no atrae a todo el mundo. Aparte de esto, el soterrado puede parecer alarmante: uno de los dos métodos consiste en "dejar caer" la mayor parte de la planta por debajo de la superficie del suelo y soterrarla.

Si mira la pequeña lista de especies apropiadas para el soterrado (arriba, derecha), observará que todas ellas son extremadamente resistentes. Sus hábitats nativos son hostiles, lugares donde soplan constantemente vientos fríos, los suelos tienen una capa arable muy fina y/o las copas de las matas pueden quedar inundadas durante prolongados periodos de tiempo. Por su adaptación a estas duras condiciones ambiental no sólo sobreviven al soterramiento sino que también producen un enorme número de pequeñas plantas.

Como jardinero aficionado puede ahorrarse mucho dinero si aprende esta técnica. Si quiere cultivar una serie de plantas de arándano, puede comprar uno o dos de cada uno de los cultivares que desee y propagarlos por soterramiento. Cada planta puede darle de seis a diez nuevas plantas, todo ello sin añadir un céntimo más al coste inicial. Así pues, no descarte el soterramiento; puede que a la larga le resulte la técnica más práctica.

Plantas apropiadas

N. COMÚN	N. CIENTÍFICO
Brecina	*Calluna vulgaris*
Brezo de Vizcaya	*Daboecia cantabrica*
Brezos	*Erica* spp.
Arándano rojo	*Vaccinium macrocarpon*
Arándanos	*Vaccinium* spp.

Requisitos

Estación: mediados de primavera o mediados de otoño

Herramientas: pala, tijeras de podar tipo bypass o navaja de jardín

Equipo: clips para suelos o trozos en forma de U de alambre de galga 9

Materiales: compost totalmente terminado o tierra de la capa arable

Posibles problemas

Los tallos se pudren: soterre las plantas únicamente en suelos bien drenados y ricos en nutrientes. La adición de compost totalmente terminado al suelo que rodea los tallos puede ayudar a protegerlos de las enfermedades porque el compost contiene organismos beneficiosos.

Mucho trabajo, gran rendimiento

PLANTE
Compre y plante su planta patrón un año antes de que se plantee soterrarla. Para obtener mejores resultados, plántela en un suelo mullido, friable y rico en nutrientes.

DESENTIERRE
En la segunda primavera o segundo otoño desentierre la planta y repíquela en un hoyo que sea lo bastante hondo para que toda ella, excepto unos pocos centímetros de los ápices de los tallos, quede enterrada cuando llene con tierra a su alrededor.

COMPRUEBE
Al crecer los tallos se irán formando raíces en sus nudos enterrados. Si soterró la planta en primavera, podrá desenterrarla y trasplantarla ya en otoño del mismo año; si la soterró en otoño, espere al año siguiente. Compruebe si las plantas están listas en primavera; en caso contrario, espere hasta otoño.

Menos trabajo, menos rendimiento

PLANTE
Compre una planta específicamente para propagarla o utilice una que ya esté creciendo. En uno u otro caso, necesitará ramas laterales bajas para llevar a cabo esta técnica.

SUJETE
"Grape" las ramas bajas a la superficie del suelo, en el perímetro de la planta, y a continuación cúbrala salvo los ápices con 0,5 cm de tierra. Se formarán raíces al cabo de 1 mes a 6 semanas.

CORTE Y SEPARE
Un año después, las raíces deberían estar lo bastante desarrolladas para que las nuevas plantas puedan sobrevivir por sí mismas. Sepárelas de la planta parental y cultívelas en una cama de germinación durante un año o dos antes de pasarlas a su sitio definitivo.

Procure no acumular demasiada tierra en el montón, ya que el agua podría llevársela y dañar las nuevas plantas.

INJERTO

El injerto es una de las técnicas más emocionantes que puede realizar en el jardín. Una vez lo domine, podrá crear un manzano que contiene dos cultivares que se polinizan uno a otro, un árbol cultivar mixto que produce una serie variada de frutos en un reducido espacio y rosas que crecen en un patrón fidedigno.

También puede hacer cosas muy prácticas, como desarrollar un huerto frutal a un coste muy bajo o encargar madera de púa de un cultivar que no se encuentra en el comercio. Muchas variedades reliquia de frutos, tienen un sabor fantástico pero hoy en día apenas se cultivan. Para alguien que sepa cómo se injerta, este cultivo no supone problema alguno; otros cultivadores pueden enviarle madera de púa de estos frutales pasados de moda y podrá injertarlos en los patrones apropiados.

Los patrones determinan muchas de las características de una planta, como el tamaño, la productividad, la resistencia a las plagas y enfermedades, la calidad de los frutos y la resistencia al estrés. Así pues no existe una manera más rápida o más segura de modificar algunas cualidades básicas de la planta original. Si desea cultivar un manzano muy propenso al fuego bacteriano, le bastará con injertar una púa del cultivar a un patrón resistente para tener una probabilidad mucho mayor de cultivar un árbol sano que nunca atraiga esta enfermedad.

Análogamente, si desea tener árboles enanos o semienanos, puede cultivar el patrón "enanizante" apropiado e injertar en él los cultivares de su elección. Con esto consigue una gran flexibilidad, ya que puede cultivar tres árboles enanos, cada uno de ellos con un fruto diferente, en el espacio que un árbol estándar necesitaría normalmente por sí solo.

La aplicación de esta técnica también le permitirá esperar mucho menos a que brote una flor o un fruto en particular. Algunos patrones aceleran la producción de flores o frutos pero, además de esto, las plantas injertadas empiezan con ventaja de forma automática. En el momento en que el injerto prende, la púa empieza a crecer en una planta con raíces bien establecidas; esto significa que sus raíces son capaces de suministrar las cantidades apropiadas de nutrientes y de humedad.

Arriba izquierda: los cactos son dicotiledóneas y pueden injertarse.
Arriba: injerte los cítricos con un injerto de cuña lateral.

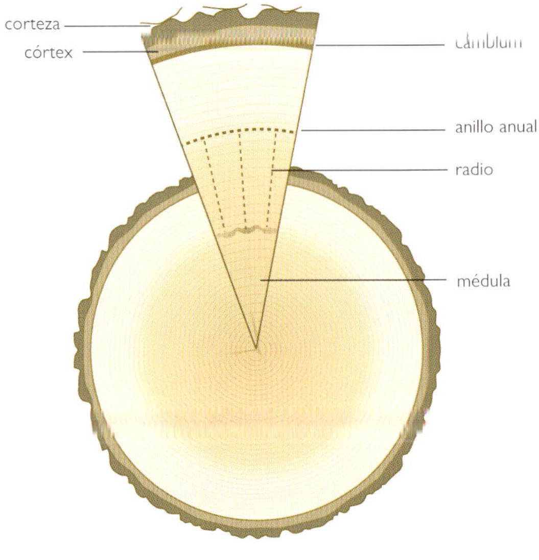

Sección transversal ampliada que muestra el interior del tallo.

Pautas directrices para el éxito

• Elija patrones y púas compatibles. Consulte a los viveristas de su zona siempre que tenga alguna duda sobre una posible combinación.
• Obtenga sus propios patrones siempre que sea posible. Utilice los métodos de acodo en trinchera o en montículo descritos en las páginas 106 a 109 para crear los patrones suficientes para hacer frente a un fallo o dos.
• Cultive su patrón en un suelo profundo, bien drenado y rico en nutrientes, en un lugar con el medio ambiente correcto: pleno sol, humedad adecuada y, si hace falta, protección contra el viento.
• Deje que su patrón se desarrolle hasta unos 46 cm de altura antes de injertar en él y no olvide podar todas las ramas que están por debajo de 30 cm para estar enrasado con el tallo la primavera siguiente. Durante la estación vegetativa, elimine todas las yemas que se desarrollen en el tallo.
• Elija la técnica de injerto dependiendo del tamaño relativo del patrón con respecto a la púa, como se describe en las páginas siguientes.
• Emplee herramientas limpias y afiladas para hacer los cortes: esterilice su navaja de jardín entre corte y corte con una solución al 10% de lejía de lavandería o de otro desinfectante fuerte.
• Asegúrese de que las capas de cámbium del patrón y de la púa estén en contacto antes de poner la cinta o de sellar el injerto con cera.
• Una vez haya hecho los cortes, trabaje con rapidez para que la madera no se seque.
• Haga un solo injerto a la vez; termínelo antes de empezar otro.
• No toque la madera que queda al descubierto porque podría transmitir alguna enfermedad.
• Utilice púas de 15 a 30 cm de largo en climas húmedos y cálidos, y púas de 15 a 25 cm en zonas más frescas.

Un injerto exitoso en un patrón ya establecido puede dar como resultado una parra con dos variedades.

Propague los rosales por injerto de yema.

Si piensa en todas estas ventajas, es probable que desee empezar a injertar árboles y arbustos. Sin embargo, puede que haya oído que es una técnica difícil y se muestre reacio a probarlo por miedo al fracaso. Pruébelo de todos modos porque es más fácil de lo que parece y porque nada sucede sin fracasos. Si no todos los injertos que realiza al principio surten efecto, no se desanime. Nadie tiene un porcentaje de éxitos del 100% y además sus fracasos le pueden servir de enseñanza. Cuanto más practique, mejor lo hará. Así pues, empuñe su navaja de injertar, siga las directrices del recuadro y ponga manos a la obra. Puede que le sorprendan los éxitos inmediatos o que aprenda a realizar lo que desea tras muchos esfuerzos y fracasos.

Injerto con patrones o portainjertos

El injerto es una técnica muy antigua. Una de las primeras referencias escritas al respecto se remonta al 323 a.C. y revela que el injerto era una práctica bien establecida en la antigua Grecia. Unos documentos chinos también muestran que era común en Extremo Oriente.

La naturaleza fue probablemente el primer profesor de la técnica del injerto. Las ramas que crecen una cerca de otra pueden frotarse de tal forma que sus capas de cámbium entran en contacto y forman un injerto natural. Es probable que un amante de los frutales observador tomara nota de esto, experimentara y produjera mejores frutos al injertar una rama de un árbol muy apreciado por él en un patrón de una variedad vigorosa.

Los rosales, manzanos, perales, melocotoneros, ciruelos, vides, cítricos, aguacates y muchas ornamentales leñosas se injertan de forma rutinaria en patrones específicos, lo que confiere ciertas características a la planta resultante. Los patrones específicos se emplean en zonas específicas hasta que son sustituidos por otros que dan mejores resultados. Si va a cultivar sus propios patrones, consulte las tablas de la derecha y recurra a algún viverista local para saber cuáles son los patrones más fiables en su zona. Investigue si el patrón que se propone plantar es compatible con el(las) púa(s) que se propone injertar en él.

Puede que le aconsejen realizar un injerto intermedio entre un patrón tipo y una púa para compensar la incompatibilidad. Los patrones enanizantes tienen raíces demasiado poco profundas o quebradizas para resistir los fríos extremos o los ciclos de congelación/descongelación del suelo, pero puede obviar este problema injertando un tallo intermedio enanizante en un patrón tipo.

Patrones de manzano

Los manzanos rara vez se cultivan sobre sus propias raíces. Los patrones que se enumeran a continuación figuran entre los más populares porque son enanizantes, confieren resistencia a las plagas y enfermedades o favorecen una fructificación precoz o más abundante. Consulte con su proveedor o con un fruticultor especializado de su zona para conocer sus compatibilidades.

PATRÓN	CARACTERÍSTICAS
Malling 7 EMLA (M.7 EMLA)	Necesita suelos gredosos para un buen anclaje. Produce árboles resistentes de aprox. un 55% de la altura de los patrones tipo. Es moderadamente resistente a la pudrición de la corona y al fuego bacteriano. Libre de virus.
Malling-Merton 106 EMLA (MM.106 EMLA)	Semienanizante. Confiere fructificación precoz y muy productiva, vigor moderado y resistencia al pulgón lanígero. No tolera los suelos mal drenados debido a su susceptibilidad a la pudrición de la corona o cuello. Libre de virus.
Malling-Merton 111 EMLA (MM.111 EMLA)	Buen anclaje; crece bien en suelos pesados y escasamente drenados pero también tiene una buena resistencia a la sequía y puede servir en suelos secos y arenosos. Es una buena elección para las variedades con espolones. Altura del árbol aprox. igual al 75% del patrón tipo, de 5,5-6 m como media. Es resistente al pulgón lanígero. Libre de virus.
Budogovsky 9 (Bud. 9)	Los árboles cultivados en este patrón tienen aprox. un 25-35% de la altura de los patrones tipo. Resistente al frío y a la pudrición de la corona; es algo resistente al fuego bacteriano pero es sensible al pulgón lanígero. Es preciso rodrigar los árboles.
Malling 26 EMLA (M.26 EMLA)	Cruce libre de virus del M9 con el M16 que produce árboles de aprox. un 45% de la altura de los patrones tipo. Da frutos precoces y de buena calidad pero es sensible a la pudrición de la corona y al fuego bacteriano. Utilícelo en suelos bien drenados y rodríguelo.
Malling 9 EMLA (M.9 EMLA)	Portainjertos bien conocido y libre de virus que produce árboles de apenas un 35% de la altura de los patrones tipo. Este patrón tolera condiciones del suelo bastante variadas pero dado que sus raíces pueden ser quebradizas, rodrigue bien los árboles, sobre todo en zonas con temperaturas invernales fluctuantes.
Geneva 16	Desarrollado por la Universidad Cornell en el estado de Nueva York; hoy se le recomienda para sustituir a M9 porque sus raíces son menos quebradizas y crean un mejor anclaje. Es resistente al fuego bacteriano y a la sarna del manzano pero es sensible al pulgón lanígero y al mildiu pulverulento.
Geneva 30	También oriundo de Cornell, sustituye al M7 porque sus raíces están mejor ancladas y el árbol es más productivo. Es resistente al fuego bacteriano y al pulgón lanígero, tolera más o menos la pudrición del cuello y es sensible al mildiu.

EMLA indica que el portainjertos es resistente a varias enfermedades víricas comunes.

Patrones de peral

Los perales se injertan a menudo en portainjertos de membrillero aunque tradicionalmente se han utilizado patrones francos de peral. La serie de patrones OHxF se obtuvo por cruce de Old Home con Farmingdale y suele propagarse por estacas de madera dura en vez de por acodo en trinchera o en montículo.

PATRÓN	CARACTERÍSTICAS
Prv membrillero BA29C	Portainjertos enanizante que produce árboles de aprox. un 60% de la altura del tipo, más tolerantes a la sequía y con mayores rendimientos. Es resistente al decaimiento del peral, a los tumores del cuello *(Agrobacterium tumefaciens)* y a los nemátodos pero es sensible al fuego bacteriano.
Membrillero A	También es enanizante; confiere resistencia al decaimiento del peral, a los tumores del cuello y al mildiu.
Bartlett Seedling	No tiene efectos en el tamaño pero es rústico y vigoroso. Se utiliza sobre todo en el NO de EE UU.
OHxF 513	Portainjertos enanizante que produce árboles de 3,5 a 4,5 m de altura, da frutos precoces y crece bien en la mayoría de suelos.
OHxF 87 (USPP#6362)	Portainjertos patentado; aunque no está autorizado a reproducirlo, vale la pena mencionarlo. Al igual que otros OHxF esanclaje y es precoz y productivo. Es más enanizante que algunos otros patrones y es compatible con la mayoría de variedades.

Patrones de rosal

Los portainjertos de rosal son especialmente sensibles a las condiciones ambientales, siendo por tanto imprescindible que entre en contacto con un foro o una asociación local de cultivo de rosas antes de elegir uno. Los siguientes son los que se cultivan más comúnmente en EE UU, Canadá, Gran Bretaña, Europa continental y Australia.

PATRÓN	CARACTERÍSTICAS
R. multiflora	Se cultiva comúnmente en Canadá y en el NE y el centro de EE UU y en menor medida en Europa. Es un portainjerto vigoroso, adecuado para la mayoría de tipos de rosas pero no es una buena elección en zonas de inviernos cálidos porque necesita mucho frío invernal y es sensible a los nemátodos del nódulo de la raíz.
Dr Huey	Es posiblemente el patrón más popular en las zonas templadas frías. Se emplea extensamente debido a su capacidad de adaptación a varios tipos de suelos y a su vigor general.
Manetti	Portainjertos fuerte y resistente a los nemátodos. Por ser espinoso, es difícil de manipular cuando se injerta en él.
Fortuniana	Excelente portainjertos para las zonas de inviernos cálidos. Tiene un sistema radicular que vegeta bien en suelos secos y arenosos. Aunque forma muchos chupones que deben eliminarse para que prospere la púa, dichos chupones son fáciles de detectar por sus características hojas.

Patrones de melocotonero, ciruelo, albaricoquero y almendro

Todos estos frutales pertenecen al género *Prunus*, lo que permite injertarlos en muchos de los mismos patrones. Averigüe, sin embargo, si en su región algunas combinaciones funcionan mejor que otras.

PATRÓN	CARACTERÍSTICAS
St Julien	Portainjertos semienanizante que se utiliza con frecuencia para albaricoqueros, nectarinos y melocotoneros que se cultivarán en espaldera en forma de abanico.
Brompton	Portainjertos fuerte y vigoroso, compatible con todos los cultivares de ciruelo. También se utiliza para las nectarinas y melocotoneros cultivados en espaldera-abanico pero no es enanizante.
Pixy	Patrón semienanizante que se utiliza para ciruelos que crecen libres, sin rodrigar.

Patrones de cerezo

Los cerezos se han cultivado tradicionalmente en portainjertos Mazzard y Mahaleb pero se les sustituye cada vez más por patrones patentados como Colt, Stella y los de la serie Gisela.

PATRÓN	CARACTERÍSTICAS
Mazzard F 12-1	Patrón vigoroso, compatible con la mayoría de las variedades dulces de cerezo; confiere un buen anclaje así como cierta resistencia a nemátodos, gomosis bacteriana y hongo de la raíz del roble *(Armillaria)*. Es algo tolerante al virus PDV *(prune dwarf virus)* y al virus PNRSV *(Prunus necrotic ringspot virus)*, pero es sensible a *A. tumefaciens* y al cancro bacteriano.
Mahaleb	Al igual que Mazzard, confiere tolerancia al PDV y al PNRSV. Puede producir un hábito arbustivo pero no árboles enanos. Es resistente al frío y a la sequía y es productivo. Resiste al cancro bacteriano y al nemátodo lesionador de raíz pero es sensible al hongo *Armillaria*, a los nemátodos del nódulo de la raíz y a *Phytophtora*. No tolera los suelos pesados.
Gisela® 12 (Gi 195-2) USPP 963	Es semienanizante y tolera una gran variedad de tipos de suelos, incluidos los pesados. Produce un árbol precoz y productivo que es resistente a numerosos virus. Hay que rodrigarlo.
Colt	Patrón vigoroso que se utiliza con cerezos que se cultivarán en espaldera-abanico. No es muy enanizante; puede ser vigoroso e inhibir la fructificación, a menos que se poden sus raíces cada pocos años.

Patrones de vid

La vid *(Vitis vinifera)* se cultivó sobre sus propios portainjertos hasta que la filoxera, nativa del E de EE UU, fue introducida en Europa en la década de 1860. En 1868 esta plaga destruyó más de un tercio de las vides francesas y muchos viñedos del resto de Europa, además de los de California. Los cultivadores experimentaron con vides americanas que como patrones resisten a estos insectos similares a pulgones pero muchos de ellos dieron escasos resultados en los suelos de pH elevado de Francia. Finalmente se empezaron a usar extensamente las selecciones clonales de híbridos de *V. berlandieri* con *V. rupestris* y hoy en día al menos 30 de estas selecciones son comunes en los viñedos de Europa y de EE UU.

Injerto a la inglesa de lengüeta

Si está aprendiendo a injertar, esta técnica es un buen punto de partida. Es bastante fácil de ejecutar y las lengüetas que cortará en la madera del portainjertos y de la púa facilitan la posición de los dos trozos para que entren en contacto las capas de cámbium de ambos.

PLANTAS APROPIADAS

Se utiliza más comúnmente con frutales.

N. COMÚN	N. CIENTÍFICO
Manzanos	*Malus* spp.
Cerezos, albaricoque, ciruelos, nectarina, melocotonero, etc.	*Prunus* spp.
Perales	*Pyrus* spp.

El injerto de lengüeta es un método práctico para injertar frutales, en especial manzanos y perales, en gran parte de Europa. No sólo es un injerto relativamente fácil de hacer sino que también produce árboles muy rectos. La gran limitación de este método es de índole climática: funciona bien en zonas muy húmedas y no suele ser recomendable para las regiones áridas.

Si se propone hacer injertos de lengüeta, tendrá que prepararlos con un año de antelación. A principios de primavera, plante un patrón de 1 año de edad allí donde quiera que crezca el árbol. Elimine las yemas laterales a medida que se formen y mantenga niveles adecuados pero no excesivos de humedad y fertilidad.

Si planea comprar madera de púa, pídala a su proveedor a principios o mediados de verano para que él pueda planificar la entrega con tiempo. El proveedor le enviará la madera a principios de primavera.

Si se propone cortar sus propias púas, tendrá que hacerlo cuando las ramas estén en latencia. En climas muy fríos, el final de agosto es el mejor momento para obtenerlas, en climas más moderados, es mejor hacerlo a mediados de invierno. Elija ramas fuertes y rectas. Corte trozos de 23 a 25 cm aprox. a 4 cm por debajo de una yema, y asegúrese de que la anchura en la base de la púa es la misma que la del patrón (idealmente en torno a 1 cm de diámetro). Haga un haz con las púas atándolas con una banda de goma o un cierre para bolsas por torsión antes de colocarlas en turba de esfagno húmeda o envolverlas en una bolsa de plástico seca. Etiquételas y manténgalas en una zona oscura y fresca donde no se hielen. Puede ponerlas en la nevera, pero no las guarde junto con frutas o verduras, ya que el etileno que éstas liberan podría impedir el desarrollo de las yemas en la madera de las púas.

Las variedades de manzano y de peral se propagan a menudo con el injerto de lengüeta.

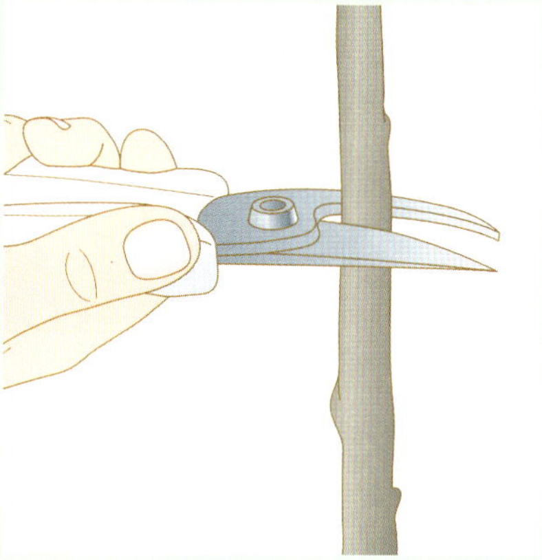

HAGA UN CORTE HORIZONTAL
Justo antes de que salgan las yemas a principios de primavera, corte el ápice del patrón de forma que se yerga a 15-30 cm por encima de la línea de suelo.

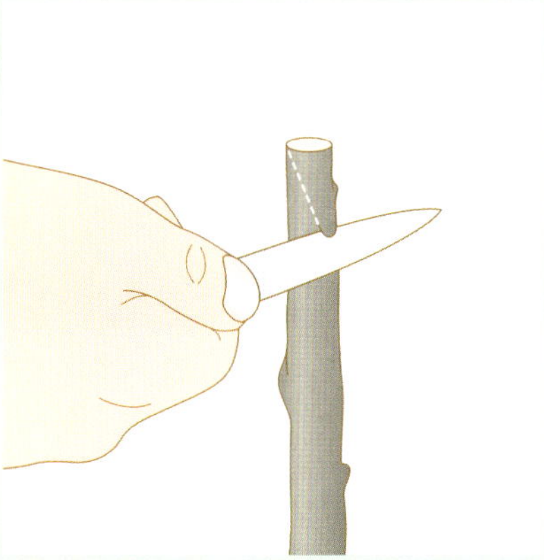

HAGA UN CORTE OBLICUO
Corte primero el patrón a un ángulo de 45 grados para exponer la máxima cantidad de cámbium y a continuación haga un corte vertical en esta zona para hacer la lengüeta.

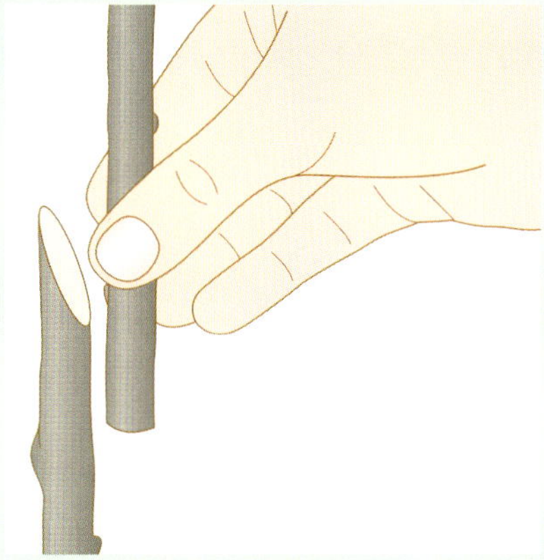

PROGRAME
Sostenga la púa frente a y por encima del patrón para programar dónde hará el corte. Asegúrese de que haya una yema en la púa justo encima del corte.

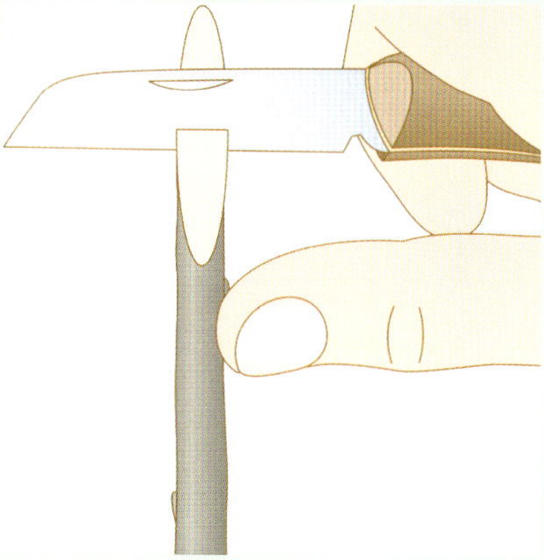

HAGA UN CORTE VERTICAL
Después de cortar la madera de la púa con un ángulo de 45 grados para que pueda encajar en el del patrón, haga el corte vertical de la lengüeta. Sólo necesita tres yemas viables en la púa, de modo que si ésta es demasiado larga, recorte su ápice.

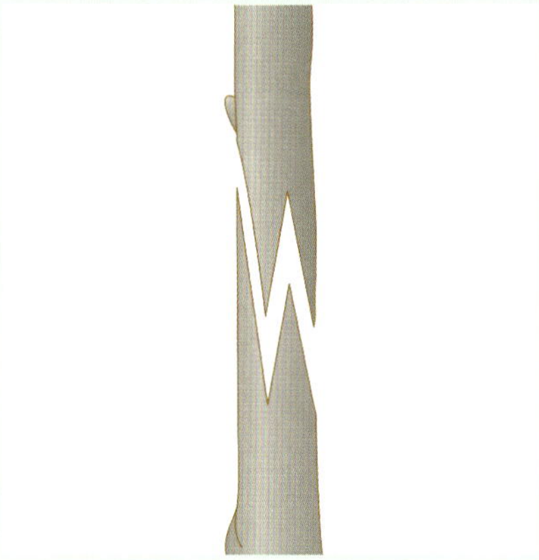

ENCAJE Y UNA
Encaje ambas piezas de forma que las dos lenguas formen un "cerrojo". Envuelva la unión con cinta aislante o cinta para injertos al menos hasta 2,5 cm por encima y por debajo de la zona de unión de ambos trozos. En todas las zonas excepto en las más húmedas, cubra la cinta con cera y encere el ápice de la púa si ya la había recortado. Etiquete la planta y anote la tarea en su cuaderno de notas del jardín.

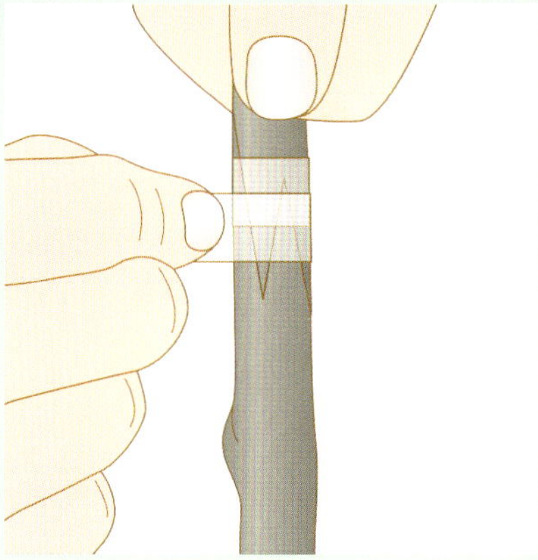

ESPERE
Espere al menos 2 meses antes de quitar la cinta: después de la formación de un callo fuerte y del inicio del desarrollo de yemas en la púa. No deje que crezca yema alguna en el portainjertos; vigílelo con esmero y elimine cualquiera que se forme, así como cualquier chupón que pueda brotar del suelo.

Requisitos

Estación: de finales de invierno a principios de primavera, antes de que los capullos florales se hinchen

Herramientas: tijeras de podar, navaja para injertos

Materiales: alcohol para esterilizar, cinta para injertos, cera para injertos, etiquetas, cuaderno de notas y pluma

Luz: tiempo nublado

Posibles problemas

El injerto no prende: si la madera del patrón o la de la púa se secan, el injerto no prenderá. Puede que la unión no se haya envuelto lo bastante bien con cinta aislante o cinta para injertos, o que los dos trozos de madera no encajaran del todo y que penetrara aire hasta algo de madera expuesta. Si sus trozos son de tamaños distintos, cubra la madera que queda al descubierto con cera para injertos después de envolver la unión con cinta.

Injerto de cuña o hendidura apical e injerto de silla

Ambas técnicas son sencillas y una buena elección si está aprendiendo a injertar y desea adquirir más confianza. Los cultivadores comerciales tienden a utilizar el injerto de cuña apical o el de silla para las ornamentales leñosas. Aunque usted también puede hacerlo en casa, es posible que tenga que recurrir a un viverista que esté dispuesto a enviarle un patrón.

PLANTAS APROPIADAS

Esta técnica funcionará bien con cualquier planta leñosa que desee cultivar sobre un patrón que no sea de su mismo tipo. Se utiliza con las especies siguientes.

N. COMÚN	N. CIENTÍFICO
Naranjos, limonero, pomelo	*Citrus* spp.
Avellanos de bruja	*Hamamelis* spp.
Hibiscos	*Hibiscus* spp.
Azaleas y rododendros	*Rhododendron* spp.

La similitud en tamaño es el factor más importante a la hora de injertar con cualquiera de estas dos técnicas, las cuales simplemente no pueden funcionar si la púa no encaja casi exactamente con el patrón. Por consiguiente, es importante distribuir muy bien en el tiempo esta operación o bien tener varias alternativas para su madera de púa. Elija otro método de injertar si las capas de cámbium de sus trozos no encajan bien en el corte.

La limpieza es siempre importante cuando se injerta. Dado que los jardineros trabajan en la tierra, a veces son algo descuidados con este aspecto; después de todo, si la lluvia no salpica tierra sobre los tallos y hojas de las plantas, el viento les sopla polvo encima. Aun así, cuando se trabaja con un tejido recién expuesto, la situación ya no es la misma. Considere esta madera como si fuera una herida abierta en un animal o una persona. No sólo carece de piel –es decir, de corteza– para protegerla de los patógenos, sino que los tejidos húmedos y bañados en nutrientes constituyen un excelente medio de cultivo para cualquier patógeno que aterrice sobre ella. Si tiene siempre esto presente, le será más fácil abstenerse de tocar la madera expuesta con nada que no sea la cuchilla esterilizada de su navaja.

Requisitos

Estación: principios de primavera

Herramientas: tijeras de podar, navaja para injertos o multiusos

Equipo: alcohol para esterilizar las cuchillas, toallas de papel, cinta para injertos o cinta aislante, cera para injertos, cuaderno de notas y pluma

Luz: tiempo nublado

Posibles problemas

El injerto no prende: la madera del patrón y la de la púa no sólo han de ser de diámetro similar sino que además han de encajar los ángulos de sus cortes respectivos. Haga cortes rectos (no curvos) y apriete los dos trozos firme aunque suavemente.

Cuando envuelva la púa y el patrón con cinta para injertos, el espacio que queda entre ambos trozos se cerrará y las capas de cámbium entrarán en contacto.

Los hibiscos responden bien al injerto de cuña apical.

PLANTE

Plante el patrón un año antes de cuando desee hacer el injerto. Póngalo en su lugar definitivo o en una cama de germinación con unas condiciones de crecimiento ideales.

CORTE

La primavera siguiente, corte y descarte la parte superior del patrón. Haga el corte tan recto como sea posible.

CORTE HACIA ABAJO

A continuación haga un corte vertical de unos 4 cm de largo en el tallo del patrón.

CORTE LA PÚA

Corte ambos lados de la base de la púa dándole la forma de una cuña ahusada, o de una V, de 3 cm de longitud.

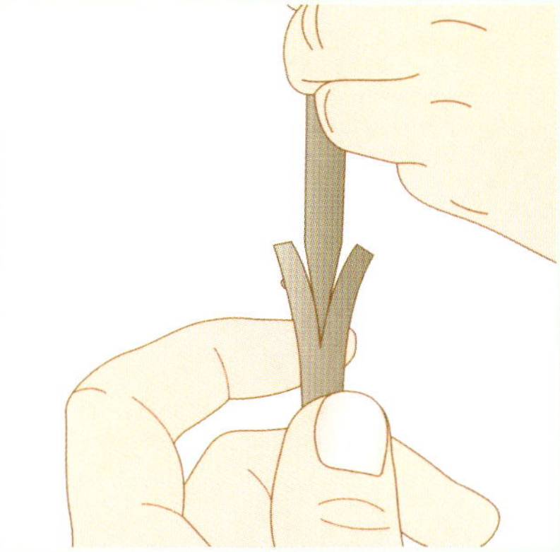

HAGA ENCAJAR

Inserte la cuña de la madera de púa en la hendidura que había cortado en el patrón. Trabaje con cuidado para no romper y arrancar parte del patrón.

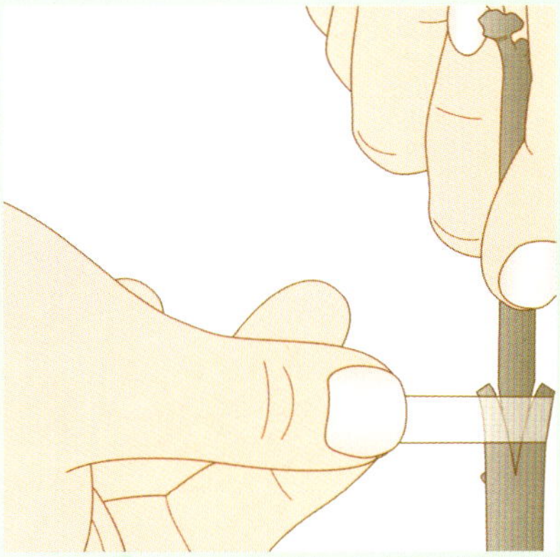

ENVUELVA

Una vez esté seguro que las capas de cámbium de ambos trozos están en contacto entre sí, envuelva la unión con cinta para injertos. Añada una capa de cera si la unión no se ajusta por completo. Deje la cinta en su sitio hasta que se haya formado un callo y que las yemas de la púa hayan empezado a desarrollarse.

INJERTO DE SILLA

El injerto de silla es el opuesto al injerto de cuña apical. Se corta una cuña puntiaguda hacia arriba en el patrón y se corta una forma de V invertida en la púa; ambos trozos encajan al juntarlos al igual que en el injerto de cuña apical.

Injerto de hendidura o cuña lateral

El injerto de cuña lateral difiere del de cuña apical en dos importantes aspectos: se realiza a un lado del portainjertos y no en su ápice y se deja que la parte aérea del portainjertos continúe creciendo mientras se establece el injerto.

PLANTAS APROPIADAS

N. COMÚN	N. CIENTÍFICO
Abetos	*Abies* spp.
Naranjos, limonero, limero dulce, pomelo	*Citrus* spp.
Cipreses	*Cupressus* spp.
Acebos	*Ilex* spp.
Enebros, sabinas, etc.	*Juniperus* spp.
Mango	*Mangifera indica*
Píceas	*Picea* spp.
Pinos	*Pinus* spp.
Azaleas y rododendros	*Rhododendron* spp.
Tuyas	*Thuja* spp.
Falsos cipreses	*Chamaecyparis* spp.
Tsugas	*Tsuga* spp.

La cinta aprieta para que las capas de cámbium contacten.

Muchos viveristas utilizan esta técnica de injerto para propagar sus plantas favoritas así como una serie de especies de árboles frutales. Como en el injerto apical, una vez domine la técnica de hacer cortes rectos, ésta es una técnica fácil.

Con la práctica perfeccionará la técnica de cortar la madera de patrones y púas de modo que las superficies resultantes no sean ni cóncavas ni convexas. Si le resulta difícil, practique con ramas pequeñas de crecimiento rápido.

A medida que corte, identifique la capa de cámbium. Todas las técnicas de injerto se basan en acercar la capa de cámbium del portainjertos a la de la púa y atarlas bien para que sus superficies queden apretadas y se forme la unión.

Los Rhododendron *spp. pueden injertarse con un injerto de cuña lateral.*

PLANTE

A principios de primavera, plante un patrón de 1 año de edad en una cama de germinación abierta o en una maceta que podrá tener en un invernadero o en una cama fría durante el primer invierno. Pode los brotes laterales de la base del tallo y prepare así la zona para que acepte un injerto al año siguiente.

CORTE LA PÚA

A finales de invierno o principios de primavera del año siguiente, corte las púas. Han de ser brotes terminales de 10 a 15 cm de largo y han de tener una yema apical así como un mínimo de tres yemas laterales. Si no puede injertar justo después de cortar las púas, envuélvalas en plástico y guárdelas en un lugar oscuro y frío donde no se hielen.

CORTE EL PATRÓN EN HORIZONTAL

Haga un corte horizontal en el ápice del tallo del portainjertos, a unos 20 cm de la superficie del suelo. Utilice una tela suave y húmeda para limpiar el tallo donde hará el injerto.

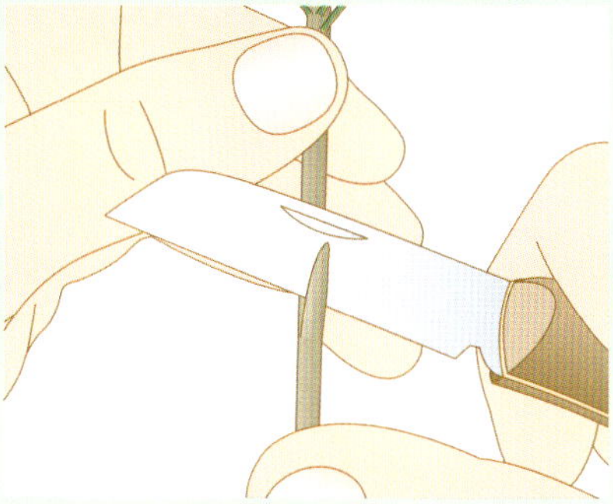

PREPARE LA PÚA

Muy a principios de primavera, quite las hojas o las agujas del tallo de la púa en unos 4 cm tallo arriba y a continuación vuelva a cortar la base del tallo. Haga ahora dos cortes ahusados de 2,5 cm en la base del tallo; no corte la base en punta afilada pero sí hágala estrecha.

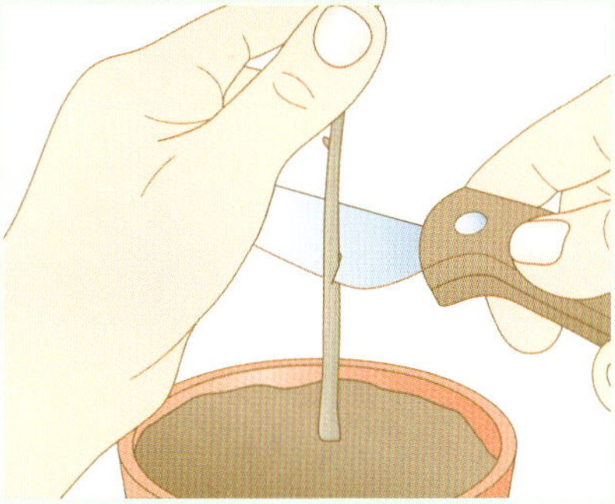

PREPARE EL PORTAINJERTOS

Haga una "aleta" en el tallo del patrón haciendo un corte de 2,5 cm de largo bajo la corteza. Asegúrese de dejar la capa de cámbium al descubierto como parte de la sección cortada.

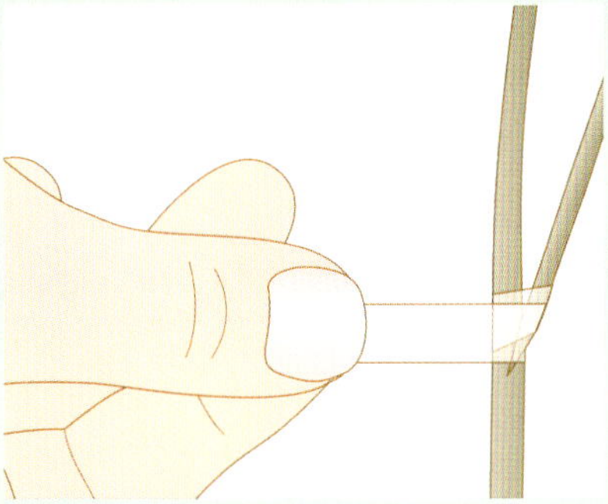

HAGA COINCIDIR

Encaje la púa en la cuña del patrón para que las capas expuestas del cámbium de la púa entren en contacto con las del portainjertos. Sujete la unión con cinta. A menos que el aire sea húmedo, cubra la parte superior de la planta, tanto de la púa como del patrón, con una bolsa de plástico para mantener la humedad elevada. Vaya comprobando que no haya un exceso de humedad o de sequedad y quite la bolsa al cabo de unas 6 semanas.

Posibles problemas

El injerto se pudre: cuando injerta un tallo a una planta la humedad debe ser lo bastante elevada para que los tejidos no se sequen. Cubra ambos trozos con cinta y con cera para conservar la humedad pero en las instrucciones para algunas plantas, le pedirán que también cubra el injerto con película de plástico. Controle con esmero, ya que es tan fácil que una unión de injerto se pudra como que se seque.

El injerto no prende: El patrón y la púa deben ser compatibles. Para encontrar un patrón apropiado para la planta que se plantea cultivar, consulte un experto local o un viverista entendido que injerte sus propios patrones.

Requisitos

Estación: finales de invierno, primavera

Herramientas: tijeras de podar, navaja para injertos o navaja multiusos

Equipo: alcohol para esterilizar, toallas de papel, cinta para injertos, bolsa de plástico, cera para injertos, etiquetas, cuaderno y pluma

Luz: tiempo nublado

Injerto de aproximación

El injerto de aproximación es una de las técnicas más infalibles porque tanto el patrón como la púa crecen sobre sus propias raíces y tienen su propia brotación apical mientras se forma el injerto. Con esto se minimizan las probabilidades de pudrición o sequedad y ambas plantas reciben un suministro adecuado de nutrientes y agua. En esta técnica puede ver lo que está pasando y el éxito es más seguro que el fracaso.

PLANTAS APROPIADAS

N. COMÚN	N. CIENTÍFICO
Acebos	*Ilex* spp.
Manzanos	*Malus* spp.
Cerezos	*Prunus* spp.
Ciruelos	*Prunus* spp.
Melocotoneros	*Prunus* spp.
Perales	*Pyrus* spp.
Tomate	*Solanum lycopersicum*
Arándanos	*Vaccinium* spp.
Vincapervincas	*Vinca* spp.
Vides	*Vitis* spp.

El injerto de aproximación es una técnica excelente cuando se intenta evitar los problemas que vienen del suelo. Si cultiva un tipo de tomate que es sensible a una enfermedad transmitida por el suelo pero conoce un tomate que es resistente a ella, puede eludir el problema si injerta el tomate de su elección en el patrón resistente. Análogamente, el suelo de ciertas zonas es tan ácido o tan alcalino que a muchos cultivares les es difícil sobrevivir incluso si la propia especie tolera estas condiciones. Pero si injerta por aproximación el cultivar a la especie, que es más resistente, es probable que prospere.

En plantas tales como acebos, vides y arándanos, este método le permite injertar más de un género o cultivar en el mismo patrón sin correr el riesgo de matar el patrón. Siempre que los dos tallos que quiere injertar sean del mismo tamaño y de la madera del año en curso, la planta patrón puede ser de cualquier edad. Con los arándanos y acebos esto significa que puede obtener sus propias plantas "autopolinizadoras"; con vides puede cultivar una cosecha mixta en cada parra.

La cinta para injertos mantiene la púa en contacto con el patrón.

PLANTE
Muy a principios de primavera, plante la "púa" que desee injertar a un patrón en una pequeña maceta. La púa puede ser un esqueje que ha tomado en otra planta o una planta que ha adquirido en el comercio.

CORTE LAS PÚAS
A finales de invierno o principios de primavera, corte las púas. Han de ser brotes apicales de 10 a 15 cm de largo y deben tener yemas apicales así como un mínimo de tres yemas laterales. Si no puede injertar justo después de cortar las púas, envuélvalas en plástico y guárdelas en un lugar oscuro y frío.

PONGA EL CÁMBIUM AL DESCUBIERTO
Controle para ver dónde entrarán en contacto ambos tallos y para que en este punto sean del mismo diámetro, y quite un trozo de corteza de 3,5 a 5 cm en ambos tallos.

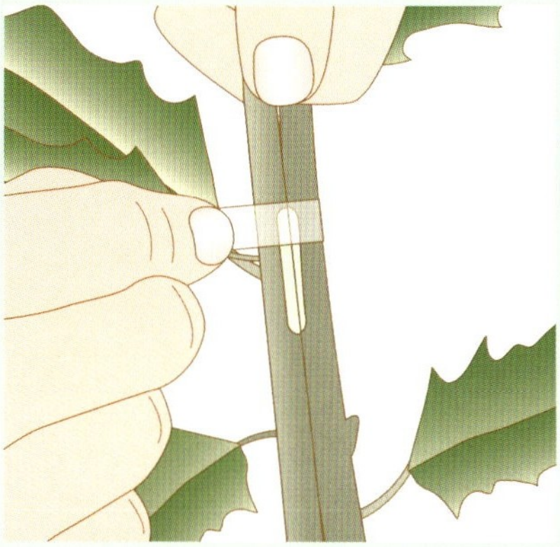

SUJETE CON CINTA
Asegúrese de que las capas de contacto de ambos tallos estén en contacto y acto seguido sujete la unión con cinta.

PODE
Pode la parte superior del tallo injertado en el patrón para obligarle a enviar más nutrientes a la zona donde se está cicatrizando el injerto.

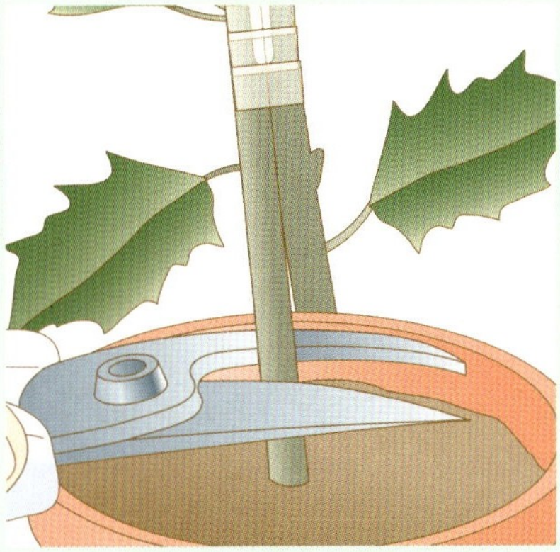

RECORTE
Al cabo de 4 a 6 semanas, el injerto habrá prendido. A un lado y otro de la unión del injerto corte las raíces de la púa y la parte superior del tallo del portainjertos.

Requisitos

Estación: de primavera a verano

Herramientas: navaja para injertos o navaja multiusos

Equipo: alcohol para esterilizar, toallas de papel, cinta para injertos, etiquetas, cuaderno y pluma

Luz: tiempo nublado

Posibles problemas

Las plantas se mueren: si injerta tallos tiernos que carecen de corteza, procure no dañarlos al apretar demasiado con la cinta para injertos cuando los envuelva. Deberá estar lo bastante apretada como para mantener las plantas juntas pero no tanto como para aplastar el sistema vascular de uno u otro tallo.

Injerto de cuatro aletas

El injerto de cuatro aletas parece muy alarmante, pero en este caso el aspecto es realmente engañoso. Este injerto es fácil de realizar y tiene una proporción de éxitos extremadamente elevada. Si lo hace en primavera, no necesitará ser un maestro del corte para arrancar un poco de corteza del patrón, cortar la parte descortezada de dicho patrón, insertar la púa dentro de las tiras de corteza y atarlo todo con cinta.

La distribución del tiempo es importante. Recolecte de 15 a 20 cm de madera de púa de la estación vegetativa anterior en febrero o marzo y almacénela a unos 2 °C hasta que esté listo para hacer el injerto. Envuelva las púas en toallas de papel o turba de esfagno húmedos para que no se sequen. Cuando recolecte, busque brotes rectos, con al menos tres yemas "regordetas" a unos 5 cm por encima de la base. Las púas deben ser del mismo tamaño que el patrón o apenas muy poco mayores y de aprox. 1 a 2,5 cm de diámetro.

Tendrá que hacer este injerto después de que el árbol haya vencido la latencia pero antes de que se abran sus yemas; lo recomendable es cuando las yemas midan unos 2,5 cm. Pero recuerde que el tamaño de yema puede variar según el tipo de planta. Lo más importante es hacer el injerto lo bastante tarde para que la corteza se desprenda fácilmente de la madera interna; compruébelo en las ramas de árboles de la misma especie.

La savia puede haber empezado a fluir cuando haga el corte en el patrón. Los injertos no prenden bien cuando están bañados en savia, razón por la cual la mayoría se realizan cuando el árbol está en latencia. Para evitar problemas, corte su patrón en dos fases. Haga el primer corte a 2,5 cm por encima del punto en el que quiera hacer el injerto, espere un par de días y entonces haga el segundo corte justo donde desee trabajar. Para entonces la savia ya debería haber dejado de fluir por completo.

Base de madera de púa

Posibles problemas

La púa se muere: si la púa se seca mientras se está formando el injerto, se acaba muriendo. Envuélvala tal como se describe en las ilustraciones de la derecha.

Se mueren ambas porciones: para evitar la muerte por calentamiento excesivo, cubra el injerto con hoja de aluminio y no deje entrar aire en la bolsa de plástico con la que lo recubre.

Plantas apropiadas

Esta técnica es apropiada para cualquier planta frondosa o de madera dura pero se usa sobre todo para propagar nogales, probablemente por la tasa elevada de éxitos que permite con estas plantas difíciles de injertar.

N. COMÚN	N. CIENTÍFICO
Pacano	*Carya illinoinensis*
Jicoria ovada	*Carya ovata*
Castaño chino	*Castanea mollissima*
Membrillero	*Cydonia oblonga*
Nogal blanco americano	*Juglans cinerea*
Nogal negro americano	*Juglans nigra*
Nogal común	*Juglans regia*

Requisitos

Estación: finales de invierno y primavera

Herramientas: tijeras de podar de tipo bypass, navaja para injertos o pelalegumbres afilado

Equipo: alcohol, etiquetas, cinta para injertos, hoja de aluminio, banda de goma, cera para injertos, bolsa de plástico, cordel

Condiciones ambientales: tiempo fresco y nublado

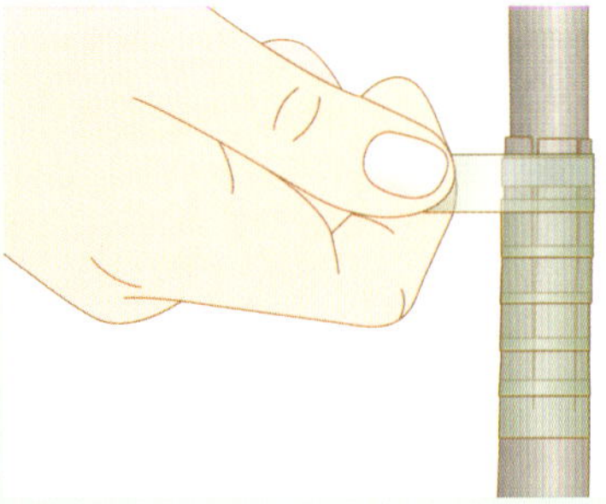

SUJETE CON CINTA
Sujete y fije las tiras de corteza con cinta para injertos; es lo bastante elástica para que debajo de ella pueda formarse la unión del injerto. Selle con la cinta para conservar la humedad y cubra la cinta con hoja de aluminio, con la parte brillante hacia fuera. Así se mantendrá el injerto fresco mientras se forme. Dé unos toques de cola blanca o de cera de injertos en la parte superior de la madera de púa.

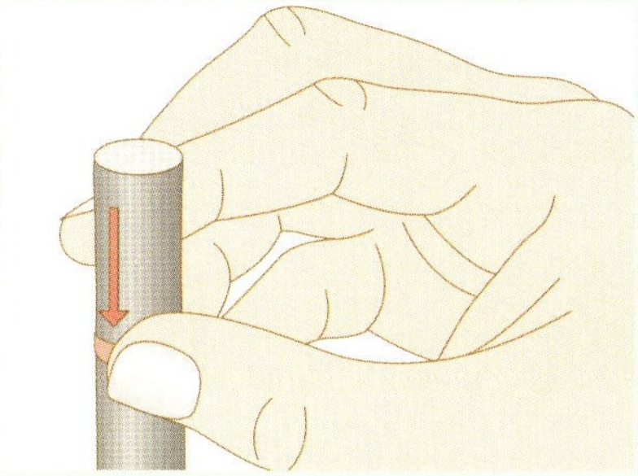

PONGA UNA TIRA DE GOMA EN EL PATRÓN

Después de hacer un corte horizontal en el patrón, póngale una tira de goma. Deslice la tira de goma hasta unos 5 a 7,5 cm de la superficie del corte.

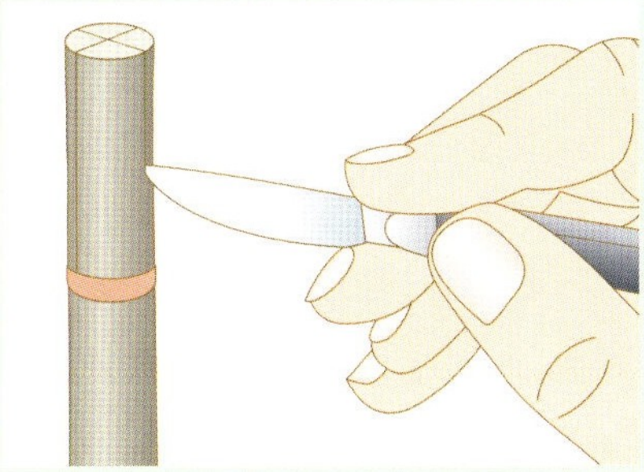

CORTE LA CORTEZA

Marque una X en el ápice del patrón y acto seguido haga cuatro cortes de unos 5 a 7,5 cm de largo justo en la corteza, haciendo servir las aspas de la X como guía para hacer los cortes rectos y equidistantes entre sí.

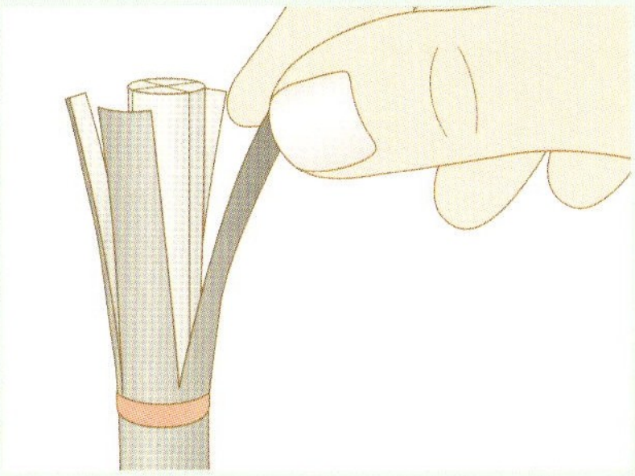

PELE LA CORTEZA

Pele la corteza hacia atrás para exponer la madera blanca de debajo. Una vez haya pelado cada sección, mantenga la corteza en su sitio con la banda de goma mientras prepara la púa.

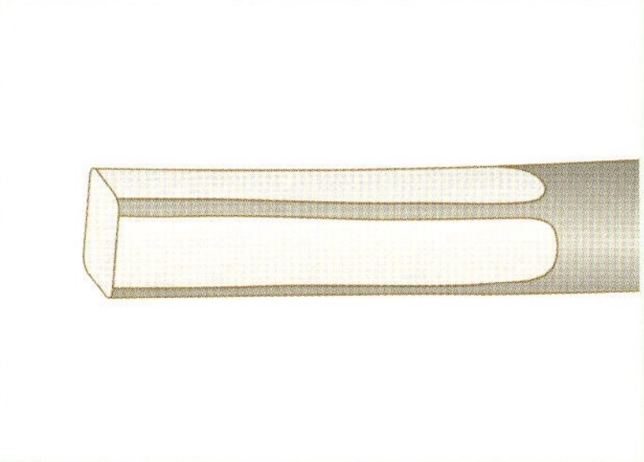

PREPARE LA PÚA

Empezando a unos 5 cm de la base de la púa, corte y arranque cuatro trozos de corteza, dejando finas tiras de corteza entre los cortes. La púa resultante será cuadrangular en vez de circular.

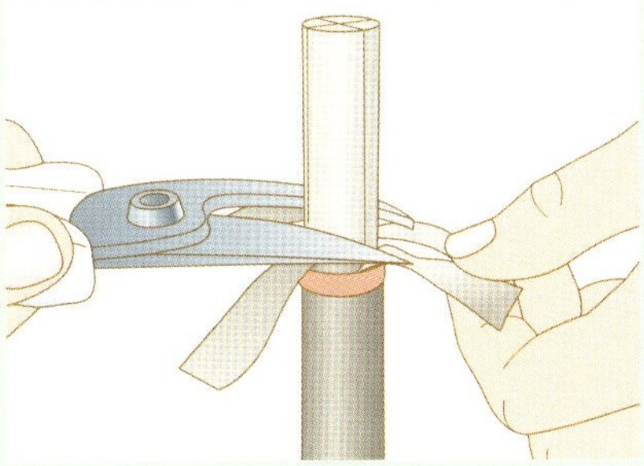

CORTE EL PATRÓN

En el patrón, corte y elimine la madera expuesta bajo las tiras de corteza. Haga el corte lo más recto y horizontal posible.

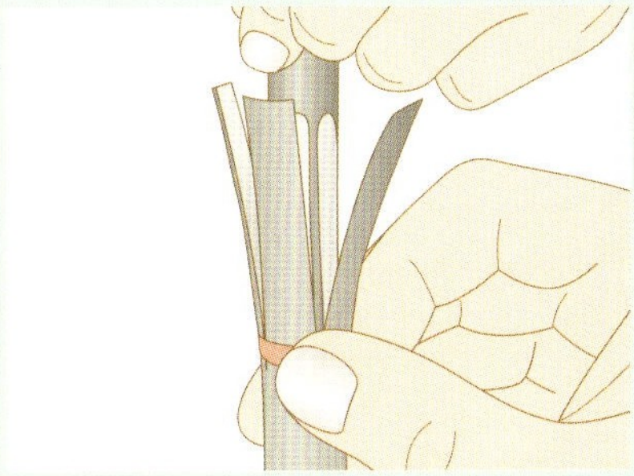

HÁGALOS COINCIDIR

Coloque la púa en el ápice del patrón, en una posición tal que las pequeñas superficies de corteza restante queden entre las aberturas que se formaron al preparar la corteza del patrón. Mantenga las tiras de corteza en su sitio con la banda de goma mientras trabaje. Procure no tocar la madera expuesta o la superficie interna de las tiras de corteza con los dedos.

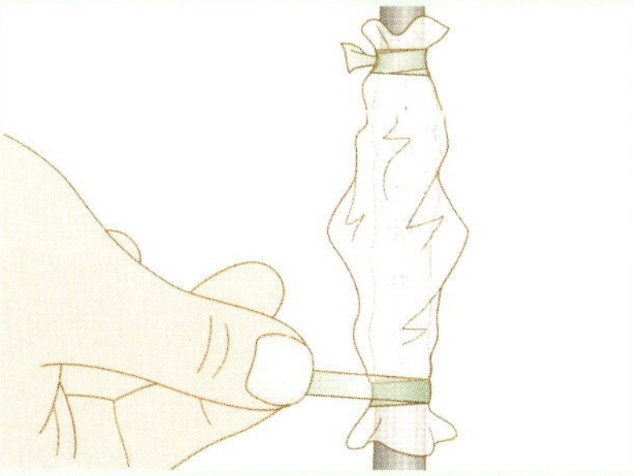

CUBRA

Corte uno de los vértices de la bolsa de plástico de medio litro y deslícela sobre el injerto. Átela justo debajo de la hoja de aluminio y apriétela para expulsar el aire que contenga antes de atarla en la parte superior del injerto. No deje que se extienda más allá de la hoja de aluminio ni que contenga aire, ya que al aire atrapado mataría el injerto al calentarse.

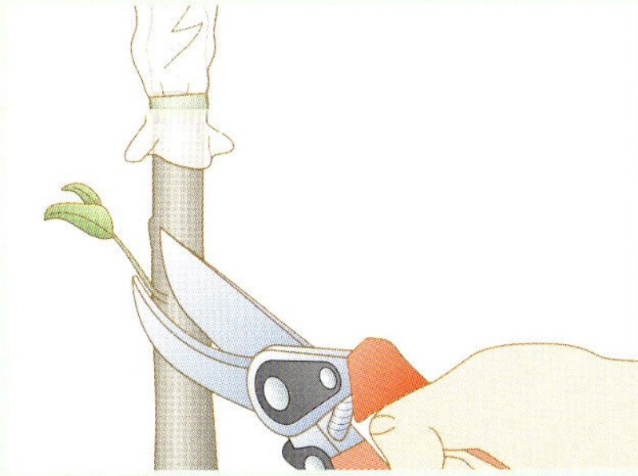

RECORTE

Durante la primera estación las yemas del patrón continuarán creciendo. Pódelas todas menos unas pocas y recorte sus puntas. Si se desarrollasen en exceso, se inhibiría el crecimiento de las ramas que se desarrollan en la púa. Al cabo de un año o dos, pode todas las ramas del patrón y deje que la púa tome el relevo.

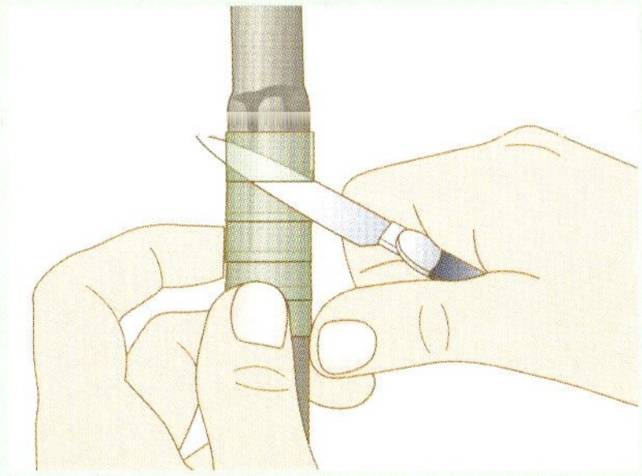

QUITE LA ENVOLTURA

Una vez la púa esté creciendo bien, y quite la bolsa de plástico y la hoja de aluminio. Corte a través de la cinta para que el injerto continúe expandiéndose. Envuelva el injerto con la bolsa de plástico, cúbrala con la hoja de aluminio y ate esta última para mantenerla fija. Siga controlando que la madera no quede estrangulada por la cinta o las ataduras. Quite todas las envolturas la primavera siguiente.

Injerto de contacto

El injerto de contacto es una técnica fácil. Se hace con plantas pequeñas, lo que permite sostener la púa contra el tallo del patrón para determinar dónde hay que hacer los cortes que encajen uno con otro. La púa y el patrón deberían tener el mismo diámetro pero este método también funciona si la púa es un poco más pequeña.

Dado que los injertos de contacto pueden salir de su sitio con bastante facilidad, esta técnica se utiliza con plantas en maceta dentro de un invernadero u otra estructura protegida para que los animales que pasan no froten el injerto y para que no esté sujeto a los fuertes vientos. Este injerto se utilizaba antaño para las camelias y las azaleas y rododendros resistentes a otros injertos, pero los jardineros actuales lo utilizan para todo tipo de coníferas jóvenes, para árboles y arbustos frondosos pequeños y perennifolios de hoja ancha tales como mangos y aguacates.

Al igual que con otros tipos de injerto, tendrá que preparar su patrón un año antes. Plántelo en un contenedor de vivero de 4 litros y cuídelo bien durante la primera estación. Si es una planta que requiere un periodo de latencia, déjela al exterior de 8 a 10 semanas como mínimo durante el invierno. Si es una planta tropical como un mango, deje que el suelo se seque un poco en otoño y colóquela en un lugar sombreado para el invierno hasta usarla como injerto a finales de invierno.

Es fácil ver la repisa sobre la que se apoyará la púa.

Plantas apropiadas

N. COMÚN	N. CIENTÍFICO
Abetos	*Abies* spp.
Arces	*Acer* spp.
Abedules	*Betula* spp.
Camelias	*Camellia* spp.
Enebros, sabinas, etc.	*Juniperus* spp.
Mango	*Mangifera indica*
Aguacates	*Persea americana*
Píceas	*Picea* spp.
Pinos	*Pinus* spp.
Azaleas y rododendros	*Rhododendron* spp.

Requisitos

Estación: finales de invierno

Herramientas: navaja para injertos

Equipo: alcohol para esterilizar las cuchillas, bandas de goma, cinta para injertos, cera para injertos

Condiciones ambientales: tiempo fresco y nublado

Posibles problemas

Se muere la púa: si la púa crece demasiado mientras se está formando el injerto, acaba muriendo. Mantenga el suelo entre unos 18 y 24 °C pero las temperaturas del aire entre 7 y 10 °C durante las 4 a 6 semanas posteriores al injerto. Nebulice la planta con frecuencia pero riéguela sólo cuando el suelo esté seco y entonces sólo lo suficiente para mantenerla viva. En zonas de mucha luz, sombree la planta para que no pierda mucha agua durante la transpiración.

Se muere la púa: la parte superior del patrón ayuda a mantener viva a la púa durante las aprox. 6 semanas de formación del injerto, así que es importante dejarla en su sitio hasta que la púa esté establecida por completo. Tras las aprox. 6 semanas iniciales se habrá formado el callo y podrá quitar la cinta para injertos y empezar a aclimatar la planta exponiéndola a más luz y a temperaturas más altas. Espere otras 6 semanas antes de cortar la parte superior del patrón.

RECORTE EL PATRÓN

Elimine los brotes basales del tallo del portainjertos.

PLANTE EL INJERTO

Sostenga la madera de la púa contra el tallo del patrón para determinar el punto en el que ambos tallos son del mismo tamaño. Marque la parte superior y la inferior de esta zona.

CORTE EL PATRÓN

Haga una incisión en el patrón de tal forma que la madera de la púa esté a un ángulo de unos 30 grados cuando se unan ambos tallos. Corte de arriba abajo pero no estire la parte cortada del tallo en esta fase del proceso.

HAGA UNA REPISA

Haga un corte horizontal en el fondo de su corte anterior. Así formará una "repisa" para que su púa se apoye en ella cuando se forme la unión de ambas partes.

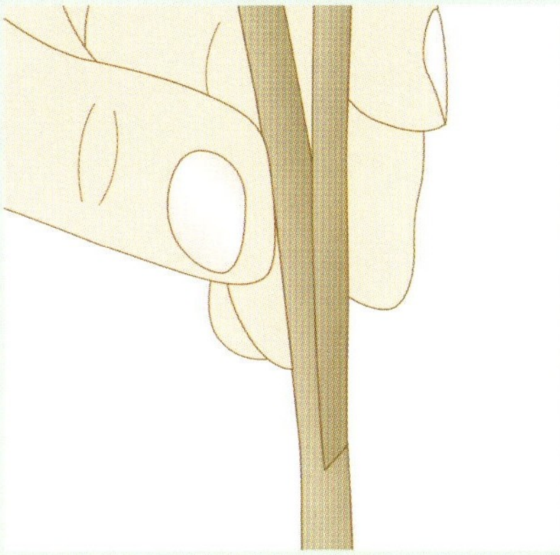

HAGA ENCAJAR LOS TROZOS

Después de cortar la madera de la púa con el mismo ángulo con el que cortó el patrón, junte ambos tallos.

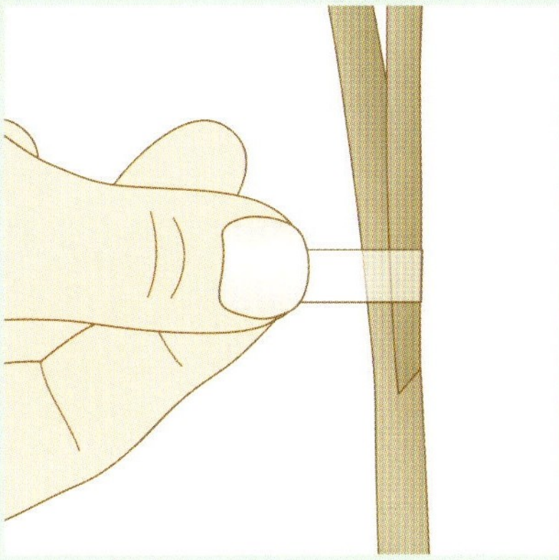

ENVUELVA

Envuelva el injerto para que las capas de cámbium queden apretadas. Cubra la cinta con cera para mantener la madera húmeda. Pode el patrón hasta unos 5 cm por encima del injerto. Cuando la púa crezca, pódela.

Injerte los abetos utilizando el injerto de contacto o el de cuña lateral a principios-mediados de primavera. Asegúrese de que el injerto permanezca fijo hasta que se haya formado.

Injerto de yema en T

Este injerto que también se denomina de escudete es una técnica favorita de los cultivadores de rosales y de los de frutales tanto aficionados como comerciales. Es el injerto de yema que se utiliza más comúnmente y tiene algunas ventajas para el principiante: se injerta a principios de verano o en otoño, cuando las yemas de la púa están desarrolladas, de modo que no hay que preocuparse con el almacenaje de las púas. Si una yema no prende, su patrón apenas acusará trastorno alguno y podrá volver a intentarlo con una nueva yema.

Los injertos de yema se diferencian de otros tipos de injerto porque se hacen con una única yema vegetativa y no con un trozo de tallo. Con todo, y al igual que otras técnicas, ésta permite desarrollar un cultivar de una planta concreta sobre un portainjertos que le conferirá características tales como enanismo o resistencia a las enfermedades.

Como en muchas otras técnicas de injerto, tendrá que hacer preparativos con una estación de antelación. En la primavera o el otoño del año anterior al que planea hacer su injerto –dependiendo de su clima– plante el patrón allí donde quiera que su árbol crezca durante unos pocos años después del injerto (en una cama de germinación o en su lugar definitivo). El patrón deberá tener el grosor aproximado de un lápiz cuando le injerte la yema.

El palo de su yema también debe ser grueso como un lápiz. Tome un brote sano y que esté creciendo con vigor en el lado soleado del árbol o arbusto. Para mantenerlo húmedo, póngalo dentro de un cubo de agua.

Las instrucciones de la derecha son para los injertos de yema en T de arbustos y árboles en casi todos los tipos de climas. Pero si injerta un cítrico o si vive en una zona tropical o subtropical donde la humedad es siempre elevada, es preferible invertir el corte en T de tal forma que el corte en horizontal quede en la base y no en el ápice. Con ello evitará que el injerto esté demasiado húmedo.

[illegible] corte en forma de T de la planta portainjertos.

Plantas apropiadas

N. COMÚN	N. CIENTÍFICO
Manzanos	*Malus* spp.
Albaricoques, cerezos, ciruelos, melocotoneros	*Prunus* spp.
Perales	*Pyrus* spp.
Rosales	*Rosa* spp.

Requisitos

Estación: a principios de verano en climas cálidos, después del desarrollo de las yemas y de que la corteza se arranque, en otoño en climas con veranos secos. Riegue bien el patrón durante las 2 semanas previas.

Herramientas: navaja para injertos de yema

Equipo: cubo de agua

Materiales: alcohol, cinta para injertos

Condiciones ambientales: tiempo fresco y nublado; humedad elevada

Posibles problemas

La yema no prende: es importante que su patrón y su escudete sean compatibles. Consulte con un buen viverista o con una asociación de aficionados a las plantas para determinar los patrones apropiados para su yema.

La yema se muere: si deja demasiada madera debajo de la yema, interferirá con la velocidad con que prende el injerto. Asegúrese de tomar tan sólo una astilla de madera bajo la corteza y de que se vea el cámbium. Si tiene demasiada madera, ráspela y rebájela antes de insertarla en el injerto.

La yema de arriba tiene demasiada madera debajo para prender bien; la de abajo puede prender bien.

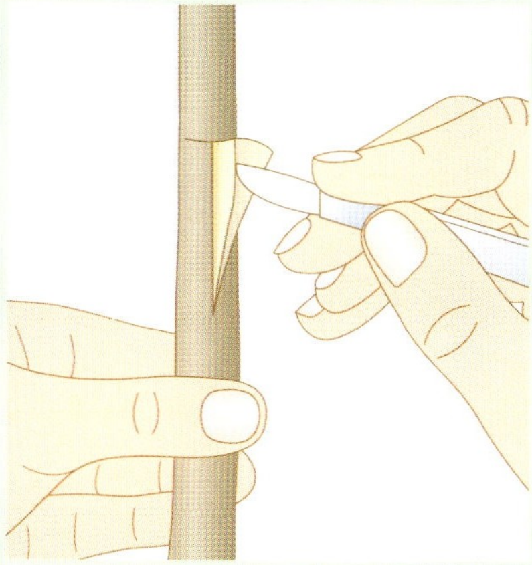

CORTE EN T

Haga el corte en T en la corteza de su portainjertos, en una parte donde no haya otras yemas. El corte debe estar a 2,5-7,5 cm por encima de la superficie del suelo. Haga el corte vertical de 2,5-4 cm de longitud y el horizontal de 0,5 a 1 cm de largo. Utilice el extremo de la navaja para injertos de yema para abrir las dos aletas de corteza.

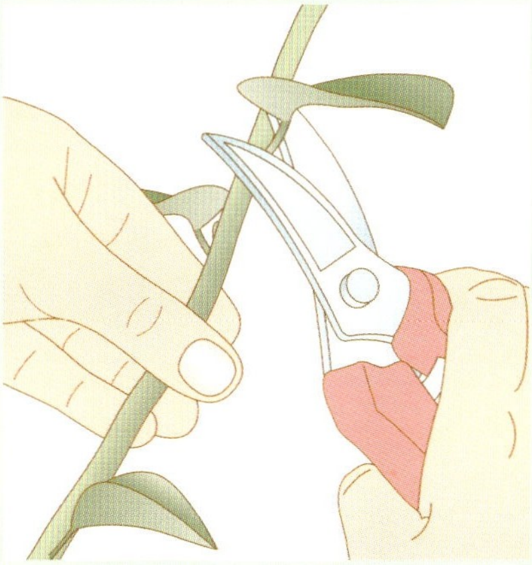

RECORTE

Después de escoger una yema "regordeta" y sana, corte la hoja que crece justo debajo de ella dejando un "muñón" del pecíolo que luego pueda emplear como mango. Haga el primer corte a aprox. 1 cm por debajo de la yema y corte dentro del tejido leñoso antes de deslizar la navaja hacia arriba. Haga el corte en ángulo de tal forma que la navaja vuelva a salir del tallo de la púa a aprox. 1 cm por encima de la yema. Sostenga el pecíolo para extraer la yema. Gírela para examinarla y raspe todo el tejido leñoso que tenga debajo hasta dejar sólo el cámbium y la corteza.

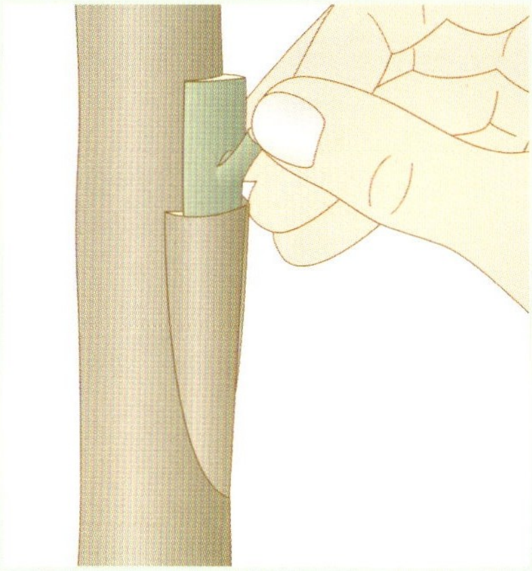

INSERTE LA YEMA

Sin dejar de sostener la yema por el pecíolo, insértela en el corte en T, asegurándose de que su extremo inferior esté en posición ínfera. Si la corteza en torno a la yema es más grande que el corte en T, corte la parte sobrante, ya que es importante que el escudete tenga el mismo tamaño que el corte en T.

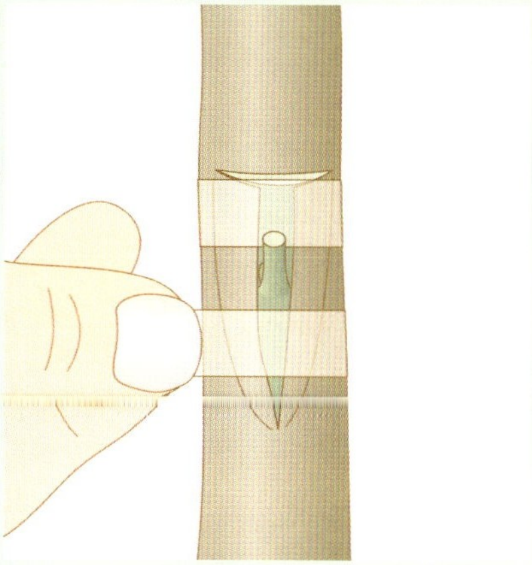

UNA CON CINTA

Utilice cinta de injertos para unir la yema al patrón y mantenerla fija. Procure colocar las capas de cámbium bien juntas y no cubrir la propia yema con la cinta. Apriete toda la atadura de un modo uniforme para que tanto el ápice como la base del escudete y las aletas del patrón se mantengan fijas en su sitio.

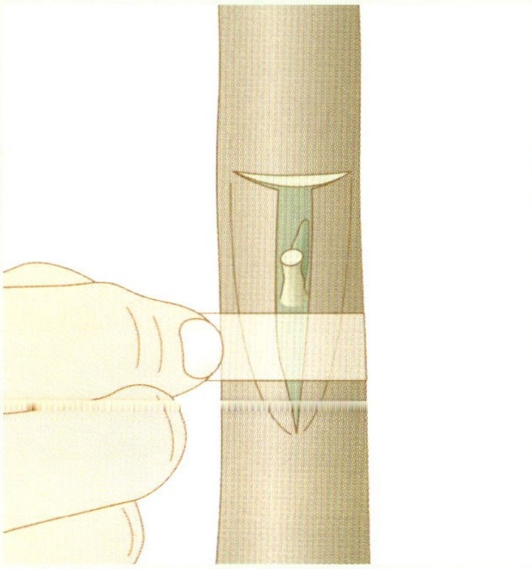

DEJE CRECER

Deje la cinta para injertos en su sitio durante unas 2 semanas. Pasado este tiempo compruebe si la yema está prendiendo. Aunque el pecíolo puede haberse marchitado, la yema debería estar firme e hinchada. Desenrolle con cuidado la cinta para injertos si la yema parece sana y ve que se ha formado un callo. Nota: si hace el injerto en T en otoño, espere a la primavera siguiente para desenrollar la cinta.

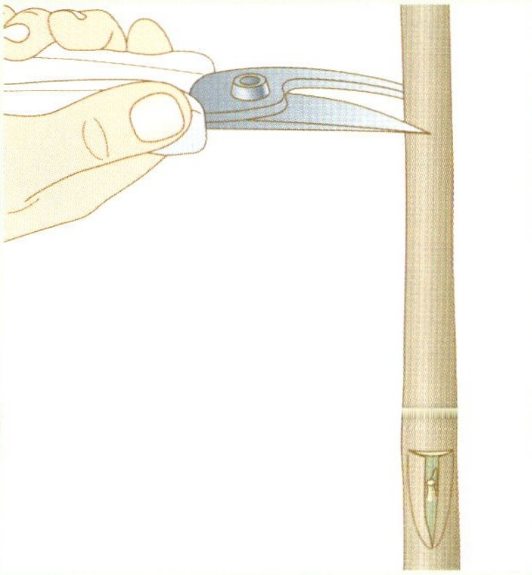

CORTE

Cuando quite la cinta para injertos, es conveniente que estimule el crecimiento de la yema. Haga un corte hacia la mitad del tallo del patrón, a unos 10 cm por encima de la yema, y doble la parte superior del patrón. Cuando la yema mida unos 8 cm de altura, corte y arranque la parte superior del patrón cerca de la unión con la yema.

Injerto de lasca o astilla

El injerto de lasca lo practicaban tan sólo los profesionales, sobre todo los viveristas que propagaban rosales y árboles frutales. Sin embargo, esta situación cambió cuando unos jardineros aficionados que intentaron este tipo de injerto descubrieron hasta qué punto es más indulgente que el injerto en T. Si quiere desarrollar un huerto de frutales reliquia o especiales, pruebe el injerto de lasca.

Plantas apropiadas

N. COMÚN	N. CIENTÍFICO
Majuelo y espinos	*Crataegus* spp.
Magnolias	*Magnolia* spp.
Manzanos	*Malus* spp.
Cerezos, ciruelos,	*Prunus* spp.
Perales	*Pyrus* spp.
Rosales	*Rosa* spp.

El injerto de lasca difiere del injerto en T en dos aspectos importantes: en primer lugar se utiliza una astilla de madera más grande; en segundo, esta técnica puede utilizarse en cualquier momento entre mediados de verano y principios de otoño. El corte de la yema también es diferente. Por lo demás, ambas técnicas son similares.

Una vez más, tome el palo de la yema en el lado soleado del árbol y elija siempre un brote sano y que esté creciendo con vigor. Cuando seleccione una yema, asegúrese de que es una yema foliar y no una yema floral o frutal. Fíjese para ello en que las yemas florales son más puntiagudas que las florales y más pequeñas y menos redondeadas que las yemas frutales. Para mantener húmedo el palo de la yema, córtelo justo antes planear hacer el injerto y déjelo caer en un cubo de agua hasta que esté listo para cortarlo.

Requisitos

Estación: mediados de verano y principios de otoño

Herramientas: navaja para injertos de yema

Equipo: cubo de agua, platillo con agua

Materiales: alcohol, toallas de papel, cinta para injertos

Condiciones ambientales: tiempo fresco y nublado; humedad elevada

Posibles problemas

El injerto no prende: las capas de cámbium del patrón y de la yema deben estar en contacto para que prenda el injerto de astilla. Si el diámetro de la yema es justo un poco más pequeño que el del patrón, ajuste la madera en uno de los lados para que las capas de cámbium estén allí en contacto entre sí. Si coloca una yema más pequeña en medio del patrón, el injerto no prenderá porque las capas de cámbium no estarán en contacto en ninguno de los lados.

1 RECORTE EL PATRÓN

Elija una superficie lisa de madera en el lado sombreado del árbol patrón, a varios centímetros por encima de la superficie del suelo, donde insertará la lasca con la yema. Elimine las ramas y los nudos en proceso de desarrollo en la parte del tallo que rodea a esta superficie.

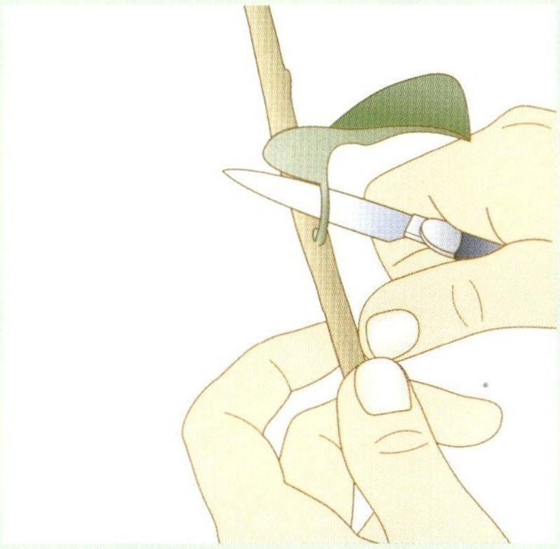

2 QUITE LA HOJA

Una vez haya escogido la yema, corte la hoja justo debajo de ella pero deje de 0,5 a 1 cm de pecíolo para utilizarlo como un mango.

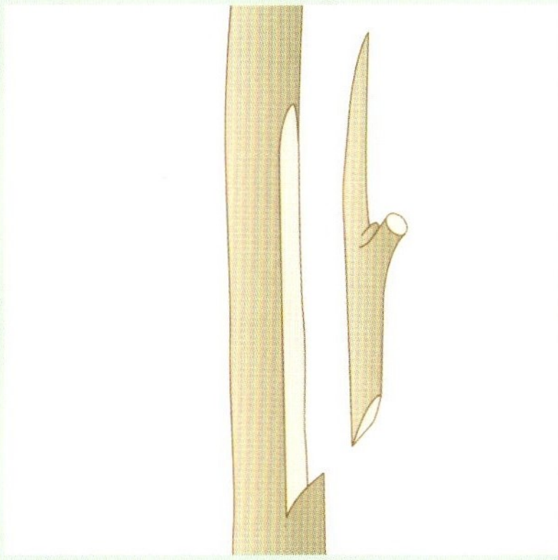

3 CORTE LA LASCA O ASTILLA

Corte la lasca del palo de la yema en dos fases. Primero corte a aprox. 0,5 cm por debajo de la yema, haciendo el corte con un ángulo de unos 45 a 60° y hasta aprox. 0,25 cm dentro de la madera. Haga el segundo corte a aprox. 1 cm por encima de la yema, hasta aprox. 0,25 cm dentro de la madera y también hacia abajo, hasta llegar al primer corte por debajo de la yema. Sostenga la yema por el pecíolo foliar y déjela caer en el platillo con agua para mantenerla húmeda mientras prepara el patrón.

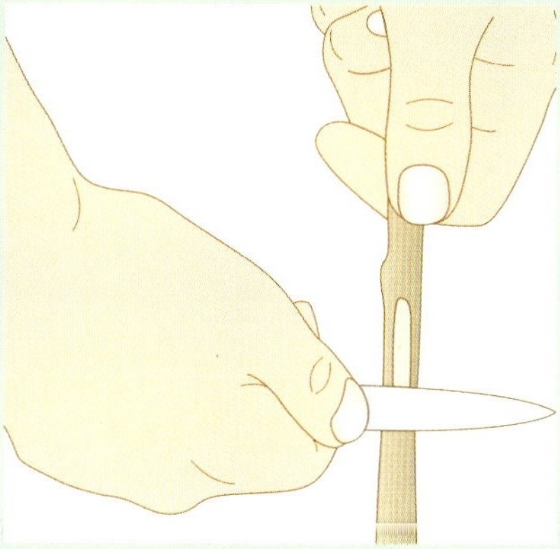

4 CORTE EL PORTAINJERTOS

Prepare el patrón cortando en su corteza justo por encima de un nudo. Haga este corte en dos fases; haga primero un corte en ángulo en la base tal como hizo con la yema, y a continuación haga el corte superior. Haga estos cortes del mismo tamaño que los de la yema y deje una repisa para que la yema se deslice hasta que se apoye en ella.

La yema se muere: dado que la astilla de madera es más grande en el injerto de lasca que en el injerto en T, es posible que la yema se seque excesivamente. Asegúrese de envolver por completo la unión para obligar a que los dos trozos de madera estén unidos y bien apretados y evite que entre ambos trozos entre aire.

Si como en esta imagen, la astilla es mucho más grande que el corte del patrón, las capas de cámbium de ambos trozos no entrarán en contacto entre sí.

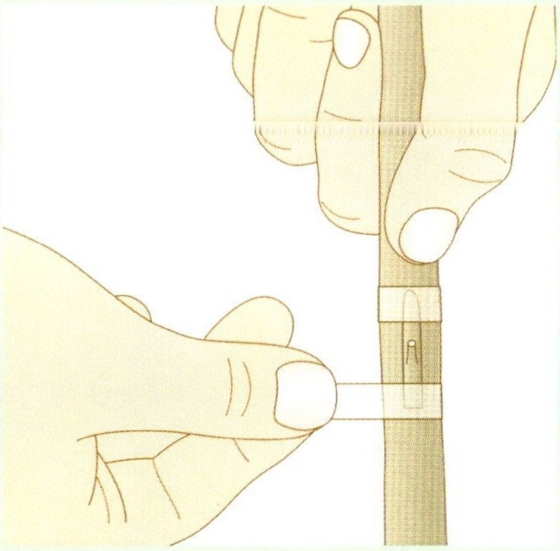

5 ENVUELVA LA YEMA

Al envolver la yema apriete la cinta lo suficiente para mantenerla fija en su sitio, pero no cubra la propia yema. No se olvide de cubrir también el pecíolo.

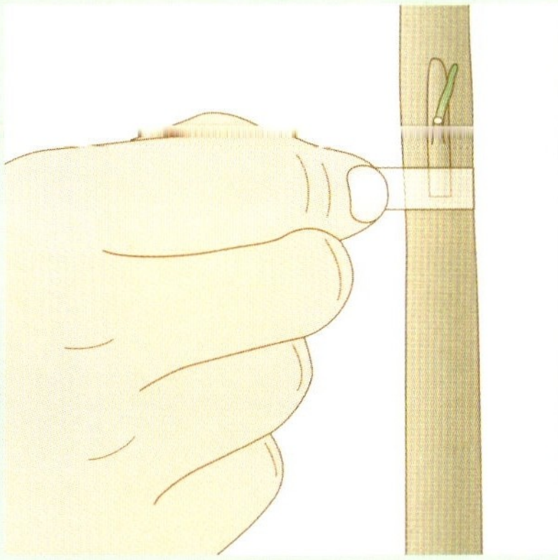

6 DEJE CRECER

En unos 2 meses la yema ya debería haber formado un callo y estar creciendo como parte del árbol. Espere a que su crecimiento sea vigoroso antes de podar la parte superior del patrón.

Injerto de cactos

Es posible que nunca haya considerado injertar un cacto en otro. Sin embargo, si se decide a cultivar estas plantas, puede que adquiera el deseo de crear una colección especializada llena de especies exóticas con flores de colores vivos. Aunque por supuesto puede comprar estas hermosas plantas, también puede ahorrar un montón de dinero si injerta las plantas de su elección en los portainjertos apropiados.

Elija para su cacto un patrón que se adecue al tamaño de la púa que quiera injertar en él así como al clima de su zona. También puede considerar si el patrón produce o no un gran número de hijuelos porque tendrá que ir podándolos a medida que aparezcan. Si los ignora es muy fácil que acaben avasallando a la planta que ha injertado en el patrón y frustren todo su cuidadoso trabajo.

Tan sólo es posible injertar los verdaderos cactos, que son dicotiledóneas; los "cactos" monocotiledóneos como los áloes *(Asphodelaceae)* y las pitas *(Agavaceae)* no se injertan bien porque sus sistemas vasculares (donde se sitúa su tejido de cámbium) se distribuyen al azar por todo el tallo. También hay otros factores a considerar, como que cuando más estrechamente emparentadas estén ambas plantas, mayor sera la probabilidad de éxito. El éxito también estará más asegurado si ambas plantas están en una fase de crecimiento activo y son aprox. del mismo tamaño.

Consulte con las sociedades locales de aficionados a los cactos para saber cuáles son los patrones que se utilizan comúnmente en su zona. Por lo general *Echinocereus triglochidiatus*, *Echinopsis pachanoi* y *Opuntia* spp. son patrones comunes para los cactos rústicos, resistentes al frío, mientras que *Harrisia jusbertii* se utiliza para los cactos más esbeltos de las zonas más cálidas. Los *Nopalea* spp. son conocidos por su tolerancia bastante buena a la humedad elevada, a las temperaturas algo elevadas y a los nemátodos, algo a considerar si cultiva cactos en el suelo de su jardín. *Myrtillocactus geometrizans* es uno de los mejores patrones para las plantas de interior y es relativamente fácil de adquirir en el comercio.

PLANTAS APROPIADAS
N. CIENTÍFICO
Cephalocereus spp.
Echinocactus spp.
Echinocereus spp.
Echinopsis spp.
Epithelantha spp.
Escobaria spp.
Harrisia spp.
Hylocereus spp.
Mammillaria spp.
Opuntia spp.
Selenicereus spp.
Turbinicarpus spp.

Requisitos

Estación: de primavera a verano

Herramientas: navaja de jardín afilada, hoja de afeitar o cúter

Equipo: Maceta limpia de 7,5 a 10 cm

Materiales: alcohol, bandas de goma, mezcla de tierra para cactos, guantes o tenacillas

Condiciones ambientales: tiempo fresco y nublado pero no demasiado húmedo

Posibles problemas

La púa prende y luego se muere: es fácil deteriorar la delicada unión entre un portainjertos y una púa cuando es todavía joven. A menos que sea necesario, no mueva la planta hasta varios meses después de que haya prendido el injerto.

La púa se pudre: La pudrición suele deberse a un exceso de humedad. Si la humedad ambiental es elevada, mantenga el aire en circulación.

La unión de un cactos recién injertado puede fallar si se mueve la planta.

CORTE

Utilice una navaja, hoja de afeitar o cúter extremadamente afilados para cortar la parte superior del patrón. No descarte esta parte superior; en vez de ello plántela en una maceta llena de mezcla para cactos cubierta con una capa de vermiculita, donde arraigará y acabará dándole otro patrón para sus futuros injertos.

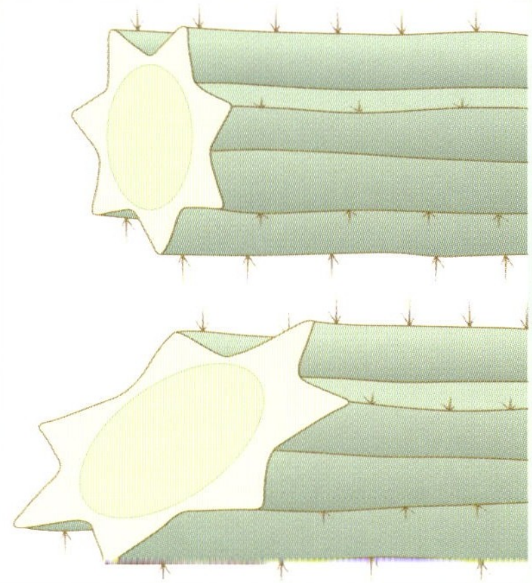

EXAMINE

Localice el haz vascular en el centro del portainjertos. La capa de cámbium es el anillo más externo que ve aquí y es la zona que deberá ajustar cuando haga el injerto.

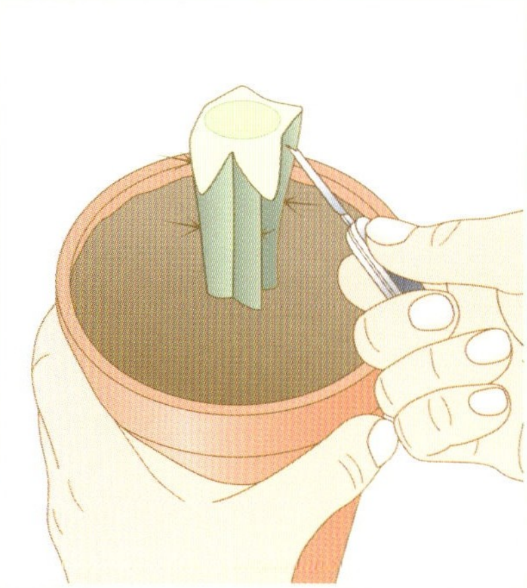

RECORTE

Corte en ángulo los bordes del portainjertos, tal como aquí se muestra. No corte dentro de la capa de cámbium y no toque el tejido expuesto con nada que no sea la hoja esterilizada de la navaja.

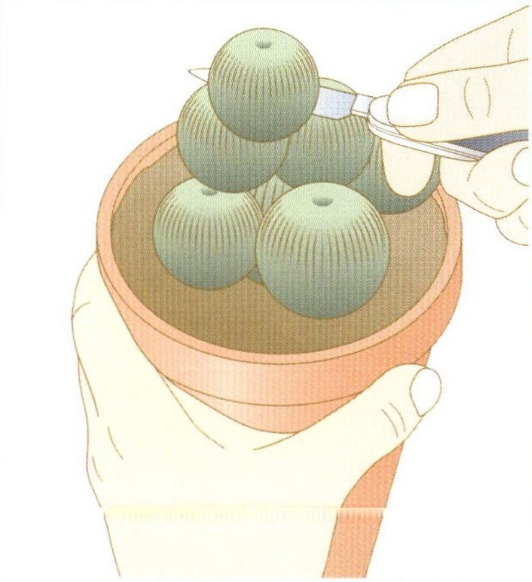

CORTE LA PÚA

Corte una sección de la planta que será la púa igualando los diámetros de ambos trozos para que las capas de cámbium de uno y otro entren en contacto. Procure hacer cortes limpios y sin ejercer presión para no dañar la delicada capa de cámbium. Una vez más, no toque el tejido expuesto con nada que no sea la hoja esterilizada de la navaja.

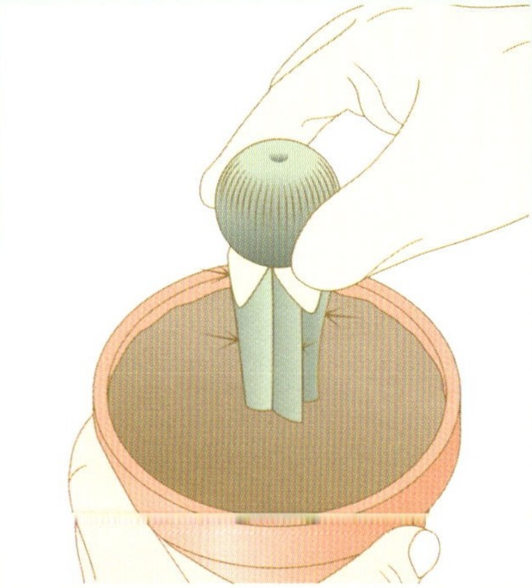

COLOQUE

Coloque la púa en el ápice del patrón y gire suavemente la púa en uno y otro sentido para eliminar las burbujas de aire.

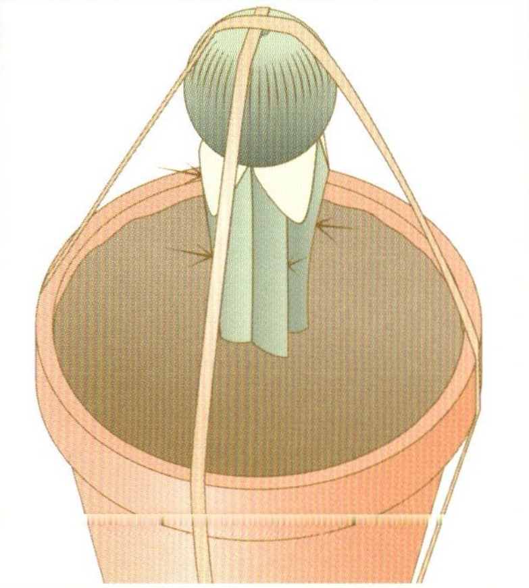

SUJETE Y FIJE

Utilice bandas de goma para mantener unidos ambos trozos y deje la maceta en una zona bien iluminada que no esté ni a la luz brillante y directa ni sea demasiado cálida o húmeda. Al cabo de 2 a 3 semanas debería haberse formado la unión. En caso positivo, corte las bandas de goma para que caigan por sí solas; no levante la planta para quitarlas. Deje la planta en su sitio una cuantas semanas antes de moverla.

GUÍA DE PLANTAS

Las siguientes páginas presentan una selección de plantas para propagar, ordenadas alfabéticamente por géneros en fichas que incluyen métodos de propagación recomendados y problemas potenciales. Los consejos prácticos le ayudarán a sacar el mejor partido de cada técnica. Elija el método más fácil u otros, dependiendo de sus intereses y de las circunstancias de su jardín. Mire las útiles tiras de iconos para saber qué técnicas escoger y cuáles son las plantas apropiadas para su zona de rusticidad (v. la p. 183).

CLAVE DE LOS SÍMBOLOS

semillas	*esquejes de raíces*	*esquejes de hojas*	*injerto*
división	*esquejes de tallos*	*acodado*	

A

Abies spp.

Abetos
PINACEAE

Zonas: 4–8

Las casi 50 especies de este género son oriundas de Norteamérica, Europa, Asia y N de África. Se caracterizan por sus agujas dispuestas en verticilos y por lo general aplanadas. El color de las agujas varía del verde medio al oscuro, aunque algunas especies como el Abeto del Colorado *(A. concolor)* tienen agujas verde azulado y algunas variedades, como *A. nordmanniana* 'Golden Spreader', las tienen doradas. Muchas especies, como *A. veitchii* y *A. vejarii*, tienen agujas con marcas plateadas o grises en el envés. Las piñas femeninas, de azul purpúreo a pardusco, se yerguen sobre las ramas superiores, mientras que las piñas masculinas purpúreas o pardas cuelgan hacia abajo.

MÉTODOS DE PROPAGACIÓN

El más fácil: *por semillas*. Las semillas maduran y caen de las piñas femeninas en otoño y es mejor plantarlas entonces. Remójelas en agua caliente durante unas 24 horas, plántelas en bandejas hondas o en macetas y colóquelas en una cama fría durante el invierno. Muchas germinarán la primavera siguiente pero algunas tardarán un año más en brotar. Si siembra en el interior, estratifique las semillas en su paquete o en un sobre durante al menos 6 semanas. Luego ponga en remojo y plante como anteriormente. Mantenga sus contenedores a 10-16 °C de temperatura. Germinarán de forma irregular y algunas tardarán incluso un año.

Otros métodos: *injerto de contacto o injerto de hendidura lateral*. Haga el injerto a principios-mediados de primavera y protéjalo del viento y del paso de animales para asegurar que permanezca en su sitio mientras se esté formando.

Esquejes de madera dura. Recoja estos esquejes a finales de invierno. Precisan de [illegible]

Problemas potenciales

Las semillas germinan de forma irregular, lo que hace que algunos jardineros pierdan la paciencia. Resista a esta tentación, ya que la germinación puede tardar un año. Si injerta, no olvide mantener la temperatura del aire fresca.

Abutilon spp.

Abutilones
MALVACEAE

Zonas: 8–10

Las 150 especies de este grupo provienen de las regiones tropicales y subtropicales de las Américas, Asia, Australia y África. Algunas son caducifolias y otras perennifolias, y el género incluye arbustos, arbolillos, perennes y anuales. La mayoría de especies tiene flores muy llamativas, en forma de copa o de campana, y de colores que varían del amarillo al naranja o rojo pálido. Algunas especies tienen un cáliz destacado y de vivos colores, mientras que las hojas de otras formas, como *A. pictum* 'Thompsonii', están jaspeadas de amarillo pálido. Muchos híbridos como 'Kentish Belle' y 'Ashford Red' son plantas de interior muy apreciadas porque florecen durante los lóbregos días invernales.

MÉTODOS DE PROPAGACIÓN

El más fácil: *por semillas*. Empiece a sembrar en el interior a principios de primavera. Mantenga la temperatura del suelo a 21-24 °C. Las semillas germinarán en unas 3 semanas.

Otros métodos: *esquejes semimaduros*. Tómelos a mediados de verano.

Esquejes de madera blanda. Tómelos tan pronto como los brotes tengan de 10 a 15 cm de largo y no hayan empezado a endurecerse.

Problemas potenciales

Las semillas con un periodo de germinación largo, como las de este género, son especialmente propensas a las infecciones fúngicas. Proteja las semillas plantándolas en bandejas llenas de una mezcla de tierra nutritiva cubierta con 0,5-1 cm de vermiculita humedecida. Trace surcos de plantación en la vermiculita y cubra las semillas con vermiculita. Proteja los esquejes de las infecciones fúngicas repicándolos en un medio limpio y sin tierra, y mantenga la temperatura del suelo a 24-27 °C.

Acanthus spp.

Acantos
ACANTHACEAE

Zonas: 5–9

Las 30 especies de este género provienen de lugares secos y rocosos, principalmente del Mediterráneo. Sus altas espigas florales de estas llamativas perennes, que pueden alcanzar 1,3 m de altura, varían del blanco y el verde pálido al amarillo o rosa. Algunas especies tienen brácteas florales rosadas o púrpura, con lo que las flores parecen bicolores. Las hojas, lustrosas y profundamente lobuladas, pueden alcanzar 1-1,3 m de largo y dan majestad al jardín incluso cuando la planta no está en flor.

MÉTODOS DE PROPAGACIÓN

El más fácil: *por semillas*. Empiece a sembrar en el interior a principios de primavera. Si siembra *A. mollis* o *A. spinosus*, remoje las semillas durante 24 a 48 horas. Después de plantarlas, mantenga la mezcla de tierra entre 4 y 7 °C. La germinación puede ser irregular pero la mayoría de semillas germinarán antes de 3 meses. Cuando propague *A. hungaricus*, remoje las semillas como antes pero mantenga la temperatura del suelo a 18-21 °C durante 2-3 semanas, luego bájela hasta entre -4 y 4 °C unas 4-6 semanas y luego a 4-7 °C.

Otros métodos: *división*. Divida las plantas a mediados de primavera, antes de que puedan reanudar su crecimiento.

Esquejes de raíz. Tómelos a finales de otoño o principios de invierno.

Problemas potenciales

Las semillas tardan mucho en germinar y son por tanto propensas a las infecciones por hongos. También es posible olvidarse de ellas y dejar que la bandeja se seque. Colóquelas en un lugar donde le sea fácil mantener las temperaturas del suelo apropiadas y se acordará de controlarlas debida y cuidadosamente. Las divisiones también pueden secarse; manténgalas cubiertas de arpillera o de papeles de periódico húmedos si no las trasplanta de inmediato. Los esquejes de raíz fallan porque su sustrato se seca durante el invierno o porque está tan húmedo que los hongos lo infectan. Controle las macetas o bandejas donde haya plantado los esquejes.

Acer spp.

Arces
ACERACEAE

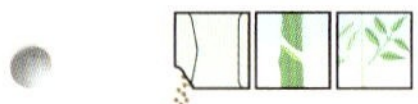
Zonas: 3–9

Las 150 especies de este género provienen de Europa, el N de África, Asia y América central y del norte. Los arces son enormemente variados. La mayoría de especies son caducifolias pero algunas son perennifolias. Las hojas pueden ser jaspeadas y varían del verde oscuro al claro, al bronce o al color rojizo de los arces japoneses *(A. japonicum, A. palmatum)*. En otoño la mayoría adquieren vivos tonos de amarillo, naranja o rojo. Las flores son inconspicuas pero las semillas están contenidas en frutos alados –sámaras– que caen al suelo en amplias espirales. La corteza es tan variable como las hojas. La corteza de color bronce del arce chino gris *(A. griseum)*, como se pela los abedules, mientras que la arce de Pensilvania *(A. pensylvanicum)* es lisa y verde con rayas blancas.

MÉTODOS DE PROPAGACIÓN

El más fácil: *por semillas*. Recolecte las semillas cuando los frutos alados caen al suelo y plántelas de inmediato. Dos especies, *A. rubrum* y *A. saccharinum*, producen semillas en primavera y éstas germinan fácilmente, en menos de 2 semanas. Remoje durante 24 a 48 horas las semillas de otras especies antes de plantarlas. La mayoría de especies germinará bien si mantiene su medio de plantación a 21 °C durante un mes y luego las trasplanta a un lugar donde la temperatura del suelo pueda mantenerse entre 2 y 4 °C. La germinación suele tardar de 3 a 6 meses.

Otros métodos: *Injerto de lengüeta*. Injerte a finales de invierno.

Injerto de contacto. Injerte a finales de invierno.

Esquejes de madera blanda. Aunque esta técnica no es tan infalible, puede ser exitosa si los esquejes de arce se obtienen entre mediados de primavera y principios de verano.

Problemas potenciales

Las semillas con un tiempo de germinación prolongado son muy susceptibles a las infecciones fúngicas. Siembre las semillas de arce en contenedores hondos: o bien en bandejas alveoladas diseñadas para las semillas de árboles o bien en macetas de al menos 10 cm de hondo. Llene los contenedores hasta sus tres cuartas partes con una mezcla de tierra rica en nutrientes y en humus y cúbrala con una capa de vermiculita de 2,5 cm. Las semillas que germinen allí tendrán menos riesgos de enfermar. Los injertos es muy probable que prendan a menos que se sequen. Asegúrese de envolverlos bien para que las superficies cortadas no estén expuestas al aire. Los arces tienden a transpirar mucho. Cuando enraíce esquejes de madera blanda, no olvide retirar las hojas inferiores y corte las hojas restantes hasta la mitad.

Achillea spp.

Aquileas, milenramas
ASTERACEAE

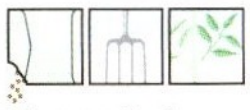

Zonas: 3–8

Las 85 especies de este género provienen de Norteamérica, Europa y otras regiones templadas. Las plantas de climas cálidos son perennes pero las de zonas más frías se cultivan como anuales rústicas. La mayoría se cultivan por sus flores, que crecen en cabezuelas aplanadas en el ápice de los tallos. Las flores individuales son pequeñas y su color varía del blanco, al amarillo, naranja, rosado, rojo o bronce. Las hojas de la mayoría de especies son aromáticas y varían del verde oscuro a varios tonos de gris o de plata. Si busca aquileas cuya flor cortada sea muy duradera cultive *A.* x 'Coronation Gold', *A.* x 'Moonshine' o uno de los híbridos Galaxy.

MÉTODOS DE PROPAGACIÓN

El más fácil: *por semillas*. Siembre pronto en el interior para tener flores a mediados-finales de verano y principios de otoño. Plante en surcos con vermiculita pero no cubra, ya que las semillas necesitan luz. La mezcla de tierra deberá estar a 21 °C mientras las plantas germinen, proceso que tardará 1 o 2 semanas. Cultive a 10-16 °C hasta trasplantar al jardín.

Otros métodos: *División*. Divida las matas maduras a principios de primavera, antes de que empiecen a crecer los brotes.

Esquejes de madera blanda basales. Tómelos en los brotes que crecen en la base de la planta cuando midan unos 15 cm. Plántelos en un sustrato sin tierra donde se enraizarán.

Problemas potenciales

Las semillas no germinan si no tienen luz. Después de sembrar, nebulícelas ligeramente hasta dentro de los pequeños hoyos de la vermiculita donde podrán permanecer húmedas sin dejar de estar a la luz. Cubra las bandejas con una película de plástico para conservar la humedad. Divida las matas en 2 o 3 trozos; los más pequeños pueden sobrevivir pero tardarían unos cuantos años en adquirir un tamaño suficiente para crear un impacto visual en el jardín. Los esquejes no se enraízan bien si están secos; nebulícelos con frecuencia para mantener húmedo el aire que los envuelve.

Adiantum spp.

Adiantos (un género de helechos)
PTERIDACEAE

Zonas: 3–10

La mayoría de las más de 200 especies de este género proviene de las regiones tropicales y subtropicales de América del Norte y del Sur, aunque unas pocas especies rústicas vienen de zonas más frías de Europa, Asia y Norteamérica. Las especies tropicales son

Achillea spp.

Adiantum spp.

perennifolias pero en las rústicas, como la norteamericana *A. pedatum*, muere su parte aérea a finales de otoño. Estos helechos se cultivan por sus frondes caídas con segmentos delicados y redondeados. Las frondes de algunas especies son rojizas de jóvenes.

MÉTODOS DE PROPAGACIÓN

El más fácil: *división*. Los adiantos crecen a partir de rizomas que son fáciles de dividir. Desentiérrelos y divídalos a principios de primavera, antes de que las nuevas frondes estén creciendo con vigor. Plante las divisiones de inmediato para que no se sequen.

Otros métodos: *plantitas*. *Adiantum caudatum* forma pequeñas plantas en los extremos de sus frondes. Coloque macetas con una mezcla de tierra rica en humus bajo las plantitas y "clave" éstas en el sustrato; al cabo de un mes o así las plantitas formarán raíces. Una vez las raíces estén bien establecidas y creciendo con vigor, corte y separe las plantitas de la planta parental. Trasplante las plantitas al jardín o a un tiesto más grande cuando las condiciones ambientales sean adecuadas (evite los calores veraniegos).

Esporas. Aunque es posible cultivar adiantos a partir de esporas, el control ambiental debe ser impecable.

Problemas potenciales

Las divisiones son poco menos que infalibles siempre que el trozo de rizoma sea lo suficientemente grande para que la nueva planta tenga las raíces y las frondes adecuadas.

Ajuga spp.

Búgulas

LAMIACEAE

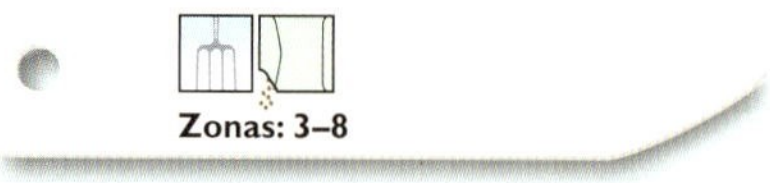

Las 40 especies de este género provienen de zonas templadas de Europa y Asia. Unas pocas son anuales pero la mayoría son perennes. Prosperan en lugares algo sombreados y se utilizan extensamente como cobertura del suelo bajo un denso dosel de hojas de árboles o a la sombra. La búgula o [illegible] (*A. reptans*) es la que se cultiva más comúnmente y presenta muchos cultivares; la forma típica tiene hojas verde oscuro y espigas de flores azul oscuro a finales de primavera y principios de verano, pero 'Burgundy Glow', 'Catlin's Giant' y 'Multicolour' tienen un matiz rojo, bronce o purpúreo en las hojas.

MÉTODOS DE PROPAGACIÓN

El más fácil: *división*. Las especies tales como *A. reptans* forman largos estolones que se enraízan cuando tocan el suelo y también emiten nuevos brotes, con lo que se propagan a sí mismas; en estos casos basta con cortar los hijuelos enraizados y trasplantarlos a otros lugares. Otras especies, como *A. pyramidalis* y *A. genevensis*, no forman estolones, así que tendrá que dividirlas cortando sus rizomas.

Otros métodos: *por semillas*. Si le interesa recuperar semillas, tendrá que envolver con una bolsa el pedúnculo floral antes de la caída de los pétalos; ponga algodón en la base de la bolsa para recoger las semillas caídas y deje que las demás se sequen naturalmente en la planta. Si vive en una zona de inviernos fríos, estratifique las semillas durante al menos 6 semanas antes de plantarlas a principios de primavera. Las semillas necesitan luz para germinar y "prefieren" temperaturas del suelo entre [illegible] °C.

Problemas potenciales

Las especies que crecen a partir de estolones son infalibles siempre que espere a que los hijuelos desarrollen un sistema radicular suficientemente grande para sostener la parte aérea antes de separarlos de la planta madre.

Alchemilla spp.
Alquimilas
ROSACEAE

Zonas: 3–8

Las aprox. 250 especies de este género provienen de zonas templadas montañosas del N de Europa, de África, India, Sri Lanka e Indonesia y de las zonas "templadas" de Groenlandia. Se cultivan por sus hojas profundamente lobuladas y decorativas, y también por sus grupos de pequeñas flores amarillo verdosas que se alzan sobre las hojas en primavera. Las flores cortadas duran una semana y las plantas son ideales para los jardines rocosos o para cubrir el terreno en suelos bien drenados. 'Thriller' es un cultivar muy apreciado por sus flores en forma de estrella y con textura de paja; se cultiva a menudo como flor cortada.

MÉTODOS DE PROPAGACIÓN

El más fácil: *por siembra natural*. Las plantas se multiplican a sí mismas por semillas con tal facilidad que la mayoría de los jardineros sólo tienen que desenterrar y trasplantar las voluntarias que descubren. De hecho, es probable que acabe maldiciendo la facilidad de propagación de esta planta.

Puede comprar las semillas de algunos cultivares. Plántelas pronto y en el interior; necesitan luz para germinar y responden mejor con temperaturas del suelo de 18 °C durante el día y de 10-13 °C por la noche. Germinan al cabo de 1 o 3 meses, así que vaya recogiendo las plántulas a medida que germinen sin tirar a la basura la bandeja antes de tiempo.

Otros métodos: *división*. Divida las plantas a principios de primavera, antes de que puedan desarrollar tallos floríferos. Una vez trasplantadas las divisiones, corte los tallos floríferos que se formen para que la planta pueda invertir su energía en establecerse.

Problemas potenciales
Las alquimilas son propensas a las enfermedades fúngicas si se plantan en suelos empapados. Asegúrese de trasplantar sus divisiones en suelos bien drenados para evitar estos problemas. Las semillas no germinan bien sin una alternancia de temperaturas diurnas y nocturnas. Tómese la molestia de irlas sacando de y metiendo en la unidad de propagación o de encender y apagar alternativamente una manta térmica y se verá recompensado por este trabajo adicional.

Alisma spp.
Alismas o llantenes de agua
ALISMATACEAE

Zonas: 5–8

Las nueve especies de este género provienen de zonas templadas del hemisferio boreal, del S de África y de Australia. Prosperan en lugares cenagosos y a orillas de charcas y marjales. En los estanques de jardín se las cultiva por sus llamativas hojas en forma de lanza que sostienen encima del agua por sus largos pecíolos marrón purpúreo. A finales de verano y principios de otoño, diminutas flores blancas o rosadas se alzan por encima del follaje y dan a la planta un aspecto etéreo.

MÉTODOS DE PROPAGACIÓN

El más fácil: *división*. Las alismas crecen a partir de rizomas y son fáciles de dividir. Haga las divisiones entre primavera y verano.

Otros métodos: *por semillas*. Aunque puede comprarlas, le será fácil recolectarlas en su jardín. Envuelva un grupo de flores cuando los pétalos empiecen a caerse; ponga bolas de algodón en el fondo de la bolsa y ciérrela para no perder ninguna semilla caída. Siembre de inmediato en una mezcla de tierra cubierta con una lámina de agua. Las semillas necesitan oscuridad y temperaturas elevadas para germinar. Las nuevas plantas brotan al cabo de 2-5 semanas.

Problemas potenciales
No deje nunca que estas plantas se sequen. Cuando las divida, mantenga sus rizomas bajo el agua y trasplántelas rápidamente a sus nuevas ubicaciones. Tampoco deje secar las semillas; están hechas para vivir en el agua.

Allium spp.
Cebolla y afines
LILIACEAE

Zonas: 3–10

Las más de 700 especies de este género provienen de zonas montañosas del hemisferio boreal. Muchas de ellas, como el cebollino (*A. schoenoprasum*) o el ajo cebollino (*A. tuberosum*), son comestibles pero la mayoría se cultivan por sus cabezuelas florales. Las hojas, lineales, cilíndricas y en general huecas, desprenden olor a ajo o cebolla al frotarlas. Las inflorescencias varían de umbelas esféricas y de colores vivos como *A. caeruleum* y *A. giganteum* a grupos más laxos como los de *A. cristophii* y *A. flavum*.

MÉTODOS DE PROPAGACIÓN

El más fácil: *división*. Algunas especies emiten rizomas que pueden cortarse en trozos y repicarse a principios de primavera, y otras producen bulbillos en torno al bulbo madre a fines de verano y en otoño. Plante los bulbillos en camas de germinación y cúbralas bien con mantillo durante el invierno. En primavera retire el mantillo para que el suelo se caliente y mantenga húmeda la cama de germinación. Los bulbillos germinarán a partir de unas pocas semanas hasta un año.

Otros métodos: *por semillas*. Es posible adquirir semillas de muchas especies de este género y éstas precisan de un periodo de enfriamiento de 2 semanas a 4 °C. Mezcle las semillas con vermiculita húmeda y deje la mezcla en la nevera durante este lapso de tiempo. Las semillas necesitan luz para germinar, así que cúbralas con una capa muy fina de vermiculita cuando las siembre; la temperatura del suelo ideal es de 10 °C. Aunque la mayoría de semillas germinará en unas pocas semanas, no mueva las bandejas durante un par de meses.

Problemas potenciales
Plante los bulbillos a una profundidad de sólo dos o tres veces su diámetro para asegurar que las nuevas hojas crezcan por encima de la superficie del suelo. Las *Allium* son resistentes a muchas plagas pero son muy propensas a contraer algunas enfermedades fúngicas, así que plántelas siempre en suelos bien drenados. Las semillas no germinan bien con temperaturas del suelo elevadas; siémbrelas a principios de primavera, cuando todavía es fácil mantener bajas estas temperaturas.

Aloe spp.
Áloes
ASPHODELACEAE

Zonas: 9–11

Las 300 o más especies de este género provienen de regiones tropicales y subtropicales de las islas de cabo Verde, África, Madagascar y la península Arábiga. *A. vera*, el áloe medicinal, se cultiva comúnmente como planta de interior en los países templados y fríos porque al gel de sus suculentas hojas, que tienen un efecto curativo en las quemaduras de piel, se le atribuyen muchas propiedades beneficiosas para la salud. Algunas especies, como *A. haworthioides*, *A. variegata* y *A. aristata*, se cultivan sobre todo por su decorativo follaje, mientras que otras, como *A. arborescens* y *A. mitriformis* tienen flores cuya belleza iguala a la de su follaje.

MÉTODOS DE PROPAGACIÓN

El más fácil: *por hijuelos*. La mayoría de los áloes producen hijuelos en torno a la planta madre al final de la época de lluvias. Sepárelos cuando sus raíces sean más o menos igual de largas que su parte aérea y puedan sobrevivir por sí mismos. Trasplántelos en una maceta con mezcla para cactos. Si cultiva los hijuelos en una zona donde sean rústicos, trasplántelos al jardín a principios de la siguiente época de lluvias. En caso contrario, manténgalos bien regados mientras se adaptan a sus macetas.

Otros métodos: *esquejes de hojas*. la mayoría de áloes se propagan bien con esquejes de hojas verticales. Plántelos en un sustrato sin tierra de rápido drenaje y manténgalos fuera de la luz directa. Una vez hayan formado raíces, trasplántelos en una mezcla para cactos y colóquelos en un lugar que reciba mucha luz.

Por semillas. Las semillas, que se compran en el comercio para algunas especies, necesitan luz para germinar, así que nebulícelas para alojarlas en los huequitos de una capa de vermiculita que recubre una mezcla para cactos. Mantenga la temperatura del suelo de las bandejas de germinación a 21-24 °C.

Problemas potenciales

Los suelos empapados son letales para los áloes. Asegúrese de plantar sus hijuelos siempre en mezclas de rápido drenaje. Con todo, recuerde que en la naturaleza estas plantas viven en zonas con una época de lluvias anual, por lo general en verano, con temperaturas elevadas. Así pues, no se olvide de regarlas, pero también asegúrese de que la mezcla drena con la suficiente rapidez para que las raíces no estén expuestas mucho tiempo a la humedad.

Amelanchier spp.

Guillomos
ROSACEAE

Zonas: 3–9

Las 25 especies de este género son nativas de zonas boscosas y húmedas de Europa, Asia y Norteamérica. Se cultivan sobre todo como arbustos ornamentales debido a su elegante hábito, a sus bonitas flores primaverales y a su follaje otoñal de colores vivos. Sus bayas son asimismo interesantes, ya que si bien son demasiado ácidas para comerlas crudas, son excelentes en mermelada o para sazonar pasteles y mueslis. *A.* x *grandiflora* es una de las especies más populares y tiene numerosos cultivares, entre ellos 'Princess Diana', 'Autumn Brilliance' y 'Robin Hill'. El guillomo rastrero, *A. stolonifera*, tiene frutos especialmente dulces, al igual que *A. lamarckii*.

MÉTODOS DE PROPAGACIÓN

El más fácil: *por chupones*. La mayoría de guillomos emiten chupones que pueden cortarse y separarse de la planta cuando tienen aprox. un año de edad. Desentierre y deje al descubierto la base del chupón para cerciorarse de que tiene un sistema radicular adecuado antes de cortarlo de la planta parental.

Otros métodos: *por acodos*. Los guillomos forman raíces desde los nudos de sus ramas con tal facilidad que su acodado resulta fácil. Sujete una rama en el suelo a principios de verano y déjela allí hasta la primavera siguiente. Para entonces ya tendrá un sistema radicular que estará listo para crecer por sí mismo.

Esquejes de raíz. Si desea propagar esta planta en invierno, tome esquejes de las raíces, plántelos en una mezcla de tierra bien drenada y deje las macetas o las bandejas al exterior durante el invierno. Los nuevos tallos y hojas se formarán finales de primavera o principios de verano del año siguiente.

Problemas potenciales

Estas plantas son prácticamente infalibles, sobre todo si las propaga a partir de chupones o de acodos. Los únicos problemas que podría tener serían los debidos a un suelo encharcado o pobre en nutrientes. Asegúrese de que el suelo drena suficientemente bien y de que contenga niveles moderados de compost rico en humus.

Anemone spp.

Anemone spp.

Anémonas
RANUNCULACEAE

Zonas: 6–10

Las 120 especies de este género provienen de zonas templadas de ambos hemisferios. Todas ellas son perennes que se caracterizan por sus flores abiertas y compuestas que tienen un disco central rodeado de "pétalos" blancos, amarillos, rosados, rojos, purpúreos o azules. Las flores, cuyos largos pedúnculos las sostienen muy por encima del follaje, ondulan con las brisas de primavera o de finales de verano. *A. blanda* es una especie favorita en los jardines templados y presenta muchos cultivares populares, entre ellos 'Atrocaerulea', 'Charmer', 'Violet Star' y 'White Splendor'. *A. coronaria* 'The Bride' es una planta favorita en las zonas 8 a 10 y los cultivares del grupo De Caen se cultivan en las regiones boreales.

MÉTODOS DE PROPAGACIÓN

El más fácil: *división* de tubérculos, rizomas o raíces carnosas, todos ellos fáciles de dividir. Si las plantas florecen en primavera, espere a que entren en su letargo anual para desenterrarlas

y dividirlas; si lo hacen en otoño, divídalas a principios de primavera y manténgalas en contenedores, en un lugar resguardado, hasta el año siguiente. Durante todo este tiempo no las deje florecer para que inviertan su energía en la formación de raíces y no de flores.
Otros métodos: *por semillas*. Plante las semillas en bandejas tan pronto como estén maduras y mantenga las bandejas en camas frías durante el invierno. Si no puede recolectar sus propias semillas, cómprelas en otoño a un proveedor acreditado. Tras hacerles pasar el invierno en la cama fría, ponga las semillas en el interior o en un lugar resguardado donde pueda mantenerlas húmedas y entre 18 y 21 °C de temperatura. Deberían germinar en un mes como máximo.

Esquejes de raíz. Las especies que florecen en otoño se propagan bien a partir de esquejes de raíz obtenidos a principios de primavera. Sus tallos y hojas suelen brotar hacia finales de verano. Manténgalas en una cama fría todo el invierno y plántelas la primavera siguiente.

Problemas potenciales
Proteja las nuevas divisiones de las enfermedades fúngicas plantándolas únicamente en suelos bien drenados. También necesitan niveles moderados de humus y prosperan cuando se añade compost o mantillo de hojas a sus hoyos de plantación. Algunas semillas están cubiertas de finos pelos y germinan mejor si se los quita frotándolas con los dedos. No utilice papel de lija porque si su corteza se dañase, se morirían.

Artemisia spp.
Ajenjos, artemisas, etc.
ASTERACEAE

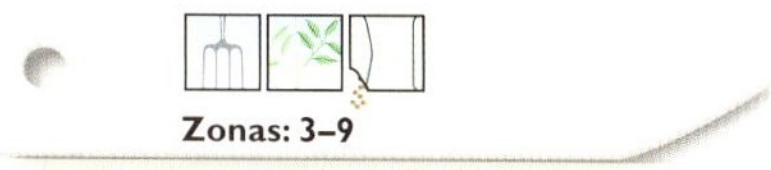

La mayoría de las 300 especies de este género son nativas del hemisferio boreal pero algunas provienen de África del Sur y de Sudamérica. Se cultivan por el valor ornamental de sus hojas aromáticas, cuyo color varía del verde al verde grisáceo o el plateado y su forma de finamente recortada a profundamente lobulada o casi filiforme. El ajenjo *(A. absinthium)* servía para elaborar la absenta, el abrótano macho *(A. abrotanum)* se emplea en saquitos para repeler polillas, la artemisa anual *(A. annua)* en coronas funerarias, 'Powis Castle' como un montecillo para acentuar macizos y arriates, y el estragón *(A. dracunculus)* es una hierba culinaria.

MÉTODOS DE PROPAGACIÓN
El más fácil: *división*. Divida las plantas perennes a principios de primavera. Sus raíces son fuertes y necesitará una navaja para hacer cortes limpios en la masa de raíces.
Otros métodos: *esquejes semimaduros*. Tómelos a mediados-finales de verano y enraícelos en una mezcla sin tierra fuera de la luz solar directa. Cultívelos en el interior o en un invernadero hasta la primavera siguiente.

Por semillas. Las especies anuales pueden propagarse mediante siembra. Plántelas en primavera. Necesitan temperaturas de 16-18 °C.

Problemas potenciales
La mayoría de artemisas crecen bien en condiciones secas y rocosas y no toleran los suelos empapados. Así pues, plante las divisiones en zonas bien drenadas, pero aun así asegúrese de que las jóvenes plántulas tengan la humedad adecuada mientras se estén estableciendo. No deje que *A. annua* fructifique en su jardín, ya que se autopropaga por semillas con tal vigor ¡que se verá obligado a eliminarla durante años de cada zona de su jardín!

Asarum spp.
Ásaro y afines
ARISTOLOCHIACEAE

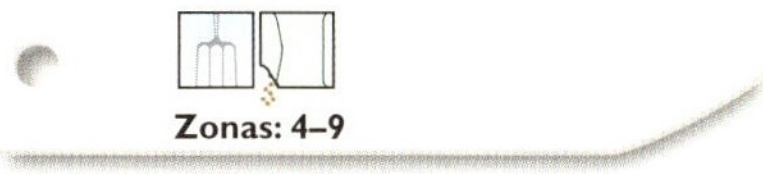

Las 70 especies de este género provienen de Eurasia y Norteamérica. Sus rizomas tienen un leve olor a jengibre pero no son comestibles. Se utilizan como cobertura del suelo en lugares sombreados porque sus hojas son grandes, a menudo brillantes y a veces con nervios pálidos que realzan su belleza. Las flores quedan ocultas bajo las flores y tienen un olor algo desagradable. *A. canadense* es caducifolia, mientras que el asaro *(A. europaeum)*, *A. hartwegii* y *A. shuttlewothii* son perennifolios. El cultivar 'Callaway' de *A. shuttlewothii* es popular debido a sus hojas decorativas y a su tolerancia de las condiciones sombreadas.

MÉTODOS DE PROPAGACIÓN
El más fácil: *división*. Divida las plantas a principios-mediados de primavera. Desentierre y divídalas con suavidad porque sus rizomas son quebradizos.
Otros métodos: *por semillas*. Las semillas deben plantarse tan pronto como maduren. Cómprelas a un proveedor acreditado que pueda comprometerse a enviarle semillas a mediados-finales de verano, justo después de que maduren. Siémbrelas en bandejas, allí donde pueda mantener la temperatura del suelo a 16-18 °C. Germinarán en 1-3 semanas. Cultívelas en un lugar protegido en invierno y trasplántelas a su ubicación definitiva la primavera siguiente.

Problemas potenciales
Plante las divisiones tan pronto como las obtenga; no deje que se sequen. Los *Asarum* prosperan con suelos húmedos, ricos y con mucho humus y no toleran la sequedad. Las semillas envejecidas no pueden germinar. Si no encuentra un buen proveedor de semillas, averigüe si alguno de sus vecinos tiene una planta que le guste y pídale si puede reservarle algunas de sus semillas. Envuelva las flores en bolsas cuando empiecen a marchitarse. Preste gran atención a la formación de las semillas para poder sembrarlas justo después de que caigan de sus cápsulas.

Asparagus spp.
Esparragueras
LILIACEAE

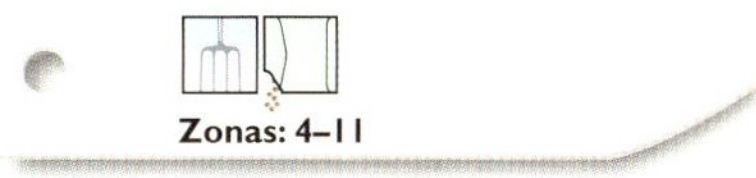

Las 300 especies de este género provienen de Europa, Asia y África. La mayoría se cultivan por su valor ornamental, aunque *A. officinalis* (el espárrago) es la verdura que engalana las mesas en primavera a todo lo ancho del mundo. En varios países las esparragueras ornamentales como *A. setaceus*, *A. densiflorus* 'Sprengeri' y *A. densiflorus* se cultivan comúnmente en invernaderos para emplear sus hojas cortadas como relleno en los ramos de flores. También se cultivan a menudo como plantas de interior, las más de las veces en cestos colgantes. En las zonas 9 y 10 estas plantas son malas hierbas comunes en los baldíos, junto a los cercados y en cualesquiera otros lugares donde los pájaros –que adoran sus bayas– dejan caer sus semillas.

MÉTODOS DE PROPAGACIÓN
El más fácil: *división*. Estas plantas crecen a partir de tubérculos subterráneos y son fáciles de dividir. Obtenga las divisiones antes de la primavera si las cultiva como plantas de interior y antes de las lluvias si lo hace al exterior.
Otros métodos: *por semillas*. Hay semillas disponibles en el comercio para la mayoría de especies de esparraguera. Déjelas en remojo durante al menos 24 horas y acto seguido frótelas suavemente con papel de lija para escarificarlas. Plántelas en una mezcla húmeda y rica en humus, en un lugar donde pueda mantener la temperatura del suelo en torno a 16 °C germinarán al cabo de 3-5 semanas.

Si desea cultivar *A. officinalis*, siembre como se indica antes y deje que se desarrolle en una cama de germinación durante 2 años. Una vez haya florecido, podrá identificar las plantas masculinas, las que no dan bayas. Trasplántelas a su huerto de perennes porque serán más productivas que las plantas femeninas.

Problemas potenciales

Estas plantas crecen con tal facilidad que se convierten en malas hierbas en las zonas donde pueden naturalizarse. No es probable que tenga problemas con ellas a menos que deje secar las divisiones o las plántulas antes de que estén bien establecidas. Una vez lo estén, podrán tolerar cierto grado de sequía.

Asperula spp.

Aspérulas
RUBIACEAE

Zonas: 5–9

Las 100 especies de este género provienen de Europa y Asia, por lo general de zonas montañosas con suelos poco hondos y bien drenados. El género comprende anuales y perennes caducifolias o perennifolias cuyo hábito varía desde el de un césped bajo hasta el de un arbusto pequeño y pulcro. *A. suberosa* y *A. orientalis* tienen ambas flores muy llamativas y también toleran bien una sombra tamizada.

MÉTODOS DE PROPAGACIÓN

El más fácil: *por semillas*. Las semillas de varias especies de aspérulas son fáciles de adquirir en el comercio. Enfríelas en la nevera durante 2 semanas como mínimo antes de sembrarlas. Pueden tardar hasta un mes en germinar. Siémbrelas en un suelo que drene con rapidez, espolvoreado con una tenue capa de vermiculita fina, en un lugar donde la temperatura del suelo se mantenga entre 10 y 16 °C. Esparza las semillas por toda la superficie del suelo y posteriormente nebulícelas hasta que caigan en las grietas húmedas de la vermiculita.

Otros métodos: *división*. A principios de primavera, arranque y divida las plantas establecidas. Las divisiones basales son asimismo efectivas cuando desee propagar las plantas sin perturbarlas. Cuando enraíce las divisiones, arranque las hojas de los 2,5 cm basales del tallo. Emplee la hormona de enraizar.

Problemas potenciales

Estas plantas son muy fáciles de propagar por semillas y no es probable que le creen problemas. Con frecuencia se autosiembran, no sólo en su propia zona del jardín sino también allí donde los animales dejan caer las semillas que se les engancharon en el pelaje al pasar por los macizos de estas plantas.

Las aspérulas toleran los suelos poco hondos y la gente olvida a menudo regar las plantas recién trasplantadas. Sin embargo, hasta que no están bien establecidas, las divisiones necesitan un suelo con humedad constante. Mantenga una buena circulación del aire en torno a los esquejes de raíz para evitar los problemas de enfermedades fúngicas.

Astilbe spp.

SAXIFRAGACEAE

Zonas: 4–8

Las 12 especies de este género provienen del SE de Asia y de Norteamérica. Aunque sólo hay unas pocas especies comunes, el número de híbridos es asombrosamente elevado. Muchos de los más comunes son híbridos de *A.* x *arendsii*, aunque también son comunes los de *A. chinensis, A. japonica, A. simplicifolia* y *A. thunbergii*. Estas plantas se cultivan por sus etéreos penachos de plumas que en verano ondean por encima de las decorativas hojas. El color de las flores varía del blanco o amarillo al coral, crema asalmonado, rosa, rojo o magenta.

MÉTODOS DE PROPAGACIÓN

El más fácil: *división*. Divida a principios-mediados de primavera. Los nuevos brotes de *Astilbe* tardan bastante en aparecer a principios de primavera, lo que significa que tiene mucho tiempo para dividir estas plantas.

Otros métodos: *por semillas*. Las semillas de algunos cultivares están disponibles en el comercio. Aunque germinan con facilidad, las plántulas son tan diminutas y crecen tan lentamente que sólo debería propagar por semillas. Esparza las semillas sobre una capa fina de vermiculita extendida sobre una mezcla para macetas de textura fina. Nebulícelas y cubra la bandeja con una hoja de vidrio, y no con plástico. Coloque la bandeja bajo una luz indirecta y sobre una manta térmica con el termostato a 18 °C. La germinación tardará entre 30 y 90 días. Cuando al final consiga ver las diminutas hojas, estire un poco el vidrio hacia atrás para que entre un poco de aire fresco en la bandeja pero no lo quite por completo. Vaya deslizando cada vez más el vidrio hacia atrás y a continuación nebulice la bandeja con el rociador más fino que tenga. Las plantas tardarán unos pocos meses hasta adquirir la talla suficiente para su trasplante en tiestos de 7,5 cm.

Problemas potenciales

Dado que estas plantas son algo frágiles, las divisiones deberán realizarse con cuidado.

Manténgalas húmedas mientras se estén arraigando y cerciórese de que los hoyos de plantación contengan una gran cantidad de humus. El mantillo de hojas es una buena enmienda del suelo para estas plantas.

B

Baptisia spp.

Añil falso
FABACEAE

Zonas: 4–8

Las 20 especies de este género provienen de Norteamérica, sobre todo de EE UU. Su nombre común alude al llamativo color añil de las flores de *B. australis*. Otras especies podrán tener flores blancas o crema llevan sus flores en altas espigas que se alzan por encima de las hojas. Tanto *B. pendula* como *B. lactea* tienen hojas verde grisáceo y flores blancas, seguidas de vainas colgantes que se tornan de color negro intenso al madurar. *B. perfoliata* tiene flores amarillas y hojas verdes grisáceas.

Begonia spp.

MÉTODOS DE PROPAGACIÓN

El más fácil: *por semillas*. Empiece frotando la dura cáscara de la semilla contra un fino papel de lija para escarificarla y acto seguido ponga en remojo durante 6-8 horas. Plante en una mezcla de tierra nutritiva y que retenga el agua y cubra con unos 0,5 cm de tierra. Coloque la bandeja sobre una manta térmica para mantener una temperatura más o menos constante de unos 21-24 °C.

Otros métodos: *división*. Arranque y divida las plantas a principios de primavera.

Problemas potenciales

Cuando escarifique semillas procure escarificar tan sólo su cáscara y no dañar los tejidos interiores de la semilla. Tras la germinación mantenga las plántulas en una posición que goce de una buena circulación de aire porque son propensas a la podredumbre de los semilleros y a otras pudriciones. Plante las divisiones justo después de obtenerlas y no deje que se sequen porque las plantas han de tener una humedad suficiente mientras arraigan. Una vez estén bien enraizadas podrán tolerar los suelos secos.

Begonia spp.

Begonias

BEGONIACEAE

Zonas: 9–11

Las más de 1300 especies de este género provienen de zonas tropicales y subtropicales de África, América central y del Sur y Australia. Suelen clasificarse en siete grupos: con tallo de caña, rex-cultorum, rizomatosas, semperflorens, arbustivas, tuberosas y de floración invernal. Sus hojas son decorativas: en algunas, son grandes, puntiagudas y jaspeadas, y en otras son pequeñas y redondeadas y de verde ceroso a rojizo intenso.

MÉTODOS DE PROPAGACIÓN

El más fácil: *por esquejes*. Es la manera más fácil de propagarlas. Los esquejes de madera verde obtenidos antes de primavera se enraízan rápidamente en un sustrato de drenaje rápido o en el caso de los cultivares con tallo de caña, incluso en un vaso de agua. Las begonias rex son bien conocidas por su capacidad de crecer rápidamente a partir de esquejes de nervio foliar (v. p. 90).

Otros métodos: *división*. Las begonias que crecen a partir de rizomas o tubérculos son fáciles de dividir. Separe los tubérculos cuando cambie las plantas de tiesto en otoño y divida los rizomas a principios de primavera, una vez más cuando cambie de maceta.

Semillas. Las semillas de begonias rex y semperflorens se adquieren sin problemas. Siémbrelas a principios de primavera en una mezcla de tierra llena de humus o de turba cubierta con una fina capa de vermiculita. Necesitan luz para germinar y prefieren temperaturas del suelo de 21 a 27 °C.

Problemas potenciales

Las semillas crecen con lentitud y son propensas a varias enfermedades fúngicas, de modo que es importante cultivarlas en un lugar donde circule muy bien el aire. Los esquejes también pueden pudrirse si el sustrato se mantiene demasiado húmedo y el aire está estancado. Enraícelos siempre en mezclas sin suelo frescas y en un lugar iluminado.

Belamcanda spp.

IRIDACEAE

Zonas: 9–11

Las dos especies de este género provienen de regiones montañosas de la India, China, Japón y otros países del Extremo Oriente. Aunque sean miembros de la familia de los iris son más parecidas a las azucenas de la familia Liliaceae. Se cultivan por sus largas hojas en forma de correa y sus tallos ramificados con vistosas flores amarillas y naranjas. Sus frutos en cápsula se abren para mostrar sus semillas negras.

MÉTODOS DE PROPAGACIÓN

El más fácil: *por semillas*. Siembre en una mezcla rica en compost cuando las semillas caen de sus cápsulas. Deje las bandejas de germinación en una cama fría todo el invierno, manténgalas húmedas y evite que se calienten demasiado. Germinarán en primavera. También puede recolectar las semillas maduras y guardarlas en la nevera, en una bolsa de plástico, durante el invierno. Plante a principios de primavera y mantenga la bandeja a 24-29 °C diurna y 16-18 °C de temperatura nocturna. Las semillas germinarán en una semana.

Otros métodos: *división*. Crecen a partir de rizomas que pueden cortarse y dividirse en secciones más pequeñas. Dado que estas plantas son de vida corta, divida los rizomas cada 2 o 3 años y descarte los más leñosos y viejos.

Problemas potenciales

Si planta las semillas en bandejas y les hace pasar el invierno en el exterior, es fácil olvidarse de ellas y dejar que la cama fría se caliente. Para evitarlo, coloque la bandeja en

Bergenia spp.

un lugar protegido bajo un porche o contra una pared orientada al norte y cúbrala con una hoja de vidrio y una capa de mantillo de 30 cm de hondo para los meses invernales. Quite el mantillo a principios de primavera, antes de que termine el riesgo de heladas pero cuando hayan pasado las tormentas primaverales. No deje que las divisiones se sequen. Elija un día nublado para desenterrarlas y mantenga los rizomas no plantados entre papeles de periódico.

Berberis spp.

Agracejo y afines
BERBERIDACEAE

Zonas: 3–9

Las 450 especies de este género provienen del hemisferio boreal, de África y de Sudamérica. Son arbustos leñosos, pero algunos son caducifolios y otros perennifolios. Las formas foliares varían bastante; algunas tienen hojas dentadas con espinas en los márgenes y otras tienen hojas ovales, lisas y brillantes. Su color varía del verde suave al oliva, bronce o vino o al jaspeado de rosado y burdeos. La mayoría tienen espectaculares colores foliares de otoño en gamas de rojo brillante y amarillo. Los colores florales también varían pero la mayoría tienen flores amarillas. En otoño las bayas rojas, azules o negras son un buen alimento invernal para las aves, una razón ya de por sí suficiente para cultivarlas.

MÉTODOS DE PROPAGACIÓN

El más fácil: *esquejes semimaduros*. Tome esquejes de los *Berberis* de hoja caduca o perenne a mediados-finales de verano, tan pronto como estén semimaduros. Enraícelos en un sustrato sin tierra limpio. Los esquejes de madera blanda son un medio fiable para propagar los cultivares caducifolios.

Otros métodos: *esquejes en mazo*. Tómelos en verano y enraícelos en una mezcla sin tierra.

Semillas. Puede adquirir las semillas de algunos cultivares o puede recuperar sus propias semillas. Si en su zona crece más de una especie de *Berberis*, es probable que a partir de las semillas recolectadas sólo obtenga una planta híbrida; sin embargo, no tiene por qué ser un problema, ya que los híbridos pueden tener características deseables. Plante las semillas en camas de germinación al exterior. Cúbralas ligeramente, marque bien las hileras y manténgalas regadas. Es posible que germinen de forma irregular.

Problemas potenciales

Las infecciones fúngicas son siempre una amenaza para los esquejes. Asegúrese de plantar en una mezcla inicialmente estéril y elimine los esquejes que parezcan enfermos.

Bergenia spp.

SAXIFRAGACEAE

Zonas: 3–8

Las ocho especies de este género provienen del centro y el E de Asia y se cultivan por sus hojas grandes y correosas que perduran todo el invierno en la mayoría de climas y por sus grupos de flores de floración primaveral. Toleran una sombra tamizada y crecen bien en los márgenes de zonas boscosas. Algunos cultivares, como 'Ballawley', tienen hojas de color vino mientras que otros, como 'Bressingham Bountiful', tienen hojas verde oscuro con el margen granate. 'Bressingham Ruby' es conocida por sus hojas verdes con el envés granate que se vuelven rojo brillante en otoño e invierno.

MÉTODOS DE PROPAGACIÓN

El más fácil: *división*. Estas plantas crecen a partir de gruesos rizomas que son fáciles de dividir justo después de la floración o a principios de otoño.

Otros métodos: *por semillas*. Si recupera las semillas de estas plantas y cultiva más de un cultivar, es posible que produzca nuevos híbridos. Experimente recolectando semillas y cultivando al exterior y se verá agradablemente sorprendido por los resultados. Las semillas requieren estratificación, así que es mejor guardarlas en la nevera, dentro de contenedores, durante el invierno. Siémbrelas en una mezcla que contenga turba de esfagno o compost y colóquelas sobre una manta térmica ajustada a 18 °C. Deberían germinar en 1 a 3 meses.

Problemas potenciales

Los rizomas se deterioran con la edad y es por tanto conveniente dividirlos cada 3 a 5 años. Sin embargo, no los divida hasta después de la floración, ya que hasta entonces las flores carecen de las reservas suficientes para desarrollar nuevas raíces. No repique las nuevas plantas en el exterior sin protegerlas.

Buddleja spp.

Lilos de verano, flores de las mariposas
LOGANIACEAE

Zonas: 5–9

Las casi 100 especies de este género provienen de Asia, África y Norte y Sudamérica. El género incluye arbustos, trepadoras y unas pocas herbáceas perennes; algunas son de hoja perenne pero la mayoría son caducifolias. Estas plantas son conocidas por sus inflorescencias que, haciendo honor a su nombre, atraen a las mariposas desde varios kilómetros a la redonda. Los diminutos flósculos de muchas especies forman largos conos, como sucede en la apreciada *B. davidii*, pero los de otras, como *B. alternifolia*, forman grupos que se reúnen en panículas con un largo pedúnculo, y los de otras aún –como por ej. *B. globosa*– crecen en glóbulos sobre tallos individuales. El color de las flores varía del azul al blanco, rosado, púrpura y amarillo.

MÉTODOS DE PROPAGACIÓN

El más fácil: *por semillas*. Las semillas de muchos cultivares son fáciles de adquirir en el comercio. Estratifique las semillas al menos durante 2 semanas en la nevera. Plante en el interior muy a principios de primavera y coloque los contenedores de germinación sobre una manta térmica que mantenga la temperatura del suelo en torno a 16-24 °C. La germinación suele tardar de 2 a 3 semanas.

Otros métodos: *esquejes semimaduros*. Tómelos a mediados de verano, tan pronto como estén listos para ser cortados.

Esquejes de madera dura. Están listos en otoño. Plántelos en bandejas y manténgalos todo el invierno en una cama fría.

Problemas potenciales

Las plántulas crecen lentamente. Protéjalas de las enfermedades fúngicas plantándolas en una mezcla de drenaje rápido. No las repique en el jardín hasta que no midan 15 a 20 cm de altura; antes son excesivamente vulnerables a los cambios climáticos y a los daños causados por animales.

Buxus spp.

Bojes
BUXACEAE

Zonas: 6–9

Las 70 especies de este género proviene de Europa, Asia, África y América central. Son arbustos muy apreciados para la creación de setos porque son densos y perennifolios y toleran las podas. Por estas cualidades son ideales para formar topiarias, no siendo raro verlos recortados en formas geométricas o de animales en jardines botánicos y plantaciones municipales. Las hojas de la mayoría de especies son lisas, ovales y verdes oscuras pero las de algunos cultivares como 'Marginata' y 'Latifolia Maculata' son verdes con el margen amarillo, mientras que las de 'Elegantissima' están bordeadas de blanco.

MÉTODOS DE PROPAGACIÓN

El más fácil: *por esquejes semimaduros*. Tómelos a finales de primavera o principios de verano, tan pronto como empiecen a desarrollar una base algo leñosa.

Otros métodos: *división*. Muchos bojes pueden dividirse. Hágalo durante la primavera, antes de que la planta empiece a crecer con vigor y repique las divisiones de inmediato.

Por semillas. Las semillas de algunos cultivares pueden adquirirse en el comercio o bien puede recolectar semillas usted mismo en las plantas que admira. Recuerde que cualesquiera semillas que recolecte serán probablemente de plantas híbridas, las cuales no serán por tanto idénticas a las parentales. Aun así, puede obtener especímenes interesantes de este modo. Tanto si las recolecta como si las compra, plante las semillas en una cama fría en otoño.

Proteja los esquejes de las enfermedades fúngicas enraizándolos en un sustrato sin tierra fresco. No haga divisiones demasiado pequeñas; aun cuando se trata de plantas resistentes, crecen con lentitud y tardan bastante tiempo en restablecerse. Mantenga las divisiones bien regadas durante toda la estación vegetativa.

C

Calla palustris

Aro palustre o cala de pantano
ARACEAE

Zonas: 4–8

La única especie de este género es nativa de las regiones templadas del hemisferio boreal. El aro palustre es caducifolio o perennifolio, dependiendo de su ubicación. Esta especie prospera en suelos empapados, a orillas de arroyos, en charcas y marjales. Tiene las hojas verde brillante y unas espatas blancas espectaculares que rodean sus flores. Tras las flores aparecen unas bayas rojas.

Problemas potenciales

El más fácil: *división*. El aro palustre se reproduce de forma natural mediante rizomas rastreros. Si desea trasplantar una porción de rizoma a un lugar diferente, corte dicha porción a principios de primavera.

Otros métodos: *por semillas*. Los proveedores de plantas acuáticas venden a veces semillas de *Calla*. A finales de verano, tan pronto como las semillas estén maduras, plántelas en una mezcla rica en nutrientes y coloque los contenedores de germinación sumergidos en agua dulce hasta el borde. Germinarán de forma irregular, así que espere un año antes de retirar los contenedores.

MÉTODOS DE PROPAGACIÓN

Si las divisiones son demasiado pequeñas, tendrán problemas para restablecerse. Espere a que el rizoma haya empezado a alargarse de forma natural. Las semillas pueden tardar cierto tiempo en germinar; tenga paciencia y no caiga en la tentación de tirar la maceta.

Buxus spp.

Calluna vulgaris
Brecina
ERICACEAE

Zonas: 5–7

La única especie de este género es nativa de Europa, Turquía, Siberia, Marruecos y las Azores. Se cultiva por su follaje verde grisáceo y sus densas espigas de flores pequeñas y en forma de campana. Las flores son rojas, rosadas, púrpuras o blancas. Todas las brecinas cubren bien el suelo y son atractivas para las abejas y no deberán plantarse en zonas donde los niños puedan ir descalzos. Hay centenares de cultivares. Sea cual sea el tipo que busque, lo encontrará.

MÉTODOS DE PROPAGACIÓN

El más fácil: *por acodos*. Estas plantas se acodan de forma natural, de modo que le bastará con ayudarlas a hacerlo, "grapando" en el suelo las ramas seleccionadas en primavera. Inspecciónelas en otoño; es posible que ya estén listas para su trasplante a un nuevo lugar o bien que tenga que esperar hasta la primavera siguiente para separarlos de la planta parental y trasplantarlos.

Otros métodos: *esquejes semimaduros*. Tómelos a principios-mediados de verano, tan pronto como estén a punto. Se enraizarán con bastante rapidez y deberían estar listos para el trasplante hacia el otoño.

Otros métodos: *por acodos*. El acodado también se da de forma natural y es por tanto fácil propagar de este modo. Doble los tallos hasta el suelo a principios de primavera, lacere la corteza y "grápelos" en el suelo. A la primavera siguiente las plantas serán lo bastante grandes para poder trasplantarlas.

Esquejes de madera blanda. Tómelos en primavera. Se enraízan con rapidez pero quizá prefiera mantenerlos en macetas, dentro de la cama fría, durante el invierno.

Por semillas. Las semillas pueden comprarse a proveedores especializados. Siémbrelas en otoño, tan pronto como estén maduras. Mantenga las bandejas con semillas en una cama fría todo el invierno y germinarán en primavera.

Problemas potenciales
Antes de separar las plantas acodadas de la planta parental espere a que tengan raíces fuertes; de lo contrario, no absorberían la humedad suficiente para sobrevivir.

Calycanthus spp.
Calicantos
CALYCANTHACEAE

Zonas: 5–9

Las tres especies de este género provienen de Norteamérica y crecen en linderos forestales y a orillas de arroyos. Se cultivan por su hábito compacto y sus flores inusuales. Las flores son de color rojo oscuro o caoba y brotan en el extremo de las ramas; duran muchas semanas y esparcen su fragancia similar al clavo de olor por todo el jardín. Las hojas huelen casi como el alcanfor cuando se frotan.

MÉTODOS DE PROPAGACIÓN

El más fácil: *por chupones*. Crecen de forma natural. Desentiérrelos a principios de primavera y repíquelos de inmediato.

Problemas potenciales
Antes de cortarlos y separarlos de sus plantas parentales espere a que tanto los chupones como las plantas acodadas desarrollen un sistema radicular fuerte; de lo contrario, no sobrevivirían. Las semillas pueden germinar de forma irregular; no tire a la basura la bandeja de germinación antes de tiempo.

Campanula spp.
Campánulas
CAMPANULACEAE

Zonas: 3–9

Las más de 300 especies de este género son nativas de las regiones templadas del hemisferio boreal, en especial de Turquía y del S de Europa. Además del enorme número de especies hay centenares de cultivares. El género comprende anuales, bienales y perennes, algunas perennifolias y algunas caducifolias. Su hábito varía enormemente; hay plantas rastreras; otras extendidas que forman esteras, otras que forman montículos y otras aún altas y erectas. Las flores varían del blanco o rosado al azul y púrpura; la mayoría tienen forma de campana, como las de *C. persicifolia* 'Telham Beauty' y C. 'Burghaltii', pero algunas (como en la especie *C. carpatica*) tienen una forma más abierta.

MÉTODOS DE PROPAGACIÓN

El más fácil: *por semillas*. Todas las especies de *Campanula* son fáciles de cultivar a partir de semillas. Siémbrelas en la superficie de una bandeja cubierta de vermiculita y nebulícelas hasta dentro de las pequeñas grietas. Necesitan luz para germinar. Cubra la bandeja con película de plástico hasta la germinación, la cual tarda entre 2 semanas y un mes, dependiendo de la especie. Mantenga la temperatura del suelo a aprox. 16-18 °C.

Otros métodos: *división*. Todas las especies perennes pueden dividirse. Arránquelas y divídalas en primavera u otoño, dependiendo de donde viva. Déjeles al menos 40 días para que se establezcan antes de los calores veraniegos o de que el suelo se hiele en otoño.

Esquejes de madera blanda. Tómelos a partir de brotes que crecen en la base de la planta, cuando midan unos 15 cm de largo. Enraícelos en un sustrato sin tierra. Se arraigan con rapidez.

Problemas potenciales
Las semillas crecen lentamente y son por tanto sensibles a enfermedades fúngicas como la podredumbre de los semilleros. Mantenga la circulación del aire elevada en la zona donde las cultive y no nebulice sus hojas después de las 14 h., ya que tienen que estar secas hacia el crepúsculo. Divida las matas de tal forma que cada sección tenga una parte de la masa radicular así como de la parte aérea y replante las divisiones de inmediato. Manténgalas húmedas hasta que estén restablecidas.

Campsis spp.
Trompetas trepadoras
BIGNONIACEAE

Zonas: 5–9

Las dos especies de este género provienen de China y de Norteamérica. Esta trepadora se cultiva por sus flores naranjas o rojas y en forma de trompeta. Las plantas tienen un periodo de floración prolongado, desde mediados-finales de verano hasta principios de otoño, y están cubiertas de flores cuando están en plena floración. Además de estas cualidades decorativas, esta enredadera se cultiva en América por ser un alimento favorito de los colibríes. Mucha gente emparra allí esta planta frente a una ventana para poder contemplar los colibríes que la visitan a diario.

MÉTODOS DE PROPAGACIÓN

El más fácil: *esquejes semimaduros*. Tómelos a principios de verano, tan pronto como estén listos. Se enraízan con rapidez y a menos que viva en un clima con inviernos muy duros, en otoño estarán listas para su trasplante al jardín.

Otros métodos: *por semillas*. Puede comprar las semillas a proveedores especializados y también puede recuperarlas de sus propias plantas. Siémbrelas en una bandeja que dejará en una cama fría todo el invierno. Las semillas germinarán de forma irregular la primavera siguiente. Como alternativa, puede estratificar las semillas de 2 a 3 meses en la nevera y germinarlas dentro de casa. Colóquelas sobre una manta térmica ajustada a 21-24 °C; germinarán al cabo de 4-12 semanas.

Esquejes de madera. Tómelos a finales de otoño, cuando la madera esté realmente dura. Manténgalos todo el invierno en una cama fría; se enraizarán la primavera siguiente.

Esquejes de raíz. Tómelos justo antes de que el suelo se hiele en invierno y éntrelos en casa o en un invernadero para enraizarlos; a principios-mediados de primavera deberían estar formando raíces.

Problemas potenciales

Todos los esquejes son propensos a las infecciones fúngicas. Proteja sus plantas enraizándolas sobre una manta térmica a 16-18 °C, en un sustrato fresco y con la circulación del aire elevada. Las semillas no germinarán bien si no se someten antes a un largo periodo de enfriamiento. Si en su zona los inviernos son suaves, estratifíquelas en la nevera en vez de hacerles pasar los meses de invierno en una cama fría.

Canna spp.

Achira y afines
CANNACEAE

Zonas: 8–11

Las 50 especies de este género provienen de las zonas tropicales y subtropicales de Asia y de América del Norte y del Sur. Las *Canna* son plantas espectaculares debido a sus hojas y flores llamativas. Las hojas pueden alcanzar hasta 60 cm y estar marcadas con rayas amarillas y rojas en cultivares tales como 'Pretoria'. Las flores varían del amarillo o rosado al naranja o el rojo.

MÉTODOS DE PROPAGACIÓN

El más fácil: *división.* Estas plantas crecen a partir de rizomas. Arranque los rizomas en primavera si estas plantas están creciendo en el exterior y córtelos a trozos. Si arranca los rizomas y los almacena durante el invierno, divídalos cuando replante en primavera.

Otros métodos: *por semillas.* Plántelas a principios de primavera. Haga una muesca en la cáscara y remoje las semillas durante 24 h antes de plantarlas en una bandeja honda llena de una mezcla de germinación rica en humus. Mantenga el suelo en torno a 21-24 °C con una manta térmica. Germinarán al cabo de 3 semanas-2 meses.

Problemas potenciales

Para poder sobrevivir por sí mismas, las divisiones deben llevar un "ojo" prominente del que brotarán un tallo, hojas y flores. Examine los rizomas con detenimiento antes de cortarlos en trozos. Cuando escarifique las semillas, haga tan sólo una muesca poco honda en la cápsula y no corte el interior de la semilla.

Chaenomeles spp.

Membrillero japonés y afines
ROSACEAE

Zonas: 5–9

Las tres especies de este género provienen de China y Japón. Estos arbustos grandes o árboles pequeños se cultivan por sus flores de primavera y sus frutos otoñales. No se autofecundan y hacen falta dos variedades para producir frutos. Las flores blancas, rosadas o rojas engalanan el árbol. Los frutos ácidos son comestibles cocidos y se emplean en mermeladas y pasteles. Entre los cultivares más populares figuran 'Enchantress', 'Apple Blossom', 'Red Chief' y 'Pink Lady', y los viveristas crean nuevos, algunos sin espinas y otros con flores y frutos cada vez más atractivos.

MÉTODOS DE PROPAGACIÓN

El más fácil: *por semillas.* Pueden comprarse a proveedores especializados. Siémbrelas cuando estén maduras y ponga las bandejas de germinación en una cama fría durante todo el invierno. Las semillas germinarán de forma irregular en primavera. Como alternativa, mantenga las maduras en la nevera hasta la primavera y sométalas a una alternancia de temperaturas diurnas y nocturnas después de plantarlas en primavera.

Otros métodos: *esquejes de madera blanda.* Tómelos en primavera, antes de que se endurezcan, y plántelos en sustrato sin tierra.

Esquejes de madera dura. Tómelos a finales de otoño-principios de invierno, átelos en haces, mételos en un contenedor y entiérrelo bajo una cama fría o en un lugar protegido.

Problemas potenciales

Las semillas no germinarán uniformemente, así que conserve la bandeja de germinación durante la estación vegetativa, hasta la estación siguiente. Las plantas rezagadas podrán darle una sorpresa. Si los esquejes están demasiado húmedos, contraerán enfermedades fúngicas. Proteja los esquejes de madera dura de la humedad.

Canna spp.

Clematis spp.

Chelone spp.

Cabezas de tortuga
SCROPHULARIACEAE

Zonas: 3–8

Las seis especies de este género provienen de Norteamérica. Son apreciadas por sus flores blancas, rosadas o púrpuras que se alzan por encima de las hojas. Ponen un llamativo énfasis en los macizos y arriates sólo porque se yerguen tan altas y rectas. A finales de verano, cuando empiezan a florecer, crean un impacto aún mayor. Las flores son duraderas y soportan las lluvias y vientos del otoño.

MÉTODOS DE PROPAGACIÓN

El más fácil: *división*. Divida las plantas a principios del verano, antes de que florezcan. Replántelas. Si parece que las divisiones se van a establecer, elimine los pedúnculos florales cuando se formen. Hacia el año siguiente estarán lo bastante fuertes como para engalanar el arriate.

Otros métodos: *por semillas*. Plántelas en bandejas de germinación a principios de primavera y coloque las bandejas donde las temperaturas del suelo varíen entre 13 y 18 °C. Germinarán en 2 semanas a 1 mes.

Esquejes de madera blanda. Tome los esquejes de madera blanda en brotes que crezcan en la base de la planta cuando midan unos 15 cm de largo. Arráiguelos en un sustrato sin tierra y se enraizarán con rapidez.

Problemas potenciales

Esta planta es conocida por su vigor y robustez. Aun así, si hace divisiones demasiado pequeñas o deja que una planta que intenta establecerse florezca el mismo año en que la dividió, sufrirá. Dele los mismos cuidados que daría a plantas más delicadas y le recompensará con un crecimiento vigoroso y saludable.

Chrysanthemum spp.

Crisantemos
ASTERACEAE

Zonas: 4–9

Las 20 especies de este género provienen de la región mediterránea, Rusia, China y Japón. Este grupo está increíblemente diversificado y los botánicos no siempre están de acuerdo con el género al que pertenecen las distintas especies. Pero la mayoría de los jardineros caseros están mucho menos interesados en la clasificación botánica que en las distintas formas de sus flores. La mayoría de los crisantemos de jardín son plantas arbustivas y erectas con grupos de flores que se clasifican en semidobles, en cuchara, en anémona, pluma, araña o pompón y decorativa. Otras formas florales son las recurvadas regular, irregular o intermedia, la refleja y la de cepillo.

MÉTODOS DE PROPAGACIÓN

El más fácil: *división*. Divida las plantas a principios de primavera, antes de que empiecen a crecer con vigor. Replántelas.

Otros métodos: *por semillas*. Los crisantemos anuales y algunos perennes rústicos se cultivan fácilmente a partir de semillas. Siembre a principios de primavera, al menos 8 semanas y preferentemente 12 antes de que termine el riesgo de heladas, en un sustrato que contenga compost. Las anuales germinan mejor a 16-18 °C de temperatura del suelo, tanto de día como de noche, pero las perennes rústicas responden mejor cuando las temperaturas nocturnas del suelo descienden hasta unos 10 °C. Las anuales germinan al cabo de 7-10 días y las perennes rústicas en 3 semanas o menos.

Esquejes de madera blanda. Tómelos en la base de la planta cuando los brotes midan

15 cm. Enraícelos en un sustrato sin tierra húmedo; pronto formarán raíces.

Problemas potenciales

Las divisiones se mueren si son demasiado pequeñas o si se deja secar el suelo antes de que las plantas estén establecidas para buscar agua a niveles más profundos. No haga divisiones muy pequeñas y no olvide mantenerlas regadas durante la primera estación vegetativa. Las semillas son propensas a la podredumbre de los semilleros; protéjalas con una capa de vermiculita fresca extendida sobre el suelo de la maceta y siembre en ella. Mantenga la circulación del aire elevada en la zona donde crecen las plántulas. Las enfermedades fúngicas atacan los esquejes de raíz. Asegúrese de emplear materiales frescos.

Clematis spp.

Clemátides

RANUNCULACEAE

Zonas: 3–9

Las más de 200 especies de este género provienen de varias regiones, incluidas Europa, China, Australia y América del Norte y Central. Se cultivan tanto por su hábito –la mayoría son enredaderas altas con hojas verdes y lustrosas– como por sus flores. Suelen dividirse en tres grupos, de acuerdo con la estación en que florecen, lo que a su vez influye en la época en que deben podarse. Las flores pueden ser sencillas, dobles grandes, en forma de platillo, de estrella, de campana abierta o no, de tulipa o tubular. Entre las más apreciadas figuran *C.* 'Jackmanii', con flores grandes, sencillas y púrpura; *C. florida* 'Sieboldii', con flores grandes y blancas con el centro verde, blanco y granate; *C. tangutica* con flores amarillas en forma de campana y cabezuelas de semillas lustrosas y llamativas; y *C.* 'Nelly Moser', con flores sencillas, grandes, blancas y rayadas de rosado.

MÉTODOS DE PROPAGACIÓN

El más fácil: *por acodos.* Estas plantas se acodan de forma natural, así que lo único que debe hacer para favorecer esta tendencia es seleccionar la planta que quiera propagar, lacerar su corteza, "graparla" en la superficie del suelo y esperar a que se enraíce.

Otros métodos: *división.* Divida las plantas de floración tardía a principios de primavera y las plantas de floración primaveral en otoño.

Esquejes de madera blanda. Tómelos de los nuevos brotes de las enredaderas de la estación vegetativa anterior o, mejor como esquejes basales de nuevas enredaderas que brotan de la corona. Estas estacas deben medir 10-15 cm.

Por semillas. Plántelas en otoño y cúbralas con una tenue capa de vermiculita. Ponga una hoja de vidrio sobre la bandeja de germinación y colóquela en una cama fría o en un lugar protegido de la cara norte de su casa para el invierno. En primavera entre la bandeja en un invernadero o en una zona de propagación interior y colóquela sobre una manta térmica ajustada a 21-24 °C.

Problemas potenciales

Si acoda una clemátide, cuente con que formará raíces y estará lista para el trasplante un año después del momento en que empieza a acodarla. Los únicos problemas se crean al secarse el suelo. Recuerde que está propagando la enredadera y que debe mantenerla húmeda durante los periodos secos. Las divisiones son asimismo fiables siempre que sean bastante grandes y que las mantenga húmedas mientras estén estableciéndose. Los esquejes pueden infectarse de hongos. Para acelerar el proceso de enraizado y por tanto acortar el lapso de tiempo en que el esqueje es vulnerable, disponga el sustrato de enraizar en una manta térmica ajustada a 24 °C. Las semillas germinan de forma irregular; algunas lo hacen la primera primavera, otras germinan durante el verano y hasta la primavera siguiente.

Clethra spp.

CLETHRACEAE

Zonas: 5–9

Las más de 60 especies de este género provienen de Asia y de Norteamérica. Se cultivan por sus flores bonitas y fragantes y por su estético hábito arqueado. Las especies perennifolias como *C. arborea* son muy apropiadas como plantas espécimen en los jardines, al igual que algunas de las especies caducifolias como *C. barbinervis*.

MÉTODOS DE PROPAGACIÓN

El más fácil: *chupones.* Estas plantas emiten chupones de forma natural. Desentiérrelos y sepárelos de la planta parental a principios de primavera.

Otros métodos: *por semillas.* Puede comprarlas a los proveedores de semillas especializados. Siémbrelas en primavera o bien en otoño y mantenga las bandejas de germinación entre 7 y 10 °C. Si las siembra en otoño, hágales pasar el invierno en una cama fría y colóquelas en un lugar protegido del interior en primavera.

Esquejes semimaduros. Tómelos una vez hayan empezado a endurecerse en la base, por lo general a principios-mediados de verano.

Problemas potenciales

Los chupones no sobreviven sin un sistema radicular adecuado. Cepille la tierra de las raíces para averiguar si éstas son lo bastante grandes para permitir el crecimiento de la parte aérea antes de separar el chupón de la planta parental. La semillas germinan irregularmente; mantenga la bandeja de germinación húmeda hasta un año después de plantar. Los esquejes son sensibles a las infecciones fúngicas. Enraícelos en sustratos limpios y frescos y mantenga la circulación del aire elevada.

Convallaria spp.

Muguetes o lirios de los valles

LILIACEAE

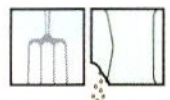

Zonas: 2–7

Las tres especies de este género son nativas de zonas templadas norteñas. Se cultivan por sus pedúnculos ondulantes con flores blancas y en forma de campana y por sus hojas ovales y verde brillante que parecen crecer directamente desde el suelo. Las flores desprenden un aroma dulce y penetrante que acarrean las brisas primaverales y la planta prospera en lugares sombreados o que gozan de una sombra tamizada. *C. majalis* 'Aureovariegata' tiene las hojas rayadas de amarillo pálido o crema, 'Variegata' tiene manchas blancas en las hojas y *C. majolis* var. *rosea* tiene flores rosadas.

MÉTODOS DE PROPAGACIÓN

El más fácil: *división.* Crecen a partir de rizomas que son fáciles de separar una vez adquieren la talla correcta para crecer por sí mismos. Desentierre los rizomas en otoño y sepárelos antes de replantarlos.

Otros métodos: *por semillas.* Recupere las semillas o cómprelas a un proveedor. Si las recupera, tendrá que extraerlas del fruto que las rodea antes de plantarlas. Los proveedores ya suelen hacerlo. La semilla y la pulpa circundante le cansarían dolor de estómago si las ingiriera, así que lávese bien las manos después de manipularlas. Plante las semillas en una bandeja llena de una mezcla rica en humus y ponga la bandeja en una cama fría o un lugar protegido del jardín para el invierno. Germinarán en primavera.

Problemas potenciales

Las divisiones deben tener ojos de los que broten hojas, y ojos que echen raíces para poder sobrevivir. Examine los rizomas antes de separarlos. La semillas deben estar húmedas y frescas en invierno. No deje que la cama fría se sobrecaliente ni que la bandeja de germinación se seque.

Cotoneaster spp.

Coreopsis spp.

Ojo de poeta y afines
ASTERACEAE

Zonas: 4–9

Las 100 especies de este género provienen de Norteamérica, México y Centroamérica. Se cultivan por sus flores, amarillo brillante y solitarias en la mayoría de especies. Hay especies tanto anuales como perennes pero todas ellas tienen periodos de floración prolongados y si se plantan pronto ya florecen en su primer año. *C. grandiflora* 'Early Sunrise' tiene flores semidobles, 'Moonbeam' tiene unas hojas filiformes tan finas que vistas a distancia las flores parecen flotar en el aire, y *C. rosea* tiene flores rosadas.

MÉTODOS DE PROPAGACIÓN

El más fácil: *división*. Divida las especies perennes a principios de primavera.

Otros métodos: *por semillas*. Se encuentran en el comercio semillas de especies tanto anuales como perennes. Siémbrelas muy a principios de primavera. Germinan mejor con [illegible] hacen a las 3-4 semanas. Puede trasplantar anuales a las 6 semanas pero no trasplante las perennes hasta que tengan 8 semanas.

Esquejes basales. Corte y elimine los nuevos tallos que broten de la corona o cuello cuando midan de 10 a 15 cm de largo. Enraícelos del mismo modo que los esquejes semimaduros.

Problemas potenciales

Las *Coreopsis* necesitan un muy buen drenaje pero también pueden sufrir por falta de agua. Plante en suelos de drenaje rápido pero manténgalos húmedos mientras plante las nuevas divisiones. Las semillas no germinan bien en suelos que están demasiado calientes; asegúrese de sembrarlas en una zona donde pueda mantener frescas las bandejas de germinación. Los esquejes basales se enraízan con bastante rapidez y los problemas de infecciones fúngicas son bastante raros. Sin embargo, puede que deba protegerlos contra la pérdida de agua a través de sus hojas. No olvide cortar y eliminar las hojas basales cuando clave los esquejes en el sustrato.

Cotoneaster spp.

Cotoneásters
ROSACEAE

Zonas: 5–8

Las aprox. 200 especies de este género son nativas de zonas templadas de Europa, Asia y África. Se cultivan por la profusión de flores blancas o rosadas que cubren sus ramas en primavera y de bayas rojas o amarillas en otoño. Algunas especies forman esteras que crecen a unos cuantos centímetros por encima del suelo pero la mayoría son arbustos de 1,5-3 m de altura y anchura. La mayoría son perennifolios o semiperennifolios pero algunos son de hoja caduca. Entre los más apreciados figuran *C. franchetii*, con hojas verdes grisáceas, flores blancas difundidas de rojo y bayas naranja brillante en otoño; *C. horizontalis*, de hoja caduca con ramas bifurcadas y hojas rojo brillante en otoño, y *C. salicifolius*, un arbusto de 4,5 m de altura y anchura tachonado en otoño de bayas rojo brillante.

MÉTODOS DE PROPAGACIÓN

El más fácil: *por acodos*. Estire las ramas elegidas hasta el suelo en primavera, lacérelas y "grápelas". Estarán listas para el trasplante en otoño o la primavera siguiente.

Otros métodos: *esquejes semimaduros*. Tómelos cuando estén a punto, desde mediados de primavera hasta finales de verano.

Por semillas. Muchos cotoneásters puede propagarse por semillas. Si recupera sus propias semillas, extráigalas de las bayas y, o bien plántelas de inmediato en bandejas destinadas a la cama fría o a un lugar protegido del jardín para pasar el invierno, o bien envuélvalas con turba de esfagno húmeda y guárdelas en una bolsa de plástico en la nevera. En primavera sométalas a la alternancia natural de temperaturas diurnas y nocturnas. Germinarán de forma irregular durante un periodo de un mes o dos.

Problemas potenciales

Las plantas acodadas no deberían plantear problemas a menos que se separen de sus plantas parentales antes de haber formado un sistema radicular que pueda sustentarlas. Asegúrese de que el sistema radicular esté bien desarrollado antes de trasplantar una planta acodada. Las semillas germinan de manera irregular. Mantenga la bandeja bien regada y protegida del calor y la lluvia excesivos al menos durante una estación vegetativa entera.

Cypripedium spp.

Zapatitos de dama
ORCHIDACEAE

[illegible]

Las 45 especies de este género provienen de las zonas templadas del hemisferio boreal, del sur de Asia y de México. Se cultivan por sus flores de primavera –estas delicadas orquídeas crecen hasta sólo unos pocos centímetros por encima del suelo– y también se encuentran creciendo salvajes en muchas zonas boscosas. Las flores varían del amarillo, rosado o blanco al rojo y el púrpura y el labelo o "labio floral" tiene a menudo la forma de una zapatilla.

MÉTODOS DE PROPAGACIÓN

El más fácil: *división.* Divida sus rizomas a principios o mediados de primavera. Repique de inmediato, recogiendo tanta tierra en torno a las raíces como sea posible para perturbar las plantas lo mínimo posible.

Otros métodos: *ninguno.* La división es el único modo de propagación fiable de estas plantas a escala doméstica.

Problemas potenciales

Las raíces necesitan micorrizas, esos hongos beneficiosos que crecen en simbiosis con las plantas. Las micorrizas están en el suelo en torno a las raíces, así que uno está obligado a trasplantarlas junto con la orquídea para perturbar las raíces lo menos posible. Además de asegurarse de recoger algo de tierra junto con la división, cuide de mantener las plantas húmedas mientras estén estableciéndose.

D

Dahlia spp.

Dalias
ASTERACEAE

Zonas: 8–11

Las 30 especies de este género provienen de América Central. Se cultivan por sus flores, tan diversas que el género se divide en varias categorías según el tamaño de la flor. Crecen a partir de tubérculos que son fáciles de arrancar y de almacenar durante el invierno. Todas las especies florecen a mediados de verano si se plantan una vez terminado el riesgo de heladas primaverales. Los cultivares más antiguos como 'Zorro'. 'Jessica', 'Charlie Two' y 'Claire de Lune' siguen siendo plantas de jardín básicas.

MÉTODOS DE PROPAGACIÓN

El más fácil: *división.* Los tubérculos se reproducen de forma natural, y en general encontrará tubérculos pequeños cuando desentierre plantas para el invierno. Almacénelos como los de gran tamaño y plántelos en primavera. Aunque pueden tardar dos años en florecer, se verá recompensado por los cuidados que les prodigó.

Otros métodos: *esquejes basales.* Para tomarlos, ponga los tubérculos en un invernadero o en una parte bien iluminada muy a principios de primavera. Una vez los vástagos que brotan de los tubérculos midan 10 cm, córtelos y repíquelos en un sustrato de enraizar. Coloque sus contenedores de enraizar en una cámara de propagación con nebulizador y con calefacción del suelo que mantenga la temperatura a 24 °C. Se enraizarán en 2 semanas.

Por semillas. Siémbrelas unas 6-8 semanas antes de que cese el riesgo de heladas y coloque sus contenedores sobre un suelo con calefacción para que el sustrato se mantenga a 18-21 °C mientras germinen las semillas.

Problemas potenciales

Los tubérculos no pueden sobrevivir si no producen tallos y hojas; asegúrese de que todos los trozos que corte tengan al menos un ojo. Si corta o rompe los tubérculos antes de almacenarlos, se tornarán sensibles a la pudrición, así que almacénelos tal como salen del suelo. Los esquejes precisan de calor en el suelo y niebla para enraizarse con rapidez. Si no puede ofrecer estas condiciones, inténtelo con esquejes de raíz que encerrará en una bolsa de plástico y colocará sobre un suelo con calefacción. Pero sus probabilidades de éxito serán reducidas. Las semillas son casi infalibles pero recuerde que las plántulas son extremadamente frágiles. Manténgalas en el interior hasta que no exista riesgo de heladas, y adáptelas gradualmente a las condiciones del exterior.

Delphinium spp.

Albarraz y afines
RANUNCULACEAE

Zonas: 4–8

Las 250 especies de este género provienen de todos los continentes excepto Australia y las regiones árticas. Se cultivan por sus altas espigas de elegantes flores blancas, rosadas, moradas, azules, amarillas o rojas. Las espigas florales pueden estar densamente apretadas y en forma de cono, como en las muy apreciadas 'Black Knight' y 'Astolat', o tener hojas dispuestas de forma más laxa, como en *D. cardinale* y 'Blue Butterfly'. Conviene propagar las plantas favoritas con regularidad.

Dahlia spp.

MÉTODOS DE PROPAGACIÓN

El más fácil: *por semillas*. Estratifique las semillas en la nevera durante 2 semanas antes de plantarlas en una mezcla rica en humus. Necesitan oscuridad para germinar; después de cubrirlas con tierra, ponga una gruesa capa de papel encima de la bandeja. Coloque la bandeja a 10°-13 °C de temperatura. Las semillas germinarán en unas 2 semanas.

Otros métodos: *división*. Divida las plantas a principios de otoño y repique de inmediato.

Esquejes basales. Es posible enraizar los brotes jóvenes que surgen del cuello o corona. Tómelos cuando midan de 10 a 15 cm de largo y arráiguelos en una cámara de propagación que mantenga temperaturas de 16-18 °C.

Problemas potenciales

Las semillas entran en latencia si están sujetas a temperaturas demasiado elevadas y es por tanto importante guardar las bandejas donde no puedan sobrecalentarse. Este requisito lo facilita la necesidad de oscuridad que tienen las semillas: germinarán mejor en un sótano fresco. Los esquejes son sensibles a las infecciones fúngicas. Utilice sustratos sin tierra, limpios y frescos y mantenga elevada la circulación del aire.

En zonas muy frías, las divisiones no prosperan si no están establecidas cuando el suelo hiela. Divida y replante al menos 40 días antes de la primera helada otoñal prevista.

Dianthus spp.

Claveles

CARYOPHYLLACEAE

Zonas: 3–9

Las 300 especies de este género provienen de las zonas templadas de Europa y Asia. Se cultivan tanto por su follaje, que en la clavelina *(D. deltoides)* forma una maraña de hojas esbeltas, como por sus flores que varían desde las de los claveles altos y continuamente en flor típicos de los de los ramos comerciales, hasta las del clavel de poeta *(D. barbatus)* que pone un coloreado acento en los arriates de verano. Este género comprende anuales, bianuales y perennes, así como flores que pueden ser fragantes o no. Éstas son blancas, rosadas, rojas o amarillas, pero los rasgos más llamativos son las rayas, las puntillas y los círculos en los pétalos.

MÉTODOS DE PROPAGACIÓN

El más fácil: *por semillas*. En el comercio se encuentran semillas de todos los tipos de claveles. Plante en el interior a principios de primavera y mantenga las bandejas entre 16 y 21 °C. Germinan a las 2 o 3 semanas.

Otros métodos: *por acodos*. Las plantas perennes y altas pueden acodarse. Cuando pueda doblar un tallo sin romperlo, haga una pequeña herida donde entre en contacto con el suelo y "grápelo" al suelo. Si es necesario, acódelo en una maceta dispuesta junto a la planta para no tener que doblar el tallo tan cerca del suelo. Arraigará en un mes. Separe el tallo de la planta parental y cultívelo en la maceta hasta principios de otoño, entonces podrá trasplantarlo al jardín.

Problemas potenciales

Las semillas son casi infalibles pero las plántulas de algunas especies son diminutas; por consiguiente, es fácil que se mueran si no se riegan como es debido; vaporícelas con un nebulizador manual sostenido a la distancia suficiente para que nunca sientan un chorro de agua o de aire. En regiones frías, las plantas acodadas no sobreviven al invierno si no están lo bastante establecidas para soportar los ciclos de congelación y descongelación; si cree que no ha podido establecerse a tiempo para pasar el invierno, hunda toda la maceta en el suelo. En primavera podrá desenterrar y trasplantar la planta al jardín.

Dicentra spp.

Corazones sangrantes

FUMARIACEAE

Zonas: 3–9

Las más de 20 especies de este género provienen de Asia y de Norteamérica. Se cultivan tanto por su follaje delicado y su hábito arbustivo como por sus largas panículas de flores en forma de corazón. Las flores pueden variar del blanco o amarillo al rosado y son a menudo bicolores; su tamaño varía entre 35 cm y 1,5 m de altura pero las especies más comunes, como *D. eximia*, miden unos 60 cm.

MÉTODOS DE PROPAGACIÓN

El más fácil: *por semillas*. Estratifíquelas durante 2 o 3 meses antes de plantarlas en la superficie de la bandeja de germinación. Llene la bandeja con una mezcla basada en compost y añada una capa de vermiculita para sembrar en ella. Las semillas necesitan luz para germinar y pueden tardar hasta 3 meses en hacerlo. Así pues, es mejor cubrir la bandeja con película de plástico y colocarla en un lugar donde la temperatura permanecerá a 13-16 °C.

Otros métodos: *división*. Divida las plantas a principios de primavera, antes de que pueda verse mucha nueva brotación, y repique.

Problemas potenciales

Las semillas no germinan si no pasan por un periodo de enfriamiento o si se sobrecalientan mientras están en la bandeja de germinación. No obstante, si satisface ambas condiciones, la germinación es excelente. El sistema radicular de las divisiones debe estar desarrollado para sustentar la parte aérea mientras se establecen. No divida la mata parental en trozos pequeños y manténgalos bien regados una vez los haya repicado.

Echinacea spp.

E

Echinacea spp.
Equináceas
ASTERACEAE

Zonas: 3–9

Las nueve especies de este género provienen de América del Norte. Se cultivan por sus flores, que exhiben matices de blanco, rosado y púrpura. Las raíces de la equinácea púrpura *(E. purpurea)* tienen, según se dice, virtudes medicinales. Entre los cultivares favoritos figuran 'White Swan', cuyas flores blancas tienen el centro naranja intenso, y 'Magnus', cuyas enormes flores púrpura intenso lo tienen naranja oscuro.

MÉTODOS DE PROPAGACIÓN

El más fácil: *por semillas.* Siembre en el interior en fechas tempranas y mantenga la bandeja de germinación a unos 13-16 °C. La germinación tarda de 2 a 3 semanas.

Otros métodos: *división.* Estas plantas apenas toleran que se muevan sus raíces, así que en zonas frías es mejor dividirlas tan pronto como el suelo esté lo bastante deshelado para cavar. En vez de arrancar el cepellón entero, ponga uno de sus lados al descubierto. Seccione el cepellón y arranque con cuidado sólo la parte que lleva la planta. Llene el hoyo con tierra y repique la división. El mantillo permite conservar la humedad durante la primera estación vegetativa.

Esquejes de raíz. Tómelos en otoño. Hágalo sin desenterrar la planta y una vez más limítese a exponer sólo una parte del cepellón. Coloque los esquejes de raíz horizontalmente en el sustrato en vez de ponerlos verticales y cúbralos con unos 0,5 cm de sustrato. Ponga el sustrato de enraizar en un lugar fresco. Los esquejes arraigarán y producirán tallos en primavera. También puede enterrar los esquejes en el suelo baja una cama fría para que pasen el invierno al exterior.

Problemas potenciales
Las semillas no germinan bien si se sobrecalientan. Las divisiones pueden ser difíciles; si toma las precauciones adecuadas, no debería tener problemas. Al igual que los demás esquejes, los de raíz son sensibles a las infecciones fúngicas; asegúrese de que el sustrato sea estéril. Envuélvalo con película de plástico.

Eranthis spp.
Acónitos invernales
RANUNCULACEAE

Zonas: 4–9

Las siete especies de este género provienen de Europa, Asia y el Lejano Oriente. Se cultivan por sus bonitas y pequeñas flores, a menudo las primeras de la primavera. Las flores de la mayoría de especies y cultivares son de amarillo claro y brillante, pero *E. pinnatifida*, una planta alpina, tiene flores blancas. Las plantas forman grandes masas si sus hojas no se cortan hasta que estén marchitas. Vegetan mejor en una zona húmeda, con sombra parcial y con el suelo de alcalino a sólo algo ácido.

MÉTODOS DE PROPAGACIÓN

El más fácil: *división.* Los tubérculos se incrementan de forma natural y las plantaciones se agrandan año tras año. Para dividir las plantas, separe y trasplante los tubérculos justo después de que florezcan las plantas; no espere hasta el otoño.

Otros métodos: *por semillas.* Puede comprar semillas en empresas especializadas o recolectarlas en sus propias plantas. Cuando estén maduras, siémbrelas en la superficie del suelo en una pequeña bandeja, envuélvalas en película de plástico y luego en una bolsa de plástico cerrada y guárdela en la nevera. Déjela allí durante 3 a 5 semanas. Después saque la bandeja de la nevera y póngala en una cama fría. Es posible que algunas germinen de inmediato pero puede que otras tengan que esperar a la primavera siguiente. Recoja las plántulas después de que les hayan salido sus primeras hojas verdaderas pero no toque el resto de la bandeja. Cultive las plántulas en contenedores hundidos en el suelo bajo la cama fría si las plantas no son lo bastante grandes para su trasplante en otoño.

Problemas potenciales
No vegetan bien si sus tubérculos se secan. Cuando los compre sólo adquiera aquellos envueltos en turba húmeda, porque de lo contrario no brotarían. Recuerde esto también cuando haga divisiones. Póngalas rápidamente –raíces, tubérculos, brotes y todo lo demás– en tierra húmeda cuando divida. La germinación de las semillas es irregular.

Eryngium spp.
Eringios
APIACEAE

Zonas: 3–9

Las más de 200 especies de este género provienen de Europa, N de África, Turquía, Asia y Corea. Se cultivan por sus inusuales flores cónicas, secas, de color verde azulado, verde lavanda o verde grisáceo, y rodeadas de brácteas conspicuas. Las flores duran mucho en el jardín y ponen un intenso énfasis en cualquier arriate; sin embargo, pueden poner un acento todavía más intenso en

Eryngium spp.

un ramo de flores secas que podrá ocupar un lugar central de su casa durante todo el invierno. Los requisitos de su cultivo varían según la especie. Así, el popular cultivar 'Oxford Blue' de *E. bourgatii* necesita un suelo seco con niveles de fertilidad entre moderados y bajos. Por el contrario, 'Silver Ghost', un conocido cultivar de *E. giganteum*, requiere un suelo húmedo y de gran fertilidad.

MÉTODOS DE PROPAGACIÓN

El más fácil: *por semillas*. Plante las semillas maduras en contenedores y póngalas en una cama fría para pasar el invierno. No cubra las semillas con sustrato, ya que necesitan luz para germinar; también tienen que pasar por un periodo de frío, aunque esto lo tendrán sin duda en la cama fría. Como alternativa envuelva la bandeja de germinación con película de plástico y póngala en la nevera durante 3-5 semanas. A continuación saque la bandeja y póngala en una cama fría. Algunas semillas pueden germinar enseguida y otras pueden no hacerlo hasta la primavera siguiente. Repique las plántulas cuando ya tengan sus primeras hojas verdaderas pero no toque el resto de la bandeja. Si no son lo bastante grandes para sobrevivir por sí mismas, hunda sus contenedores en el suelo bajo una cama fría.

Otros métodos: *división*. Divida las plantas a principios de primavera y vaya con mucho cuidado al hacerlo porque son muy sensibles.

Esquejes de raíz. Tómelos en otoño, repíquelos en el medio de enraizar y deje sus macetas en la cama fría durante el invierno.

Problemas potenciales

Es posible que las semillas adquiridas en el comercio no se hayan estratificado del modo debido. Evite las desilusiones tomando la mitad de las semillas del paquete, sembrándolas en una bandeja y estratificándolas como se especifica antes (pero en vez de poner la bandeja en una cama fría después de sacarla de la nevera, póngala sobre una manta térmica para mantener la temperatura del suelo a 18-24 °C). Siembre la otra mitad del paquete de semillas tal como lo haría habitualmente. Para dividir bien las plantas, la distribución temporal de las tareas debe ser precisa. En regiones frías, divídalas en primavera tan pronto como pueda hundir una pala en el suelo. Manténgalas cubiertas de mantillo durante la estación vegetativa y protéjalas del sol brillante si no están bien establecidas hacia mediados de verano. Los esquejes de raíz son muy sensibles a los hongos patógenos del suelo. Utilice sustratos frescos y limpios para minimizar los riesgos de infección.

Erythronium spp.

Dientes de perro
LILIACEAE

Zonas: 3–9

Las más de 20 especies de este género provienen de Europa, Asia y Norteamérica. Estas plantas se cultivan por sus extraordinarias flores, así como por su momento de floración –principios de primavera– y su tolerancia a la sombra de los caducifolios. Las flores parecen azucenas diminutas; cuelgan en grupos de tallos delgados y su color varía del blanco o rosado al malva, violeta o amarillo. Los estambres de todas las especies son prominentes, al igual que en muchas liliáceas. Las hojas se forman en pares y son verdes y moteadas o rayadas de amarillo o de un color cuya mejor descripción es un granate apagado.

MÉTODOS DE PROPAGACIÓN

El más fácil: Estas plantas se reproducen bastante bien en la naturaleza. Por ser bulbos, producen renuevos cada estación. Si crecen en un medio ambiente adecuado –suelo fértil y luz tamizada o sombra moteada– ocuparán toda su zona con rapidez. Si quiere ayudarlas a ello, desentiérrelas en otoño y replántelas de inmediato. Cuando compre bulbos, adquiera tan sólo los que estén envueltos en turba de esfagno húmedo o un material similar, ya que estos bulbos no toleran estar secos.

Otros métodos: *por semillas*. Las empresas especializadas venden semillas de estas plantas, si bien es más práctico que recupere las suyas. Necesitan enfriamiento, así que o bien siémbrelas en una bandeja que guardará en la nevera durante el invierno o bien ponga la bandeja con semillas en una cama fría. En primavera, ponga la bandeja en un lugar cuya temperatura del suelo varíe en torno a 10-16 °C. Las semillas pueden tardar un año entero en germinar.

Problemas potenciales

Los únicos posibles problemas que podría tener al arrancar y dividir bulbos es dejar que se sequen demasiado antes de trasplantarlos o escindirlos con su herramienta de cavar. La impaciencia es el problema más probable que puede crearse cuando se propaga por semillas; no olvide mantener el sustrato húmedo y no deje que se sobrecaliente; en verano sombréelo si es necesario. Las plantas le recompensarán por estos cuidados.

Eucalyptus spp.

Eucaliptos
MYRTACEAE

Zonas: 8–10

Las más de 500 especies de este género provienen de Australia, las Filipinas, Malasia, Indonesia, Papúa Nueva Guinea y Melanesia. Aunque son plantas tropicales o subtropicales, en los países fríos las cultivan en maceta, en el interior todo el año o en el exterior durante el verano y en el interior durante el invierno. Los jardineros las aprecian por su follaje aromático, que en muchas especies es de un suave verde grisáceo, y por su corteza decorativa que se desprende en tiras y cuyo color varía del naranja canela intenso al blanco, gris o marrón.

MÉTODOS DE PROPAGACIÓN

El más fácil: *semillas*. Las semillas de las especies más apreciadas, como el eucalipto aromático o limón *(E. citriodora)* y el eucalipto plateado *(E. cinerea)* son relativamente fáciles de adquirir y fáciles de germinar. Enfríelas en la nevera durante 2 semanas y a continuación siémbrelas poco profundamente. Ponga el contenedor de germinación sobre una manta térmica que pueda ajustar a 21-24 °C. Si está interesado en especies más exóticas busque las compañías australianas en internet. Compre las semillas, enfríelas tal como se ha descrito antes y a continuación remójelas en agua.

Otros métodos: la propagación por semillas es la única factible a escala doméstica.

Problemas potenciales

La germinación es irregular pero casi siempre exitosa. Los problemas aparecen cuando se intenta cultivar las plántulas. Repíquelas a los contenedores de cultivo tan pronto como vea hojas verdaderas. Estas plantas toleran mal que se muevan sus raíces, así que es mejor repicarlas cuando son pequeñas para minimizar este problema. Cultívelas siempre en un contenedor con los lados lisos para no forcejear con el cepellón y poder cambiarlas sin problema a una maceta más grande. Por lo demás, puede que tenga que rodrigarlas cuando son jóvenes para evitar que se doblen. Aun así, no las ate con fuerza, ya que el balanceo causado por el viento ayuda a fortalecer su tronco.

Euonymus spp.

Boneteros o evónimos
CELASTRACEAE

Zonas: 4–9

La mayoría de las 175 especies de este género provienen de Asia. Se cultivan en todo el mundo por su follaje ornamental, que en otoño adquiere vivos colores, y por sus frutos decorativos. Los evónimos pueden ser perennifolios, semiperennifolios y de hoja caduca y crecer como arbustos, árboles o plantas trepadoras. El color estival de las hojas varía del verde liso al verde con rayas amarillas o con jaspeados blancos, crema o amarillos; en la mayoría de especies se vuelven de un rojo brillante en otoño y los frutos, también de colores vivos, se abren para mostrar las semillas. El bonetero con alas *(E. alatus)* es una de las especies más cultivadas, al igual que los cultivares del bonetero rastrero *(E. fortunei)* y los de *E. japonicus*.

MÉTODOS DE PROPAGACIÓN

El más fácil: *por acodos*. Casi siempre es exitoso. Sostenga una maceta con tierra lo bastante cerca de la planta para poder doblar una de sus ramas. Hiera la corteza, "grape" la rama y deje que se arraigue. Si no está lista para el trasplante antes del invierno, hunda su contenedor en el suelo del jardín y trasplántela en primavera.

Otros métodos: *esquejes semimaduros*. Tómelos en verano, cuando empiecen a endurecerse, y arráiguelos como de costumbre.

Esquejes de madera verde. Se aplican en los cultivares de hoja caduca. Enraícelos en sustrato limpio y fresco.

Problemas potenciales

Los esquejes pueden contraer enfermedades fúngicas pero si utiliza sustratos frescos y los mantiene en un medio apropiado, es probable que los mantenga a salvo de las infecciones.

Eustoma spp.

GENTIANACEAE

Zonas: 6–11

Las tres especies del género *Eustoma* provienen de América del Sur, América Central y el SE de EE UU. Se cultivan por sus flores hermosas que duran tanto en el jardín como en jarrón. Podrá encontrar cultivares sencillos o dobles cuyo color varía del amarillo o el rosado al azul. Algunos tienen marcas en forma de puntilla en el borde de sus pétalos pero otros son de color liso. Antaño bastante inusuales en los jardines y propias de regiones más frías que la zona de rusticidad 8, se están volviendo comunes a medida que se van descubriendo. Destacan los cultivares de las series Heidi y Echo, 'Maurine Blue' y los resistentes al calor de la serie Flamenco.

MÉTODOS DE PROPAGACIÓN

El más fácil: *por semillas*. Plántelas a principios de primavera porque son de crecimiento lento. Suelen germinar en 2 o 3 semanas pero tardan de 8 a 10 semanas en llegar al tamaño de trasplante. Necesitan luz y temperaturas del suelo de 21 a 24 °C.

Otros métodos: *división*. En zonas donde son rústicas puede dividirlas a principios de primavera, antes de que crezcan con vigor.

Problemas potenciales

Las semillas son vulnerables a los microorganismos de la podredumbre de los semilleros. Minimice los riesgos sembrándolas en una fina capa de vermiculita extendida sobre el sustrato de germinación y asegúrese de que sea de drenaje rápido. Mantenga la circulación del aire elevada donde estén creciendo. Las divisiones son robustas; no tendrá problemas si las repica en un lugar apropiado.

F

Ficus spp.

Higuera y ficus
MORACEAE

Zonas: 8–11

Las 800 especies del género provienen de las regiones tropicales y subtropicales y varían desde árboles hasta arbustos y plantas trepadoras. Casi todas son perennifolias. Se cultivan por su impresionante follaje, por su voluminoso tronco o por sus frutos. *Ficus benjamina* es una planta de interior popular en zonas frías y cada vez más una de exterior en zonas mediterráneas, como el árbol del caucho *(Ficus elastica)*. La higuera *(F. carica)*, que produce el higo comestible, es una de las especies más rústicas, ya que con protección invernal sobrevive incluso en la zona 6.

MÉTODOS DE PROPAGACIÓN

El más fácil: *por acodos*. Es la manera más segura de propagar ficus. Empiece el acodado aéreo de mediados de primavera a mediados de verano.

Otros métodos: *esquejes semimaduros*. Es el método preferible para la higuera y *Ficus benjamina*. Tome los esquejes de mediados de primavera a mediados de verano.

Semillas. Siémbrelas en primavera. Necesitan luz para germinar, así que colóquelas en la superficie de una capa de vermiculita que recubre una mezcla de tierra basada en compost y nebulícelas hasta dentro de las pequeñas oquedades de la vermiculita. Cubra la bandeja con una hoja de vidrio o con película de plástico para crear un medio ambiente húmedo y póngala sobre una manta térmica ajustada a 18-21 °C.

Problemas potenciales

El acodado aéreo requiere un ambiente cálido aunque no caluroso. No olvide envolver el acodo aéreo con hoja de aluminio si la planta está en un lugar donde la luz solar pueda sobrecalentar el sustrato bajo el envoltorio de plástico. Los esquejes semimaduros son sensibles a las infecciones fúngicas. Para acelerar el enraizado, coloque el contenedor para enraizar sobre una manta térmica de fondo ajustada a 18-21 °C. Las semillas también se mueren si se sobrecalientan. Colóquelas donde reciban luz de fluorescentes o luz solar difusa, pero nunca directa.

Forsythia spp.

Forsitias
OLEACEAE

Zonas: 5–9

Seis de las 7 especies de este género provienen del E de Asia y la otra es nativa de Europa. Las forsitias se cultivan a menudo por las flores amarillas brillantes y con cuatro pétalos que cubren sus ramas a principios de primavera, antes de que las hojas broten de las yemas, y también para formar excelentes setos. Pueden volverse ingobernables si no se podan; absténgase de utilizarlas en plantaciones formales a menos que pueda podarlas cada año justo después de la floración.

MÉTODOS DE PROPAGACIÓN

El más fácil: *división*. Estire las ramas seleccionadas hasta el suelo en cualquier momento de la estación vegetativa, lacérelas y fíjelas al suelo. Estarán listas para el trasplante en otoño o a la primavera siguiente.

Otros métodos: *esquejes de madera verde*. Tómelos en primavera.

Esquejes semimaduros. Estos esquejes suelen estar listos a mediados-finales de verano.

Problemas potenciales

Estas plantas se arraigan con extrema rapidez y rara vez crean problemas. Sin embargo, si su medio de enraizar o su contenedor de germinación está contaminado, pueden contraer una serie de enfermedades fúngicas.

Franklinia alatamaha

THEACEAE

Zonas: 6–9

La única especie de este género proviene de Georgia, en el SE de EE UU, y ya no puede encontrarse en la naturaleza. Se cultiva por sus elegantes flores blancas con destacados centros amarillos y por sus hojas verdes lustrosas que se vuelven rojas en otoño. Las flores son fragantes y brotan a finales de verano-principios de otoño, cuando florecen pocos arbustos y pequeños árboles.

MÉTODOS DE PROPAGACIÓN

El más fácil: *esquejes de madera blanda.* Tómelos a finales de primavera y enraícelos en un sustrato sin tierra. Si es posible, colóquelos sobre una unidad de propagación con nebulizador; en caso contrario, utilice calefacción de fondo y nebulice los esquejes a mano varias veces al día.

Otros métodos: *por acodos.* El acodado sólo puede hacerse cuando las ramas son todavía lo bastante flexibles para llegar al suelo.

Por semillas. Plántelas tan pronto como estén maduras: por lo general muy a finales de otoño. Coloque la bandeja con semillas en un lugar protegido del exterior o bajo una cama fría para pasar el invierno. Como alternativa puede colocar la bandeja sobre una manta térmica ajustada a 10 °C.

Problemas potenciales

Proteja los esquejes de las infecciones fúngicas repicándolos en un sustrato sin tierra limpio y fresco y dándoles calefacción de fondo.

El acodado es una manera muy segura de propagar cualquier planta, incluida ésta.

El único posible problema se crearía al separar la planta acodada de la parental antes de que su sistema radicular sea lo bastante grande para poder vivir por sí misma. La propagación por semillas no es en absoluto segura; aunque es posible obtener buenos resultados, es un método menos fiable que los esquejes, simplemente porque las semillas pueden tardar mucho en germinar.

G

Gaillardia spp.

Gailardias

ASTERACEAE

Zonas: 3–9

Las 30 especies de este género son originarias de América del Norte y del Sur. Se cultivan por sus flores cuyos vivos colores varían del rojo al naranja o amarillo. Los discos centrales varían del naranja al púrpura, marrón y rojo. Algunos cultivares tienen pétalos con flecos y otros, como *G.* x *grandiflora* 'Dazzler', tienen pétalos rojos con la punta amarilla. Entre los cultivares más apreciados figuran 'Baby Cole', 'Red Plume' y 'Kobold'.

MÉTODOS DE PROPAGACIÓN

El más fácil: *por semillas.* Todos los tipos de *Gaillardia*, desde las anuales a las bianuales y perennes, crecen bien a partir de las semillas. Espárzalas sobre la superficie de un sustrato con una base de compost; necesitan luz para germinar. Si es posible, coloque las bandejas sobre una manta térmica porque las tasas de germinación son máximas cuando el suelo se mantiene constantemente entre 21° y 24 °C.

Otros métodos: *división.* Las especies perennes responden bien a la división. Arránquelas y divídalas muy a principios de primavera, antes de que hayan reanudado el crecimiento vigoroso de la estación vegetativa.

Esquejes de raíz. Si quiere propagar a toda prisa una gran cantidad de un cultivar concreto, tome esquejes de raíz a finales de invierno o principios de primavera y repíquelos verticalmente en una bandeja o maceta. Coloque la maceta en una cama fría o en un lugar protegido del jardín y protéjala de la lluvia excesiva. Las nuevas plantas aparecerán a finales de primavera o principios de verano.

Problemas potenciales

Las semillas son poco menos que infalibles, a menos que las plante tan hondo que no les llegue la luz. Las divisiones prenden con facilidad, siempre que tengan un sistema radicular lo bastante grande para sustentar la parte aérea y que las mantenga húmedas mientras se están estableciendo. Los esquejes de raíz son más fáciles de lo que podría imaginarse; asegúrese de que el medio de enraizar drene con facilidad y rapidez para que los esquejes no estén expuestos a agua estancada dentro de la maceta.

Galanthus spp.

Galanthus spp.

Campanillas de invierno
AMARYLLIDACEAE

Zonas: 3–9

Las 19 especies de este género son nativas de Europa y del O de Asia. Se cultivan por sus bonitas flores péndulas que figuran entre las primeras que aparecen en primavera. Las flores, fragantes y de color blanco níveo, tienen a menudo las puntas de los pétalos verdes. Los cultivares de *G. nivalis* como 'Sandersii' tienen un llamativo cáliz amarillo, mientras que 'Lady Elphinstone' tiene un doble centro amarillo.

MÉTODOS DE PROPAGACIÓN

El más fácil: *división*. Desentierre y divida los grupos de bulbos cuando las flores se marchiten pero antes de que lo hagan las flores. Se multiplican con rapidez, así que es probable que invadan su zona si no las divide cada 3 o 4 años.

Otros métodos: *por semillas*. Puede recolectarlas tan pronto como estén maduras y sembrarlas en una bandeja con una mezcla de tierra rica en compost. Entre la bandeja para protegerla del calor excesivo del sol. Trasplante las plántulas al jardín en otoño.

Problemas potenciales

Los bulbos se mueren si se secan después de transplantarlos. Muévalos con cuidado, perturbando las raíces lo mínimo, y manténgalos húmedos durante su primer verano. La mayoría de las campanillas de invierno del comercio son híbridos, con lo que es probable que las francas –las que obtenga de las semillas recuperadas– no se parezcan a las parentales. Pero no supone un problema: todas son bonitas y florecen pronto.

Galium spp.

Galios
RUBIACEAE

Zonas: 5–8

Las 400 especies de este género provienen de las regiones templadas de todo el mundo. Sólo unas pocas son aptas para el jardín. Se cultivan por sus verticilos de hojas verde diáfano y por su capacidad de crear una bonita cobertura del suelo al sol o en la sombra parcial. Tienen flores blancas, blanco rosáceas o blanco amarillentas. Cuando las hojas se cortan y secan, huelen a heno o hierba recién cortados, siendo útiles para perfumar en bolsitas los armarios de ropa blanca.

MÉTODOS DE PROPAGACIÓN

El más fácil: *división*. Estas plantas crecen a partir de rizomas que son fáciles de dividir. Puede hacerlo en otoño o en primavera, según su conveniencia.

Otros métodos: *por semillas*. Los galios producen semillas viables. Plántelas cuando estén maduras. Plántelas cuando estén maduras en una tierra de maceta rica en compost y manténgalas entre 16 y 21 °C.

Problemas potenciales

No deje que las divisiones se sequen hasta que se hayan establecido ya que de lo contrario se morirían. Si las divide en otoño y vive en una zona con muchas heladas es mejor cubrir las divisiones con mantillo cuando el suelo se hiele. No deje que las semillas se sobrecalienten so pena de que entren en latencia o incluso de que se mueran.

Gardenia spp.

Gardenias
RUBIACEAE

Zonas: 8–10

Las 200 especies de este género provienen de zonas tropicales de África y de Asia. Se cultivan por sus flores fragantes y de color blanco ceroso y por sus hojas verde lustroso. Florecen muchos meses; las solitarias flores nunca recubren la planta sino que aparecen esporádicas durante la época de floración. Prosperan con sombra parcial y son ideales para las zonas con suelo ácido. Son muy apreciados 'First Love', 'Mistery' y 'Daisy'.

MÉTODOS DE PROPAGACIÓN

El más fácil: *esquejes de madera blanda*. Tómelos en primavera, cuando la madera está todavía blanda, y repíquelos en una cámara de propagación con niebla.

Otros métodos: *injerto*. Tanto el injerto de cuña lateral como el de cuña apical son apropiados para las gardenias.

Problemas potenciales

No son fáciles de propagar, así que tendrá problemas. Con una cámara de propagación nebulizada logrará enraizar los esquejes; sin ella, puede ser un reto mantener húmeda la zona en torno a las plantas. Llene una bandeja de guijarros y agua y póngala dentro de una "tienda" de plástico junto a la maceta de esquejes. La maceta de guijarros desprenderá humedad. Con todo, no coloque la maceta sobre la bandeja porque correría el riesgo de humedecer en exceso la mezcla. Mantenga una limpieza impecable al injertar y asegúrese de alinear ambas capas de cámbium para que sus superficies estén en contacto.

Gentiana spp.

Gencianas
GENTIANACEAE

Zonas: 3–9

Las aprox. 400 especies de este género provienen de zonas templadas de todo el mundo, sobre todo de regiones montañosas. Se cultivan por sus flores grandes y llamativas, en forma de trompeta en la mayoría de especies. Tienen un periodo de floración prolongado y la mayoría de especies tienen flores púrpura o azules, aunque algunas, como *G. dendrologii*, tienen flores blancas, y otras como *G. alba*, las tienen verde amarillento. Muchas especies florecen en otoño y ponen una nota azul en los jardines donde predominan los amarillos y naranjas. Entre las especies y los cultivares favoritos figuran la genciana de primavera (*G. verna*), *G.* 'Devonhall' y la genciana amarilla (*G. lutea*).

MÉTODOS DE PROPAGACIÓN

El más fácil: *por semillas*. Hay semillas ampliamente disponibles en el comercio para muchas especies y cultivares. Enfríelas durante 2 meses en la nevera y acto seguido plántelas en bandejas. Cubra las bandejas con cartón para que no entre la luz; estas semillas necesitan oscuridad para germinar. Mantenga la temperatura del suelo a 21-24 °C mientras estén germinando las plantas.

Otros métodos: *división*. Divida a principios de primavera y replante o repique en macetas de inmediato.

Esquejes basales. Estos esquejes arraigan bien en un sustrato húmedo. Córtelos cuando midan 10-15 cm de altura y repíquelos en un sustrato sin tierra húmedo. Cubra la bandeja para enraizar con una "tienda" de plásticos para mantener la humedad elevada.

Problemas potenciales

Dependiendo de la especie, las semillas germinan en entre 2 semanas y 6 meses después de la siembra. Lea la información del paquete o del catálogo. Si tiene semillas que tardan mucho en germinar, asegúrese de colocarlas en un lugar donde se acuerde de cuidar de ellas. Estas plantas se dividen bien pero, como siempre, las divisiones deben tener el tamaño apropiado para sobrevivir el tiempo suficiente hasta que arraiguen por completo. Son muy atractivas para las babosas, así que vigílelas más de lo habitual cuando se estén enraizando. Los esquejes basales son sensibles a las infecciones fúngicas; puede minimizar los riesgos de infección si los repica en contenedores esterilizados y con un sustrato para enraizar fresco.

Geranium spp.

GERANIACEAE

Zonas: 5–9

Las más de 300 especies de este género provienen de zonas templadas de todo lo ancho del mundo. Muchas especies prosperan a pleno sol mientras que otras crecen mejor en la sombra parcial. Se cultivan tanto por su follaje decorativo como por sus bonitas flores. El color de éstas varía del blanco o azul al rosado, púrpura o magenta y la altura de las plantas varía entre 15 y 45 cm. Hay cientos y cientos de cultivares y entre los favoritos figuran *G.* 'Johnson Blue', 'Wargrave Pink' y *G. sanguineum* var. *striatum*.

MÉTODOS DE PROPAGACIÓN

El más fácil: *división*. Divídalas en primavera; muchas crecen a partir de tubérculos y otras tienen un sistema radicular fibroso. En cualquier caso son fáciles de dividir.

Otros métodos: *por semillas*. En el comercio se encuentran semillas de muchas especies y cultivares. Coloque las bandejas en un lugar donde la temperatura del suelo sea de 10 °C.

Esquejes de madera blanda. Tómelos en primavera y enraícelos en un sustrato de drenaje rápido, preferiblemente en una cámara de propagación. Si es imposible, coloque sus contenedores de enraizar sobre una manta térmica que mantenga el sustrato a 21-24 °C.

Problemas potenciales

Asegúrese de que las divisiones tengan un sistema radicular adecuado para sobrevivir, y manténgalas húmedas mientras se estén estableciendo. Las semillas de algunas especies germinan de forma esporádica; no brotarán durante al menos 3 meses. Los esquejes son sensibles a las infecciones fúngicas; para enraizarlos utilice sustratos limpios y frescos.

Gerbera spp.

Gerberas

ASTERACEAE

Zonas: 8–11

Las 40 especies de este género provienen de Sudáfrica, Madagascar, Asia e Indonesia. Se cultivan por sus llamativas flores solitarias en vivos tonos de rojo, rosado, púrpura, naranja y amarillo y por sus marañas de hojas profundamente lobuladas. Entre sus principales cultivares figuran 'Terrafame', 'Nova', 'Fleur', 'Beauty' y 'Cora'.

MÉTODOS DE PROPAGACIÓN

El más fácil: *por semillas*. Las semillas son fáciles de adquirir. Siémbrelas a principios de primavera, unas 8 a 10 semanas antes de que termine el riesgo de heladas. Necesitan luz para germinar, así que es mejor plantarlas con el extremo puntiagudo hacia abajo y dejar un poco del extremo más redondeado expuesto a la luz. Necesitan de 21 a 24 °C para germinar, proceso que suele tardar de 2 a 3 semanas.

Otros métodos: *división*. Allí donde sean robustas, divida las plantas a principios de primavera o bien en otoño.

Esquejes basales. Tómelos cuando midan 10-15 cm de largo y enraícelos en un sustrato fresco y limpio a 24 °C de temperatura del suelo. Si no dispone de cámara de propagación, no olvide nebulizarlos con frecuencia durante el día.

Problemas potenciales

Las semillas son un medio fiable de propagar las gerberas. Sin embargo, como todas las semillas, requieren ciertas condiciones ecológicas. En su caso, no deje que se enfríen: mantenga el sustrato de tierra, así como el aire en torno a él, cálido mientras estén germinando. Las divisiones son también un modo de propagación casi infalible siempre que los trozos sean lo suficientemente grandes para establecerse por sí mismos. Los esquejes basales son sensibles a las infecciones fúngicas; aun así, tendrá éxito con ellos si los mantiene bastante cálidos mientras se estén enraizando y si utiliza un sustrato limpio y fresco.

Geranium spp.

Hedera spp.

Gladiolus spp.

Gladiolos
IRIDACEAE

Zonas: 8–10

Las 180 especies de este género son nativas de África, el Mediterráneo, la península Arábiga, Madagascar y el O de Asia. Se cultivan por sus espigas altas que dan estructura a cualquier arriate y también como flor cortada. En la mayoría de especies, las flores están muy apretadas en la espiga, lo que les da un aspecto exuberante. En *G. callianthus* y *G. tristis*, sin embargo, están muy espaciadas y cada una pende hacia delante a partir de un largo tubo. Hay muchas cultivares disponibles.

MÉTODOS DE PROPAGACIÓN

El más fácil: *división*. Los cormos se reproducen a sí mismos cada año. En climas donde son rústicos, puede dejarlos en su sitio y se multiplicarán de forma natural. En zonas más frías, donde deberá desenterrarlos para que pasen el invierno en el interior, es mejor dejar que las hojas y los cormos se sequen antes de almacenarlos. Una vez secos almacene sólo el cormo nuevo. También se encontrará con algunos bebés cormo; almacénelos y plántelos en una cama de germinación en el exterior cuando haga su primera plantación del año.

Otros métodos: *por semillas*. Si no ha eliminado los pedúnculos marchitos, puede recolectar semillas en las cabezuelas florales secas a finales de verano o principios de otoño. Déjelas secar y guárdelas hasta la primavera. Siémbrelas en una cama de germinación en el exterior o en bandejas en el interior. Mantenga el suelo a 21-24 °C. Si vive en una zona donde no son rústicas, arranque las plantas al final de la estación vegetativa y almacene los bebés cormo que se estén formando. Repita la rutina de plantación y arrancado el año siguiente. Hacia el tercer o cuarto año, serán lo bastante grandes para florecer, pero no se parecerán a su planta parental, ya que se habrán cruzado con otros gladiolos.

Problemas potenciales

A menos que los plante en un suelo muy empapado o antes de que termine el riesgo de heladas, no debería tener problemas. Con la jardinería se adquiere paciencia; para que algunas plantas maduren, los jardineros tienen que esperar y años. Esto pasa con los gladiolos; sólo cosechará éxitos si ha aprendido la lección de la paciencia.

H

Hamamelis spp.

Avellanos de bruja
HAMAMELIDACEAE

Zonas: 5–9

Las cinco especies de este género provienen del E de Asia y de Norteamérica. Se cultivan por sus fragantes flores que brotan al final del invierno o muy a principios de primavera, así como por su valor como rasgos arquitectónicos en el jardín y por su vivo follaje otoñal. Las flores son amarillas o naranjas y alegran los tristes días invernales con su promesa de la primavera que se aproxima. Su fragancia es más refrescante que dulce.

MÉTODOS DE PROPAGACIÓN

El más fácil: *por acodos*. Acode las ramas a mediados de primavera, déjelas en su sitio durante la estación vegetativa entera o incluso más, quizás hasta el siguiente año.

Otros métodos: *acodado aéreo*. Rara vez se emplea este método, aunque sea excelente para propagar algunas plantas, como los *Hamamelis*. Acode del mismo modo que lo haría en el interior, envuelva bien la superficie acodada con hoja de aluminio.

Esquejes de madera blanda. Tómelos a finales de primavera y enraícelos en una cámara de propagación. Si esto es imposible, cubra la maceta con una "tienda" de plástico.

Injerto de contacto. Injerte a principios de primavera.

Problemas potenciales

Los acodos son casi infalibles si los deja en su sitio el tiempo suficiente para que desarrollen un buen sistema radicular. No tenga prisa para separarlos de su planta parental. Los acodos aéreos son también fiables, a menos que se sequen. Compruebe el material envuelto en aluminio y plástico para asegurarse de que está bastante húmedo y que no se sobrecalienta. Los esquejes son propensos a las infecciones fúngicas: utilice contenedores y sustratos limpios y frescos. Los injertos fallan porque la madera se seca o las capas de cámbium no están en contacto. Cerciórese de que la unión del injerto esté bien envuelta para conservar la humedad y de que ambas capas de cámbium estén en contacto.

Hedera spp.

Hiedras
ARALIACEAE

Zonas: 4–9

Las aprox. 10 especies de este género provienen de regiones templadas a lo ancho del mundo, en especial de Asia, N de África, las Canarias, las Azores, el O de Europa y se cultivan por su follaje y su hábito, ya que son trepadoras y/o rastreras que confieren belleza y carácter a todos los lugares donde crecen. La forma de las hojas varía y su coloración puede ser jaspeada o lisa. Las plantas maduras tienen bayas en otoño. Entre los cultivares favoritos figuran los de la hiedra común *(H. helix)*, tales como los jaspeados 'Calico' y 'Telecurl', y los de *H. nepalensis* como 'Suzanne' y 'Marbled Dragon'.

MÉTODOS DE PROPAGACIÓN

El más fácil: *por acodos*. Las plantas jóvenes en crecimiento vegetativo activo producen raicillas adventicias en sus nudos.

Otros métodos: *esquejes semimaduros*. Tómelos en verano y enraícelos en una cámara de propagación nebulizada o al menos con calefacción de fondo. Dependiendo del clima de su región y del sistema radicular de la nueva planta, hágales pasar el invierno bajo una cama fría o dentro de la casa y trasplántelos al jardín en primavera.

Esquejes de madera dura. Tómelos a principios del invierno y manténgalos en una cama fría durante el invierno.

Problemas potenciales

La hiedra tiene dos fases de crecimiento diferenciadas: la juvenil o vegetativa y la madura o de floración y fructificación. Propague tan sólo la brotación juvenil; la madera madura es resistente al enraizado, tanto desde los nudos como desde el meristemo del tallo. El enraizado es lento, tanto si acoda la planta como si trabaja con esquejes. Proteja las plantas introduciendo aire fresco en la unidad de propagación y asegurándose de esterilizar los contenedores y de que el sustrato sea fresco y limpio.

Helleborus spp.

Eléboros
RANUNCULACEAE

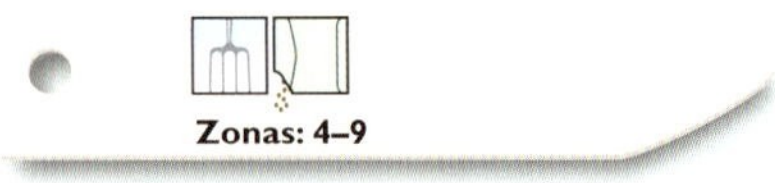

Las 15 especies de este género provienen de Europa y del O de Asia. Se cultivan por sus flores en forma de platillo que a finales de invierno y principios de primavera se alzan por encima de las decorativas hojas y por sus tallos de aspecto suculento. Las especies difieren por [illegible] importante saber si el tipo que ha comprado prefiere los suelos alcalinos o ácidos, el sol o la sombra. Cada año se introducen en el mercado nuevos y destacados cultivares. Algunos de los cultivares y especies favoritos son el eléboro negro *(H. niger)*, con flores blancas difundidas de rosado y con el centro verdoso, *H.* x *hybridus*, los híbridos de *H. orientalis* con otros eléboros cuyo color varía del blanco al verde, amarillo, rosado o púrpura, y algunos de los eléboros verdes como *H. cyclophyllus* y *H. argutifolius*.

MÉTODOS DE PROPAGACIÓN

El más fácil: *división*. Divídalas en primavera o a principios de verano, terminada la floración. Propague *H. foetidus* y *H. argutifolius* por semillas.

Otros métodos: *por semillas*. Siémbrelas tan pronto como maduren. No espere a que germinen hasta un año después: algunas tardan 2 anos. Coloque la bandeja con semillas en un lugar protegido o en una cama fría.

Problemas potenciales

Es importante que las semillas no se sequen y por eso la mayoría de cultivadores cubren la bandeja con una hoja de vidrio o con una película de plástico resistente. Recuerde que el suelo puede sobrecalentarse bajo esta cobertura; mantenga la bandeja sombreada. Recuerde controlar los niveles de humedad.

Hemerocallis spp.

Lirios de día
LILIACEAE

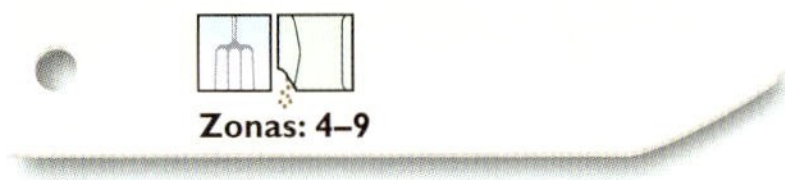

Las 14 o 15 especies de este género provienen de China, Corea y Japón. Se cultivan por su versatilidad en el jardín, así como por sus bonitas flores y su follaje. Hay muchos miles de cultivares y siempre que no busque un lirio de día azul, podrá encontrar alguno cuyo color y forma se adecuen a sus necesidades: flor sencilla o doble, en forma de estrella, redondeada o triangular. Muchos de los híbridos son tetraploides, es decir, plantas con cuatro series de cromosomas en lugar de dos.

MÉTODOS DE PROPAGACIÓN

El más fácil: *división*. Los lirios de día son fáciles de dividir. Puede dividir la mayoría de especies en cualquier momento de la estación vegetativa, pero las perennifolias prosperarán mejor si lo hace en primavera, y las especies herbáceas si las divide en primavera o en otoño pero no en verano.

Otros métodos: *por semillas*. Recolecte las semillas cuando las cápsulas se abran. Deben pasar por el período de frío, así que o bien guárdelas en la nevera durante el invierno y siémbrelas en primavera o bien siémbrelas de inmediato en una bandeja de germinación que guardará en la cama fría todo el invierno.

Problemas potenciales

Los únicos problemas que podría tener con las divisiones se crearían al repicarlas en un suelo que no drene bien o al colocarlas a la sombra. Si el ambiente es hospitalario, las divisiones se establecerán por sí mismas. No cuente con que sus plantas francas (nacidas de semilla) se parezcan a la parental; por una parte, porque los híbridos francos nunca tienen este parecido y, por otra, porque si cultiva más de una especie o cultivar, es probable que cualesquiera semillas que tenga sean híbridos "caseros". Pese a esto, no se desanime a cultivar a partir de semillas: ¡puede obtener el siguiente híbrido popular de lirio de día! Tenga paciencia; póngalas en un lugar protegido del jardín para que crezcan durante los 3 o 4 anos que tardarán en alcanzar la floración.

Heuchera spp.

Campanas de coral
SAXIFRAGACEAE

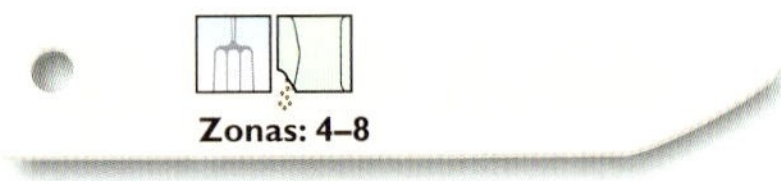

Las 55 especies de este género son oriundas de Norteamérica y México. Se cultiva por sus hojas ornamentales y por sus diminutas flores inclinadas que se alzan con sus altos tallos por encima de follaje. Las hojas pueden ser verdes, marrón cacao o púrpura y están a menudo moteadas o rayadas de plateado y de púrpura. Entre los cultivares favoritos figuran 'Palace Purple', 'Chocolate Ruffles' y 'Pewter Moon'.

MÉTODOS DE PROPAGACIÓN

El más fácil: *división*. Divida las plantas en otoño. Arránquelas y replántelas cada pocos años porque su cuello tiende a levantarse del suelo, lo que las hace más sensibles a los daños invernales. Cuando aparecen los cuellos es el momento de dividirlos.

Otros métodos: *por semillas*. Las pequeñas semillas necesitan luz para germinar, así que espolvoréelas sobre una capa de vermiculita extendida sobre una mezcla para maceta basada en compost y nebulícelas hasta dentro de las oquedades de la vermiculita. Germinan mejor entre 18 y 21 °C, así que si es necesario póngalas sobre una manta térmica. La mayoría germina en 2 semanas como máximo pero algunas pueden tardar un mes o más.

Problemas potenciales

Pueden ser quebradizas, así que extreme la suavidad cuando las divida. Las divisiones también pueden tomarse su tiempo en establecerse, así que no divida la mata en más de dos trozos. Las plántulas son diminutas; si utiliza una mezcla basada en compost debajo de la vermiculita y siembra de una forma bastante esparcida, puede dejarlas en su sitio hasta que se vuelvan lo bastante grandes para moverlas sin dañarlas.

Hibiscus spp.
Hibiscos
MALVACEAE

Zonas: 6–11

Las 200 especies de este género provienen de regiones cálidas de todo el mundo. Se cultivan por sus flores grandes y llamativas, su follaje ornamental y su versatilidad. El color de las flores varía del blanco, rosado o rojo al amarillo, púrpura y azul. Las hojas de la mayoría de cultivares son verdes, pero unas pocas, como 'Coppertone', tienen hojas broncíneas que contribuyen a su valor. Entre los cultivares y especies se incluyen *H. moscheutos* y su serie de cultivares, el hibisco chino *(H. rosa-sinensis)* y la rosa de Sharon *(H. syriacus)*.

MÉTODOS DE PROPAGACIÓN

El más fácil: *por acodos*. Acode las plantas en primavera o en verano y déjelas que desarrollen un buen sistema radicular.

Otros métodos: *por semillas*. Las semillas deben escarificarse y remojarse en agua caliente durante unas 24 horas. Póngalas sobre una manta térmica de fondo porque germinan mejor con una temperatura del suelo de 24-27 °C.

Esquejes de madera blanda. Tómelos a finales de primavera o principios de verano, tan pronto como estén listos, y enraícelos a una temperatura del suelo de 24 °C.

Esquejes semimaduros. Tómelos en verano y arráiguelos a una temperatura de 24 °C.

Problemas potenciales
Las plantas acodadas no le darán problemas si antes de moverlas espera a que tengan un sistema radicular suficientemente grande y las coloca en un lugar apropiado. Las semillas crecen con rapidez. Asegúrese de sacarlas de los contenedores de germinación antes de que queden enganchadas por las raíces. Si se destinan a macetas en vez de al jardín, continúe trasplantándolas en contenedores cada vez más grandes antes de que sus raíces se vean forzadas a dar la vuelta al fondo del tiesto. Los esquejes son sensibles a las infecciones fúngicas, pero estas plantas se enraízan tan fácilmente –siempre que el sustrato esté caliente– que podrá evitar problemas si las tiene en un ambiente cálido y húmedo mientras estén arraigando.

Hosta spp.
LILIACEAE

Zonas: 3–8

Las 70 especies de este género provienen de China, Japón, Corea y partes del E de Rusia. Se cultivan por su follaje ornamental. Sus hojas varían del verde amarillento claro al verde intenso y al verde azulado y son a menudo jaspeadas. Las espigas florales se elevan por encima del follaje a mediados de verano. Las flores tienen forma de campana y su color varía del blanco o rosado al lavanda, azul o violeta. Los cultivares como 'Patriot' tienen hojas verde azulado con los márgenes blancos; 'Emerald Tiara' tiene hojas verde brillante.

MÉTODOS DE PROPAGACIÓN

El más fácil: *división*. Divida las plantas en primavera o a finales de verano.

Otros métodos: *por semillas*. Puede comprar las semillas de algunos cultivares en empresas especializadas o puede recolectarlas en plantas cuando se escindan sus cápsulas. Plántelas tan pronto como estén maduras. Siémbrelas en una capa de vermiculita extendida sobre una mezcla basada en compost y mantenga el medio a 10 °C. Las semillas germinarán en un mes o dos. En climas fríos tendrá que hacerles pasar el invierno dentro de casa o en un invernadero porque no son lo bastante grandes para sobrevivir con certeza a un invierno rudo.

Problemas potenciales
Las matas se dividen fácilmente, así que no debería tener problema alguno siempre que espere a que sean bastante grandes para dividirlas y que no deje que se sequen mientras las desplaza a sus nuevas ubicaciones. Las semillas no siempre son fiables; puede que descubra que su tasa de germinación es baja o que sucumban a los microorganismos de la podredumbre de los semilleros. Mantenga la circulación del aire elevada en torno a las plántulas para evitar la aparición de infecciones fúngicas.

Hyacinthus spp.

Hyacinthus spp.
Jacintos
LILIACEAE

Zonas: 3–8

Las 3 especies de este género provienen de Asia. Se cultivan por sus fragantes espigas de flores primaverales. Las flores exhiben varios tonos de blanco, rojo, rosado, amarillo, púrpura y azul lavanda. Las hojas se mueren unos pocos días después de que se marchiten las flores. Casi todos los cultivares que están a la venta son híbridos de *H. orientalis*. Entre los cultivares favoritos figuran 'Delft Blue', 'Pink Pearl', 'Ostara', 'Innocence' y 'Jan Bos'.

MÉTODOS DE PROPAGACIÓN

El más fácil: *división*. Producen bulbos que pueden dividirse del bulbo madre en otoño. Repíquelos en una cama de germinación donde pueden crecer durante 3 o 4 años hasta alcanzar el tamaño de floración.

Otros métodos: *cortes en cruz*. Para propagar muchas plantas a partir de un bulbo, haga cortes en cruz (v. p. 70).

Problemas potenciales
Si crecen bien en el ambiente que les ha proporcionado, podrá propagarlos fácilmente a partir de bulbillos. Si corta un bulbo en cruz, procure que no contraiga enfermedades fúngicas. No deje que su sustrato se seque pero tampoco deje que se empape.

Jasminum spp.

I

Ilex spp.
Acebos
AQUIFOLIACEAE

Zonas: 4–9

Las más de 400 especies de este género provienen de regiones templadas y subtropicales de todo el mundo. Se cultivan por su follaje decorativo y sus bayas amarillas o rojas brillantes. Algunos cultivares, como 'Argentea Marginata' y 'Golden Milkboy', tienen hojas jaspeadas, pero la mayoría tienen hojas verde oscuro, con o sin espinas afiladas en los márgenes. Las plantas son masculinas o femeninas: plante ambos sexos.

MÉTODOS DE PROPAGACIÓN

El más fácil: *por acodos.* En primavera acode las plantas cuando sean jóvenes para poder inclinar una rama hasta el suelo sin dañarla.

Otros métodos: *Esquejes de madera blanda.* Tome los esquejes a finales de primavera.

Esquejes semimaduros. Tome los esquejes a mediados-finales de verano.

Por semillas. Plante cuando maduren. Coloque la bandeja para semillas en una cama fría. Pueden tardar hasta 2 años en germinar, por lo que tendrá que protegerlas del recalentamiento en verano y regarlas.

Problemas potenciales

El acodado no tiene problemas porque los acebos suelen arraigar bien a partir de sus tallos. Los esquejes son propensos a las infecciones fúngicas. Para evitar problemas emplee sólo medios para enraizar limpios y frescos y contenedores esterilizados. Las semillas son bastante complicadas, por lo que el único posible motivo para intentar propagar un acebo de este modo es si se trabaja en el desarrollo de un híbrido entre dos de sus plantas favoritas.

Ipomoea spp.
Campanillas, dondiegos de día
CONVOLVULACEAE

Zonas: 7–11

Las 400 o 500 especies de este género provienen de regiones templadas cálidas, subtropicales y tropicales de las Américas. Se cultivan por sus flores, las cuales crecen en enredaderas en la mayoría de especies y varían en color del blanco, rosa, rojo, amarillo al azul y el púrpura. *I. tricolor* e *I. x multifida* son anuales; otras, como *I. alba*, crecen como anuales allí donde no son rústicas.

MÉTODOS DE PROPAGACIÓN

El más fácil: *por semillas.* Todas las especies crecen bien a partir de las semillas, pero necesitará escarificarlas y ponerlas en remojo durante 8 horas antes de plantarlas. Si desea empezar antes en el interior, emplee un tiesto con turba de 10 cm o uno de plástico de 10 cm con las paredes lisas porque las raíces se resienten de la perturbación.

Otros métodos: *esquejes de madera blanda.* Tómelos tan pronto como sea posible y plántelos en una mezcla sin tierra mantenida a temperaturas de 21-24 °C.

Problemas potenciales

Son muy sencillas de propagar, tanto mediante semillas como por esquejes de madera blanda. Los únicos problemas son las infecciones fúngicas. Asegúrese de que el sustrato de germinación se mantiene a 24 °C y de que la circulación del aire es intensa.

Iris spp.
"Lirios" o irises
IRIDACEAE

Zonas: 3–10

Las más de 300 o más especies de este género provienen del hemisferio norte. Son muy variadas: algunas crecen a partir de rizomas, otras a partir de bulbos y otras tienen raíces carnosas. Las formas de sus flores son incluso más variadas. Es probable que le venga a la cabeza el "lirio" o iris azul cuando piense en estas plantas, pero el género también incluye formas no barbadas, como los lirio siberianos y el iris de Louisiana; crestados, como el iris Evansia, y bulbosos, como *I. reticulata.* En cualquier casa, la propagación es similar.

MÉTODOS DE PROPAGACIÓN

El más fácil: *división.* Tanto rizomas como bulbos son fáciles de dividir. En el caso de los iris que crecen a partir de rizomas, recoja el rizoma a finales de verano o a principios de otoño, pero espere hasta otoño en el caso de los iris que crecen a partir de bulbos. Trate las raíces carnosas como si fueran bulbos.

Otros métodos: *por semillas.* Si no corta las flores marchitas, formarán semillas. Plántelas cuando maduren y coloque la bandeja en una cama fría. Pueden tardar un año en germinar, riéguelas y evite que se sobrecalienten.

Problemas potenciales

Los iris barbados ya se pueden dividir a mediados de verano, cuando han terminado de florecer. Pero si los divide tan pronto, recorte las hojas para que las plantas no pierdan demasiada agua por transpiración mientras están arraigando; si no lo hiciera, podría morir. Las semillas no son prácticas, a menos que intente obtener un híbrido, en cuyo caso tendrá que estar lo bastante atento para no tirar el contenido de la bandeja con semillas durante el largo periodo de germinación.

J

Jasminum spp.

Jazmines
OLEACEAE

Zonas: 8–11

Las 200 o más especies de este género son nativas de Europa, Asia y África. Se cultivan principalmente por sus flores blancas, blanco rosadas o amarillas, las cuales desprenden una fragancia indescriptiblemente dulce, aunque también se aprecian como trepadoras muy versátiles en el jardín. El jazmín de invierno *(J. nudiflorum)* es rústico en la zona 6, a diferencia de las otras especies del género. El jazmín común *(J. officinale)* es popular en los jardines porque produce flores muy fragantes de verano a otoño.

MÉTODOS DE PROPAGACIÓN

El más fácil: *por acodos.* Acode las plantas en otoño. Estarán listas para trasplantar el otoño siguiente.

Otros métodos: *esquejes semimaduros.* Tómelos cuando estén listos: por lo general a principios de primavera, aunque puede variar dependiendo del clima. Si es posible, plántelos en una cámara de propagación nebulizada y ajuste el termostato para que el medio se mantenga a 24 °C. Si no dispone de cámara de propagación, coloque la bandeja con semillas sobre una manta térmica, ponga una bandeja con guijarros debajo y cubra ambas bandejas con una "tienda" de plástico para mantener una humedad elevada.

Problemas potenciales

El acodado no debería causar problemas; enraízan con facilidad. Con los esquejes pueden producirse infecciones fúngicas. Introduzca aire fresco a menudo.

Juniperus spp.

Enebros, sabinas, etc.
CUPRESSACEAE

Zonas: 3–9

Las aproximadamente 55 especies de este género son nativas del hemisferio norte. Se cultivan por su bonito porte, que varía desde postrado como el del enebro horizontal *(J. horizontalis)* y el enebro de la isla Bonin *(J. procumbens)* al porte alto y cónico de los cultivares de *J. chinensis* y *J. communis.* La mayoría tienen hojas verdes, aunque 'Depressa Aurea' tiene hojas doradas en primavera que se vuelven bronce y luego verdes en invierno.

MÉTODOS DE PROPAGACIÓN

El más fácil: *por acodos.* Las perennifolias son tan fáciles de acodar como las de hoja caduca, si bien tiene que eliminar las agujas de la parte de la rama que clavará en el suelo. Lacere la corteza donde la rama tocará el suelo.

Otros métodos: *injerto de contacto.* Esta técnica es sencilla de realizar y bastante efectiva cuando se trata de coníferas. Injerte a principios de primavera.

Esquejes semimaduros. Tómelos desde finales de primavera hasta mediados de verano, siempre que estén maduros y plántelos en una cámara de propagación con nebulizador y calefacción del fondo a 16-18 °C.

Esquejes de madera dura. Tómelos a finales de otoño o en invierno y enraícelos en una cama fría húmeda.

Problemas potenciales

No corte un acodo antes de que tenga un sistema radicular lo bastante grande. Cuando realice un injerto, protéjalo bien para que la madera no se seque. Asegúrese de que las respectivas capas del cámbium estén en contacto. Los esquejes pueden sufrir infecciones fúngicas. Utilice sustratos para enraizar frescos y limpios y contenedores esterilizados para minimizar problemas.

K

Kalanchoe spp.

Kalanchoes
CRASSULACEAE

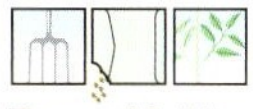

Zonas: 10–11

Las 125 especies de este género provienen de Madagascar, Asia, Australia, África y zonas tropicales de América del Norte y del Sur. Se cultivan por sus flores y sus hojas ornamentales y suculentas. Las formas de las plantas varían de anuales pequeñas a arbustos perennes, plantas trepadoras y árboles. *K. daigremontiana*, conocida como el espinazo del diablo, es una planta común de interior en zonas en donde la temperatura desciende por debajo de 10 °C en invierno. *K. blossfeldiana*, conocida como kalanchoe, es una planta de invernadero que florece en invierno, con las flores matizadas de blanco, amarillo y rosa.

MÉTODOS DE PROPAGACIÓN

El más fácil: *por plantitas.* Algunas plantas como el espinazo del diablo producen pequeñas plantas, con sus hojas diminutas y sus raíces filiformes, en los márgenes foliares. Coloque tiestos alrededor de la planta madre para que cuando las plántulas caigan pueda salvarlas y plantarlas verticales en el sustrato.

Otros métodos: *división.* Muchas kalanchoes producen renuevos que pueden separarse de la planta madre cuando han desarrollado un sistema radicular diferenciado.

Por semillas. Puede adquirir las semillas de muchos cultivares y especies. Plántelas a principios de primavera, esparciéndolas sobre vermiculita que cubre una mezcla de drenaje rápido. Nebulice hasta dentro de los pequeños huecos de la vermiculita; necesitan luz para germinar. Mantenga la bandeja a 18-21 °C durante la semana o dos que tardan en germinar.

Esquejes de madera blanda. Tome esquejes de 10-15 cm en los extremos de los brotes y plántelos en un sustrato sin tierra con un buen drenado. Manténgalo el sustrato a 24 °C.

Problemas potenciales

El elevado número de plantitas que produce una planta nos indica que no sobrevivirán. Sin embargo, si las captura cuando caen y las planta en un sustrato de drenaje rápido, podrá tener muchas más que las que podría utilizar. Asegúrese de que las macetas no se sequen mientras se establecen, que el suelo drene bien y que la circulación del aire sea alta para minimizar el riesgo de podredumbre de los semilleros y de otras enfermedades fúngicas. Las semillas germinan sin problemas pero las plantas pequeñas sucumben con facilidad a las infecciones fúngicas. Evite problemas manteniendo elevada la circulación del aire cuando están creciendo y empleando una mezcla de drenaje muy rápido. Los esquejes enraízan fácilmente. En sustratos húmedos y cálidos no tendrá problemas.

Lathyrus spp.

Kniphofia spp.

Tritomas
LILIACEAE

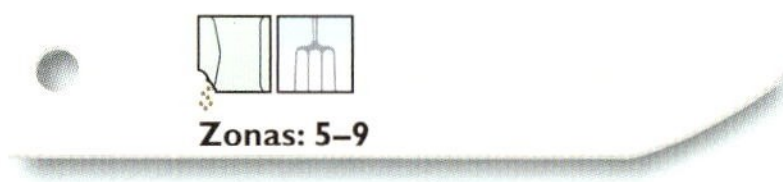

Las 68 especies del género provienen de África. Se cultivan por sus espigas florales que se alzan por encima de las hojas. Las flores son verdosas, amarillo pálidas, amarillo brillantes, naranjas y rojas. Algunas, como *K. caulescens* y *K.* 'Royal Standard', parecen bicolores porque las flores individuales son naranjas y rojas cuando son jóvenes, pero se vuelven amarillas, dando la apariencia de una espiga con flores naranjas o rojas en el extremo y amarillas en la base. Hay cientos de cultivares, tanto de invernadero como de jardín en verano.

MÉTODOS DE PROPAGACIÓN

El más fácil: *por semillas.* Las semillas de muchas especies y cultivares están ampliamente disponibles. Siembre en el interior a principios de primavera. Coloque la bandeja en una manta térmica a 24 °C, pero retírela de la manta por la noche y colóquela entre 13 y 16 °C.

Otros métodos: *división.* Divida las plantas a principios de primavera, antes de que empiece el crecimiento vigoroso. Replántelas en suelo húmedo y algo arenoso y cúbralas con mantillo durante un invierno.

Problemas potenciales

Las semillas pueden infectarse con enfermedades fúngicas, pero no es fácil que suceda si el sustrato de plantación drena bien y las temperaturas son las adecuadas. Las divisiones pueden morir si se colocan en un suelo que permanece empapado mucho tiempo después de las lluvias o del riego; necesita un buen drenaje, así como buena nutrición y niveles altos de humus. Extienda compost cada año.

L

Laburnum spp.

Lluvias de oro
FABACEAE

Las dos especies de este género son oriundas de la Europa central y de Asia. Se cultivan por sus largos racimos péndulos de flores que se abren entre finales de primavera y principios de verano. Las flores son amarillas y se parecen a las de las alverjas. Las delicadas hojas son decorativas por sí solas. El cultivar 'Pendulum' tiene ramas caídas que acentúan el porte péndulo de los racimos florales, mientras que las del cultivar 'Pyramidale' son erectas.

MÉTODOS DE PROPAGACIÓN

El más fácil: *por semillas.* Las empresas especializadas disponen de semillas de ambas especies, aunque no de los cultivares. Plántelas en otoño y coloque las bandejas de germinación en una cama fría para invernar en el exterior. Las semillas germinarán a finales de primavera o a principios de verano.

Otros métodos: *injerto de hendidura apical.* Injerte a finales de verano o al principio de la primavera, antes de que la savia empiece a circular, y ate bien la unión.

Esquejes de madera dura. Tómelos a finales de otoño o principios de invierno y hágales pasar el invierno en la cama fría.

Problemas potenciales

Las semillas que pasan el invierno en una cama fría corren el riesgo de que se las olvide y se deje que se sequen o se sobrecalienten en una cama fría cerrada. Si se acuerda de cuidar de la bandeja con semillas, no tendrá problemas para germinar estas plantas. Los esquejes son susceptibles al ataque de hongos. Examínelos con cuidado cuando los saque de la cama fría en primavera y deshágase de todos los que parezcan enfermos. Los injertos fallan porque las capas del cámbium no entran en contacto entre sí, porque la unión no está bien sellada y [illegible] fúngica. Vigile la posición del patrón y de la púa y ate muy bien con cinta la unión. Ésta evitará que la madera quede expuesta a hongos a la vez que impedirá la evaporación.

Lathyrus spp.

Alverjas
FABACEAE

Zonas: 5–9

Las 150 especies de este género son nativas de las regiones templadas de Europa, Asia, América del Norte y del Sur y las montañas del este de África. Se cultivan por sus flores coloreadas, a menudo fragantes, sus atractivas hojas y su hábito trepador. Los cultivares más nuevos a menudo no son olorosos: si desea el maravilloso perfume de estas plantas, lea cuidadosamente las descripciones del catálogo para asegurarse de que está comprando un tipo fragante. Entre los cultivares fragantes de la anual *L. odoratus* se incluyen 'Old Spice', 'Royal Mixed' y 'Cuthbertson'. Las especies perennes no siempre son fragantes, pero son excelentes para crear pérgolas y cortinas que oculten una parte poco atractiva del jardín. *L. vernus* produce flores azul purpúreo y *L. sylvestris* flores rosadas.

MÉTODOS DE PROPAGACIÓN

El más fácil: *por semillas.* Estas semillas se tienen que escarificar. Use papel de vidrio fino para arañar ligeramente sus cáscaras, y sumérjalas en agua templada durante unas 8 horas. Plántelas bajo la superficie del suelo en "tiestos" de turba o en bloques de tierra, ya que no conviene que sus raíces sufran durante el trasplante. Manténgalas entre 13 y 16 °C mientras germinan. Germinan mejor en la oscuridad, por lo que puede colocarlas en habitaciones cerradas o sótanos si las temperaturas son apropiadas. Germinarán al cabo de 3 semanas a un mes.

Otros métodos: *división.* Divida las alverjas perennes a principios de primavera, antes de que empiecen a crecer con vigor.

Problemas potenciales

Estas plantas son extremadamente fáciles de cultivar. Si trata las semillas tal como se indica más arriba pero éstas no germinan, es muy probable que haya erosionado las cáscaras con demasiado vigor: sólo se necesita quitar un poco de piel externa para que las semillas puedan absorber la humedad. Estas plantas son resistentes, por lo que no debería tener muchos problemas para dividirlas tantas veces como desee siempre que las repique en una zona con suelos fértiles, bien drenados y mantenidos suficientemente húmedos mientras se establecen.

Lavandula spp.

Espliegos, cantuesos, etc.
LAMIACEAE

Zonas: 3–9

Las 25 especies de este género son nativas del Mediterráneo, el N de África, Asia y la India. Se cultivan por su fragancia muy agradable y fresca, sus altas espigas florales, y sus hojas y su porte ornamentales. Las flores varían del rosa al púrpura. La mayoría resisten el frío; algunas, como el cantueso *(L. stoechas)*, se cultivan como anuales en las regiones más frías. 'Lavender Lady' florecerá antes de las heladas si inicia la propagación unas 6-8 semanas antes de la última helada. A veces la rusticidad es un problema en la zona 5; si tiene problemas para mantenerlas vivas durante los meses de invierno, cultive *L. angustifolia* 'Hidcote', especialmente rústica.

MÉTODOS DE PROPAGACIÓN

El más fácil: *por semillas.* Estratifique las semillas durante 2 meses y siémbrelas en el interior, entre 6 y 8 meses antes de la fecha libre de heladas. Mantenga sus bandejas de germinación a 13-18 °C. Germinarán al cabo de 2 semanas a 1 mes o más.

Otros métodos: *por acodos.* Muchas especies y cultivares perennes no son francos o no lo son de forma fiable, por lo que tendrá que acodarlos si desea el mismo tipo de lavandas. Acode a mediados de primavera; las plantas estarán listas para el trasplante en otoño o la siguiente primavera.

Esquejes semimaduros. Tómelos a finales de verano o a principios de otoño y enraícelos en una cámara de propagación en el interior. Mantenga las plantas enraizadas en el interior todo el invierno porque son demasiado débiles para resistir en el exterior.

Problemas potenciales

Las plántulas son propensas a sufrir la podredumbre de los semilleros. Estimúlelas para que crezcan tan rápido como sea posible una vez hayan germinado, colocándolas a la luz intensa indirecta y manteniendo sus raíces húmedas pero no encharcadas. El acodado es un método casi infalible para propagar muchas especies, incluidas las lavandas. El único problema que puede tener es el de encontrar tallos que se puedan doblar con facilidad hasta suelo. Si no los encuentra, coloque tiestos pesados rellenos de tierra alrededor de la planta y acode en estos contenedores. Los esquejes siempre son susceptibles de sufrir problemas fúngicos, pero los puede minimizar usando contenedores estériles y mezcla fresca y limpia.

Lewisia spp.

PORTULACACEAE

Zonas: 4–8

Las 20 especies de este género provienen del de Norteamérica. Se cultivan por su aspecto agradable y su tolerancia a los suelos rocosos. Las perennifolias, como *L. cotyledon*, prosperan en sombra parcial o tamizada, mientras que las caducas, como *L. rediviva*, prosperan a pleno sol. Las flores varían desde en forma de copa, agrupadas y escondidas entre las hojas *(L. brachycalyx)* hasta solitarias situadas muy por encima de las hojas (*L.* 'George Henley').

MÉTODOS DE PROPAGACIÓN

El más fácil: *por semillas.* Plante las semillas de cualquier especie, tanto perennifolia como de hoja caduca, después de su maduración en otoño. Ponga la bandeja de germinación en una cama fría para pasar el invierno. Necesitan luz para germinar; siémbrelas en la superficie del sustrato y nebulícelas a fondo. Como alternativa, refrigere las semillas maduras hasta que las plante en primavera. Pueden tardar hasta un año en germinar y no lo hacen bien si la temperatura del sustrato supera los 16 °C.

Otros métodos: *por hijuelos.* Las especies perennes producen hijuelos que pueden separarse y repicarse a mediados de verano.

Problemas potenciales

Se corre el peligro de olvidarse de las semillas cuando se tiene que esperar un año para que germinen. Acuérdese de protegerlas del exceso de calor. Los hijuelos han de tener raíces para poder sobrevivir; sepárelos de su planta madre, procurando tomar tanto las raíces como la parte aérea del hijuelo.

Ligularia spp.

Ligularias
ASTERACEAE

Zonas: 4–8

La mayoría de las 150 especies de este género provienen de Asia, pero unas pocas son nativas de Europa. Se cultivan por sus grandes espigas o grupos de flores situadas muy por encima de sus hojas grandes y ornamentales. Todas las flores son amarillas o amarillo anaranjadas. Las hojas son grandes, profundamente divididas o redondeadas y a menudo lustrosas, por lo que son atractivas para macizos y arriates, incluso cuando no presentan flores. Los cultivares de

L. dentata, como 'Desdemona' u 'Othello', son los más populares.

MÉTODOS DE PROPAGACIÓN

El más fácil: *por semillas.* Siembre en el interior unas 8 semanas antes de que termine el riesgo de heladas. Coloque las semillas allí donde la mezcla permanezca a 13-16 °C; germinarán en 2-6 semanas.

Otros métodos: *división.* Divida las plantas a principios de primavera, antes del inicio del crecimiento vigoroso de la estación vegetativa.

Esquejes de tallos basales. Corte los esquejes a principios de verano, cuando el tallo esté creciendo aún con vigor pero haya alcanzado los 13 cm. Plántelos en una cámara de propagación mantenida a unos 24 °C.

Problemas potenciales

Las semillas tienen que permanecer húmedas, pero no empapadas, mientras germinan; asegúrese de utilizar un sustrato de drenaje rápido. Las plantas se dividen fácilmente. Repique en un ambiente adecuado y no tendrá problemas. Los esquejes son propensos a las infecciones fúngicas, pero podrá evitar problemas con unas buenas condiciones sanitarias y un ambiente apropiado.

Lilium spp.

Azucenas o lirios
LILIACEAE

Zonas: 3–10

Las 100 especies del género proceden de Europa, Asia y América del Norte. Se cultivan por sus flores vistosas y a veces fragantes. Las flores son blancas, amarillas, naranjas, rosas, rojas y púrpuras, y muy variadas, desde en forma de trompeta o de tazón hasta recurvada o de embudo. Entre las especies populares de jardín se incluyen los fragantes híbridos orientales, los poco aromáticos pero magníficos híbridos asiáticos y los aromáticos híbridos en forma de trompeta. Sean cuales sean sus gustos y las necesidades de su jardín, siempre encontrará un lirio que le satisfaga.

MÉTODOS DE PROPAGACIÓN

El más fácil: *división.* Las azucenas crecen a partir de bulbos que forman hijuelos o bulbillos que pueden dividirse cuando las hojas se secan. Si son muy pequeños, colóquelos en una cama fría para protegerlos, mientras crecen hasta el tamaño de floración.

Otros métodos: *división.* Aparte de los bulbillos y los hijuelos, puede dividir escamas de los bulbos y propagarlas (v. la p. 72).

Algunas especies, como *L. lancifolium*, producen bulbillos en las axilas foliares. Recójalos cuando estén maduros envolviendo todo el pedúnculo floral con lana antiheladas o con una vieja almohada cuando los pétalos caigan, y atando con fuerza en la parte inferior. Los bulbillos caerán dentro del envoltorio cuando estén maduros. Plántelos en una bandeja y póngalos en una cama fría durante el invierno. Los bulbillos brotarán en primavera.

Por semillas. Conserve las semillas de su especie preferida o incluso de sus cultivares preferidos si no quiere arriesgarse a ver qué semillas producen. Plántelas tan pronto como estén maduras y ponga las bandejas en una cama fría durante el invierno. Como alternativa, puede meterlas en la nevera durante el invierno y a continuación sembrarlas pronto en el interior. Las semillas requieren luz y temperaturas de 16-24 °C, por lo que tendrá que colocar la bandeja sobre una manta térmica.

Problemas potenciales

Las azucenas figuran entre las plantas de jardín más fáciles de cultivar. Pueden sufrir infecciones fúngicas en un suelo poco drenado, pero no si el ambiente es el adecuado. No tendrá ningún problema con los renuevos o con los bulbillos, a menos que los plante demasiado profundamente: recuerde que son pequeños y que tiene que plantarlos como máximo a unos 2,5 cm de profundidad. Manténgalos cubiertos de mantillo todo el invierno. Las semillas germinan con facilidad. Sólo hace falta paciencia para cuidar estas plantas durante los 3 o 4 años que tardarán en alcanzar el tamaño de floración.

Limonium spp.

Siemprevivas
PLUMBAGINACEAE

Zonas: 3–9

Las 150 especies de este género provienen de todo el mundo. Se cultivan por sus bellas flores, muchas de las cuales se emplean en ramilletes secos. Hay especies anuales, bianuales y perennes. Los colores de las flores incluyen matices de blanco, amarillo, naranja, albaricoque, rosa, púrpura y azul. Cada año se desarrollan nuevos cultivares, puesto que esta planta se ha vuelto aún más popular. Busque *L. latifolium*, una forma perenne con ramas muy extendidas y cubiertas de pequeñas flores azules; *L. tetragonum*, una bianual con flores rosas y cálices blancos, y los cultivares de *L. sinuatum*, una forma anual con flores de múltiples matices, muchas de las cuales son bicolores.

MÉTODOS DE PROPAGACIÓN

El más fácil: *por semillas.* Estas semillas requieren oscuridad para germinar; después de sembrarlas, cubra el contenedor con un plástico y a continuación con capas de cartón o con papel de periódico para no dejar pasar la luz. Mantenga la temperatura del suelo entre 18-21 °C. Las semillas germinarán en 1-3 semanas, según las especies.

Otros métodos: Las formas perennes se pueden dividir a principios de la primavera. Repíquelas de inmediato.

Problemas potenciales

Es difícil tener problemas con este género. Estas plantas son extraordinariamente resistentes a las enfermedades, por lo que es de esperar que se obtendrá buenos resultados si las mantiene en un ambiente apropiado.

Lonicera spp.

Madreselvas
CAPRIFOLIACEAE

Zonas: 3–9

Las 180 especies de este género proceden del el hemisferio norte. Se cultivan por sus flores de fragancia suave que cubren las ramas en primavera y en verano. Algunas son trepadoras y otras son arbustos, y las hay perennifolias y de hoja caduca. Las flores pueden ser bicolores y son blancas, rosadas, amarillas, naranja y marfil. Si desea una trepadora leñosa, considere el cultivo de *L. x americana*, de fragantes flores amarillas y rojizas, o *L. x brownii*, con sus flores rojas con centros amarillos. Entre los arbustos caducos, *L. x purpusii* 'Winter Beauty' y *L. xylosteum* 'Emerald Mound' son buenas elecciones. Ambas tienen floraciones atractivas, y *L. x purpusii* huele muy bien a finales de invierno y principios de primavera.

MÉTODOS DE PROPAGACIÓN

El más fácil: *por acodos.* Las especies trepadoras se pueden acodar fácilmente. Disponga las ramas en su sitio a principios de primavera. Los acodos estarán listos para el trasplante en otoño o la siguiente primavera.

Otros métodos: *esquejes de madera blanda.* Córtelos en primavera, cuando tengan entre 10 y 15 cm, y repíquelos en una mezcla sin tierra.

Esquejes semimaduros. Córtelos a mediados o finales de verano y repíquelos en una cámara de propagación con nebulizador.

Problemas potenciales

Son fáciles de propagar. Los esquejes de madera blanda enraízan tan fácilmente que puede enraizarlas en agua, siempre que la cambie diariamente para prevenir las enfermedades fúngicas.

Lupinus spp.

Altramuces
FABACEAE

Zonas: 4–8

Las 200 especies de este género provienen del Mediterráneo, del norte de África y de las Américas. Se cultivan por sus vistosas espigas y sus hojas grandes y afelpadas. Dado que son legumbres, también son excelentes acondicionadoras del suelo, al que añaden nitrógeno y una gran cantidad de biomasa. Las flores son a menudo bicolores, con matices de azul, blanco, rojo, amarillo, rosa y púrpura. Si busca buenos especímenes de jardín, intente cultivar uno de los híbridos Russell; presentan todos los colores y tienen una bella forma.

MÉTODOS DE PROPAGACIÓN

El más fácil: *por semillas.* Tendrá que escarificar o remojar la semilla. Si hace ambas cosas, no sumerja la semilla más del tiempo necesario para hincharse; si no la escarifica, sumérjala durante 24 horas. La semilla requiere oscuridad para germinar, así que cubra el contenedor de semillas con una gruesa capa de papel de periódico. Mantenga el suelo a 13-16 °C. Germinarán esporádicamente durante entre 2 semanas y 2 meses.

Otros métodos: *por esquejes basales.* Tome los esquejes de un nuevo brote que crezca de la corona cuando éste mida unos 15 cm. Dado que los esquejes perderían mucha agua por transpiración si los dejara intactos, elimine la mitad de la hoja antes de plantar el esqueje en el sustrato para enraizar. Mantenga los esquejes de raíz a 16-18 °C.

Problemas potenciales

Las semillas nunca le causarán problemas. Los esquejes son problemáticos; son sensibles a las infecciones fúngicas, por lo que mantenga una estricta limpieza en el área en la cual están enraizando; una circulación de aire intensa. Emplee sólo sustratos frescos y limpios.

M

Malus spp.

Manzanos
ROSACEAE

Zonas: 3–9

Las 35 especies de este género son nativas de Europa, Asia y América del Norte. Estas plantas se cultivan sobre todo por sus frutos o, cuando no son comestibles, por sus grupos de fragantes flores primaverales. Éstas presentan matices de blancos y rosa, y los prominentes estambres son amarillos intensos. Las adaptaciones regionales son bastante extremadas, por lo que es juicioso comprar manzanos en los viveros de la zona. Algunas especies y cultivares son autoestériles, y necesitará un polinizador compatible si desea frutos. Una vez más pregunte a sus proveedores cuáles son las combinaciones adecuadas.

MÉTODOS DE PROPAGACIÓN

El más fácil: *injerto.* El injerto de lengüeta y los de yema o escudete son los que más se emplean. Injerte a finales de invierno, justo antes de que la savia empiece a circular. Haga injertos de yema a finales de invierno.

Otros métodos: *por semillas.* Plante las semillas maduras en otoño y coloque sus contenedores en una cama fría durante el invierno. Germinarán esporádicamente en primavera y a principios de verano.

Problemas potenciales

Siga las direcciones de injerto para evitar que la madera quede expuesta a infecciones fúngicas o se seque antes de que se forme la unión. Las semillas son bastante fiables. Si quiere cultivar un portainjertos determinado, pregunte a las empresas especializadas si tienen semillas de esta planta.

Monarda spp.

Monardas o bergamotas
LAMIACEAE

Zonas: 3–9

Las 15 especies de este género son nativas de América del Norte. Se cultivan por sus grandes y duraderas espigas de flores rojas, rosas o púrpura intenso que crecen en gradas. Los norteamericanos nativos las tomaban en infusión y los

Lonicera spp.

colonos adoptaron este uso. También son buenas flores apícolas. Entre los cultivares favoritos se incluyen 'Cambridge Scarlet', 'Blue Stocking' y 'Croftway Pink'.

MÉTODOS DE PROPAGACIÓN

El más fácil: *por semillas.* Plante las semillas en el interior unas 8 semanas antes de la última fecha con riesgo de heladas. Mantenga el sustrato de germinación a 16-21 °C durante el día pero retire la manta térmica por la noche, de modo que la temperatura descienda a 10-13 °C. Germinarán en 2 semanas.

Otros métodos: *división.* Divida en primavera, antes de que se inicie el crecimiento vigoroso. Las plantas desarrollan un "punto muerto" en el centro de la mata pasados 3 años, por lo que tendrá que dividirlas y descartar la sección muerta cada pocos años.

Esquejes de madera blanda. Tómelos a principios de verano y repíquelos a 24 °C.

Problemas potenciales

Es difícil que tenga problemas cuando cultiva bergamotas a partir de semillas. La división es casi siempre infalible. Los esquejes son sensibles a las infecciones fúngicas pero estas plantas enraízan tan fácilmente que no tendrá problemas emplea un sustrato fresco y limpio, y contenedores esterilizados.

N

Nandina domestica

Bambú sagrado
BERBERIDACEAE

Zonas: 6–9

Esta especie oriunda de la India, China y Japón se cultiva por su porte, su follaje, sus flores y sus frutos. Las flores aparecen en verano y son pequeñas, blancas y estrelladas, con unas prominentes anteras amarillas que cubren las panículas cónicas de 35-40 cm. El fruto es rojo brillante. Se han seleccionado cultivares diminutos: 'Wood's Dwarf' sólo mide 45 cm de alto, a diferencia de la especie, que llega a 1,8 m, y de 'Nana', de 1,2 m.

MÉTODOS DE PROPAGACIÓN

El más fácil: *esquejes semimaduros.* Tómelos cuando se endurezcan por la base y enraícelos en una cámara de propagación con nebulizador o sobre una manta térmica de fondo a 24 °C. Ponga una bandeja con guijarros junto al contenedor para enraizar y cúbralos con una película de plástico.

Otros métodos: *por semillas.* Pueden adquirirse en empresas especializadas o bien puede recolectarlas usted mismo. Plántelas cuando maduren en otoño y ponga los contenedores de germinación en una cama fría durante el invierno. Germinarán en primavera.

Problemas potenciales

Los esquejes echan raíces sin problemas si las condiciones son las adecuadas. No deje que se enfríen e introduzca aire fresco dentro de su cámara o "tienda" de propagación un par de veces al día. Las semillas son variables en cuanto a capacidad de germinación, pero si emplea todo un paquete tendrá suficientes plantas para iniciar una pequeña arboleda. A diferencia de los verdaderos bambús, *Nandina* no forma chupones, así que tendrá que plantar bastantes plántulas para crear una pequeña arboleda o un seto alto.

Nelumbo spp.

Lotos
NELUMBONACEAE

Zonas: 4–11

Las dos especies de este género proceden de Australia, Asia y América del Norte. Se cultivan por sus grandes hojas circulares, que sobresalen de la superficie del agua estancada y por sus flores vistosas y fragantes. Las flores del loto americano *(N. lutea)* son de un amarillo pálido y suave, mientras que las del loto sagrado *(N. nucifera)* son blancas, rosa, lavandas, rojas o bicolores.

MÉTODOS DE PROPAGACIÓN

El más fácil: *por semillas.* Escarifique las semillas antes de plantarlas en primavera y sumérjalas en agua a 38 °C hasta que se hinchen. Plántelas en una marga rica en humus en pequeños tiestos individuales y cubra la marga con unos 5 cm de agua. Mantenga los contenedores a 25-27 °C hasta que germinen. Vaya trasplantando los lotos a contenedores cada vez mayores e incrementando la profundidad del agua que cubre las raíces hasta que sean suficientemente grandes para trasplantarlo a los bordes de su estanque.

Otros métodos: *división.* Se forman rizomas subterráneos a medida que crece. Divídalos en primavera y repíquelos.

Problemas potenciales

Las semillas germinan con facilidad y no contraen la podredumbre de los semilleros. Si mantiene las temperaturas suficientemente elevadas, aunque no demasiado, no tendrá problemas. La división puede ser difícil. Las plantas divididas son muy sensibles a la perturbación, así que actúe con cuidado y rapidez. Tenga las nuevas macetas llenas de sustrato y dispóngalas cerca del punto en el cual está creciendo la planta. Haga cortes rápidos y decididos. Repique las divisiones inmediatamente, manteniéndolas siempre húmedas. Replántelas a la profundidad adecuada en el agua.

Nymphaea spp.

Nenúfares
NYMPHAEACEAE

Zonas: 4–11

Las 50 especies de este género provienen de todo el mundo. Se cultivan por sus flores vistosas y sus hojas grandes y decorativas, que flotan en el agua. Las flores pueden ser sencillas o dobles, y son blancas, amarillas, rosadas o azules. Muchas especies y cultivares son fragantes, pero algunos no son nada perfumados. Cuando adquiera un nenúfar, asegúrese que sea resistente en su región; algunos son sensibles al frío, mientras que otros sobreviven bajo el hielo en un estanque.

MÉTODOS DE PROPAGACIÓN

El más fácil: *división.* Divida los rizomas o separe los hijuelos en primavera. Algunas especies producen pequeñas plantas. Sepárelas en verano, plántelas en macetas individuales y coloque las macetas en agua estancada.

Otros métodos: *por semillas.* Si las recoge usted mismo encierre la cápsula con semillas en tela antiheladas poco después de la caída de los pétalos. La cápsula se hundirá bajo el nivel del agua y liberará las semillas cuando estén maduras; plántelas entonces en un suelo margoso rico en humus. Coloque las macetas allí donde queden cubiertas por unos 2 cm de agua. Mantenga la temperatura a 10-13 °C en el caso de las especies que resisten el invierno y a 21-27 °C en el de las tropicales.

Problemas potenciales

Las divisiones se establecerán por sí solas con facilidad si se encuentran en una mezcla de tierra adecuada y a una profundidad correcta en el estanque. Sin embargo, no sumerja los pequeños hijuelos o las pequeñas plantas tan profundamente que sus hojas no puedan flotar. Las semillas podrían ir a la deriva en aguas turbulentas. Si este riesgo le concierne, cubra la parte superior de la maceta con una red de malla ancha; cuando el primer tallo emerja, podrá pasar a través de una abertura de la malla.

O

Onoclea sensibilis

Onoclea
DRYOPTERIDACEAE

Zonas: 4–9

Este helecho es nativo del este de Asia y del este de América del Norte. Crece salvaje en lugares húmedos y protegidos con suelo ácido, rico en humus y fértil y sin sol directo. Se emplea por su valor ornamental en áreas húmedas y algo sombrías, donde otras plantas podrían tener problemas para crecer. Las hojas de esta planta caen con las primeras heladas, dejando rígidos los restos secos de las frondes portadoras de esporas que quedan rígidos hasta que la nieve los sepulta o los tumba.

MÉTODOS DE PROPAGACIÓN

El más fácil: *por división.* Si el jardinero no interviene, un pequeño grupo de onocleas se irá agrandando con lentitud hasta cubrir finalmente toda la zona en que las condiciones son favorables para su crecimiento. Aun así, puede levantar los rizomas y dividirlos a principios de primavera. Replántelos de inmediato.

Otros métodos: *por esporas.* Normalmente la propagación por esporas requiere un preciso control ambiental, pero puede tener éxito sin necesidad de un equipo especial o de un meticuloso cuidado si se limita a espolvorear las esporas sobre un suelo ácido desnudo y rico en humus contenido en una bandeja cuanto estén maduras. No cubra las esporas con tierra. Ponga la bandeja en un lugar donde la temperatura se mantenga a 16 °C, la luz sea difusa y la humedad muy elevada. Las esporas tardarán entre varias semanas y varios meses en germinar.

Problemas potenciales

No debería tener problemas con las divisiones siempre que las repique en ambientes apropiados. La propagación por esporas es difícil, por lo que no se explica en este libro. Sin embargo, es posible que algunas esporas de onocleas germinen sin un tratamiento especial; así pues, inténtelo si le tienta este desafío.

Origanum spp.

Orégano, mejorana y afines
LAMIACEAE

Zonas: 4–9

Las 20 especies de este género son nativas del Mediterráneo y del SO de Asia. Muchas especies, como el orégano *(O. vulgare)* y la mejorana *(O. majorana)* se cultivan por su uso culinario o en arreglos florales o aromáticos, tanto frescos como secos. Las plantas más pequeñas se cultivan en jardines de rocas o entre las pasaderas, porque son resistentes y fuertes. Si cultiva orégano con fines culinarios, elija sólo las variedades de flor blanca. En el resto de los casos, las flores rosadas destacan a finales de verano.

MÉTODOS DE PROPAGACIÓN

El más fácil: *por semillas.* Empiece a sembrar a principios de primavera, unas 8 semanas antes de la última fecha con riesgo de heladas. Esparza las semillas sobre la superficie de la bandeja y nebulícelas hasta en las pequeñas oquedades; germinan mejor con luz. Mantenga el suelo a 13-16 °C. La germinación tarda 1 semana, 2 como máximo.

Otros métodos: *división.* Muchas especies de este género crecen a partir de rizomas rastreros. Divídalos en primavera. También puede dividir las plantas que crecen a partir de una corona en primavera. En cualquier caso, repíquelas de inmediato.

Problemas potenciales

Los problemas son raros con estas plantas, a menos que el ambiente sea húmedo y el aire inmóvil. Si es así, pueden aparecer las enfermedades de las manchas en las hojas o de la podredumbre de los tallos. Si ha tenido este problema, repique las divisiones o las plantas del semillero en un lugar ventilado por brisas.

Oxalis spp.

Aleluyas
OXALIDACEAE

Zonas: 5–10

Las 500 especies de este género provienen de África y de América del Sur, y son muy diversas. Algunas tienen raíces fibrosas; otras presentan rizomas, bulbos o tubérculos. El género incluye perennes y anuales. En los jardines de climas templados suelen cultivarse por el valor ornamental de sus hojas y de sus

Oxalis spp.

flores en forma de copa. Las plantas como *O. regnellii* 'Atropurpurea' crecen bien en semisombra, mientras que otras, como *O. tetraphylla* 'Iron Cross' prosperan al sol, aunque tolerarán algo de sombra tamizada.

MÉTODOS DE PROPAGACIÓN

El más fácil: *por semillas.* Siembre en el interior en fechas tempranas, unas 8 o 10 semanas antes de que termine el riesgo de heladas. Mantenga el sustrato a 16-21 °C.

Métodos adicionales: *división.* Divida tubérculos, rizomas, bulbillos o raíces fibrosas a principios de primavera, antes de que empiecen a crecer con vigor.

Problemas potenciales

Es improbable que tenga problemas. Estas plantas son robustas; siempre que satisfaga sus necesidades, las cuales varían según las especies, no debería tener problemas.

P

Pachysandra spp.

BUXACEAE

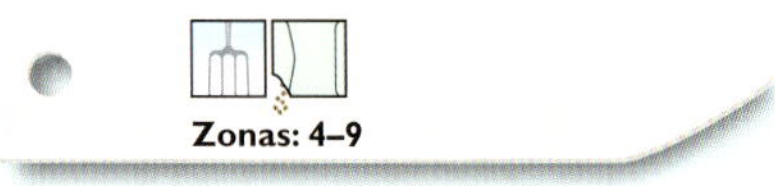

Las cuatro especies de este género proceden de China, Japón y el SE de EE UU. Se cultivan para cubrir suelos, en parte debido a sus atractivas hojas y en parte porque toleran la sombra siempre que el suelo esté húmedo pero no empapado. *P. terminalis* 'Variegata' es uno de los cultivares más populares por sus hojas jaspeadas de blanco o amarillo pálido y porque es el de crecimiento más lento de todos los cultivares.

MÉTODOS DE PROPAGACIÓN

El más fácil: *división.* Las plantas de *P. terminalis* desarrollan largos estolones que producen raíces en los nudos. Córtelos con tijeras en primavera o en otoño y repíquelos en una zona con tierra húmeda y con sombra al menos parcial. Echarán raíces.

Otros métodos: *por semillas.* Algunas especies producen semillas pero es poco práctico cultivarlas a partir de éstas a menos que esté intentando crear sus propios híbridos. En este caso, envuelva las inconspicuas flores en bolsas una vez hayan caído los pétalos para recoger las semillas a medida que caen. Espárzalas por la superficie del suelo de una bandeja de germinación y coloque la bandeja en una cama fría para pasar el invierno. Las semillas germinarán en primavera.

Problemas potenciales

El problema más común con *P. terminalis* es el de limitar su extensión. Esta planta cubre tanto terreno como puede, así que por lo general bastará con cortar fragmentos del estolón para propagarlo. *P. procumbens* forma matas, por lo que no se extiende.

Paeonia spp.

Peonías

PAEONIACEAE

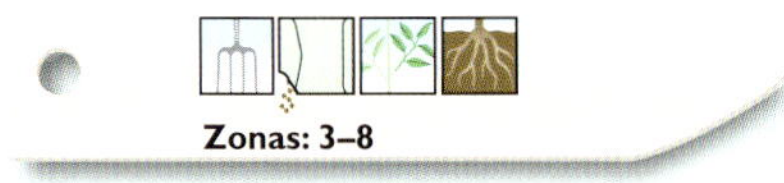

Las más de 30 especies de este género son nativas de Europa, Asia y América del Norte. Se cultivan por sus grandes y vistosas flores, por sus brillantes hojas decorativas y por su porte. Las flores son sencillas, semidobles, dobles o "en forma de anémona" (una flor sencilla o doble con grupos de pétalos puntiagudos y diminutos en el centro, en vez de estambres). Pueden crecer hasta arbustos o pequeños árboles con ramas péndulas. Es difícil elegir entre los centenares cultivares.

MÉTODOS DE PROPAGACIÓN

El más fácil: *división.* Algunas personas tienen gran habilidad con las peonías y en cambio otras no. Pero incluso si usted es una de estas últimas, podrá perfeccionarse con la práctica. Divídalas a principios de otoño y repíquelas de modo que los ojos se encuentren sólo a 5 cm por debajo de la superficie del suelo. Añada mantillo después de que el suelo se hiele, y remuévalo después de la última helada.

Otros métodos: *por semillas.* Las semillas requieren paciencia. Plántelas en bandejas de germinación en otoño, cuando estén maduras, y póngalas en una cama fría durante el invierno. Algunas germinarán la primavera y el verano siguientes, otras esperarán hasta el año siguiente y otras esperarán hasta el tercer año después de su siembra. Controle que la bandeja no se sobrecaliente o se seque durante la espera.

Esquejes semimaduros. Tómelos de las peonías arborescentes en verano, cuando estén listos. Arráiguelos en una cámara de propagación.

Esquejes de raíz. Repíquelos en macetas y entierre los tiestos bajo una cama fría para pasar el invierno.

Problemas potenciales

No son fáciles de propagar. No remueva las raíces, por lo que actúe con rapidez y coja tanta tierra alrededor de la división como pueda. Las semillas germinarán, pero tendrá que controlar mucho tiempo sus bandejas de germinación. Los esquejes son vulnerables a los hongos. Utilice sustratos frescos y limpios y macetas esterilizadas, y mantenga el ambiente limpio en la zona en la cual están enraizándose.

Papaver spp.

Amapolas

PAPAVERACEAE

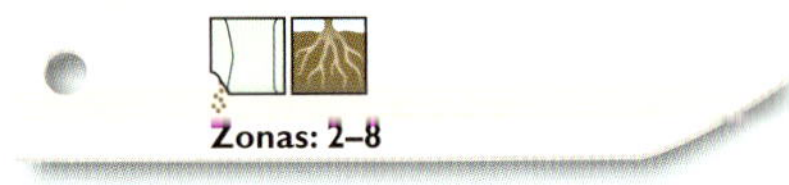

Las 70 especies de este género provienen de Europa, Asia, el sur de África, Australia, América del Norte y las regiones subárticas. Se cultivan por sus flores vivamente coloreadas. Pueden ser anuales, bianuales o perennes. Las flores son sencillas o dobles, y entre los colores se incluyen matices de blanco, amarillo, naranja, rosado y rojo. Las características cápsulas o frutos se usan a menudo en ramos de flores y plantas secas. Entre las especies preferidas están cultivares de la amapola de Islandia *(P. croceum)*, como 'Champagne Bubbles' y 'Wonderland'; cultivares de la amapola oriental *(P. orientale)*, como 'Cedar Hill' y 'Checkers', y cultivares de la amapola silvestre *(P. rhoeas)*, como 'Mother of Pearl' y 'Picotee Mixed'.

MÉTODOS DE PROPAGACIÓN

El más fácil: *por semillas.* Germinan fácilmente y también se "autosiembran", por lo que es a menudo más necesario aclarar y trasplantarlas en primavera que obtener nuevas plántulas. Sin embargo, para empezar plante las semillas en el lugar que les destina justo antes de que termine el riesgo de heladas, o 6 semanas antes en el interior, en tiestos o en bloques de tierra o de turba. Sus raíces son sensibles, por lo que es difícil trasplantarlas si las tiene que retirar de un contenedor de germinación. Con la excepción de las amapolas orientales, que necesitan luz para germinar, tendrá que cubrir los contenedores con capas de papel de periódico para evitar la luz. Mantenga los contenedores a 13 °C. Germinarán en una 1 o 2 semanas.

Otros métodos: *esquejes de raíz.* Tome injertos de raíces de las especies perennes a finales de otoño o a principios de invierno, y dispóngalos en bloques de turba rodeados de plástico en una cama fría durante el invierno. Se transformarán en plantas completas durante la primavera y a principios de verano.

Problemas potenciales

No deje que las semillas se sobrecalienten; de ser así, entrarían en latencia o morirían. Proteja las plántulas de las enfermedades fúngicas manteniendo elevada la circulación del aire. Los esquejes de raíz dan buen resultado siempre que no los entierre demasiado en el sustrato ni los repique en posición invertida. Procure no alterar las raíces cuando retire el plástico que rodea los bloques de turba antes de plantar las amapolas en lugar definitivo.

Penstemon spp.

SCROPHULARIACEAE

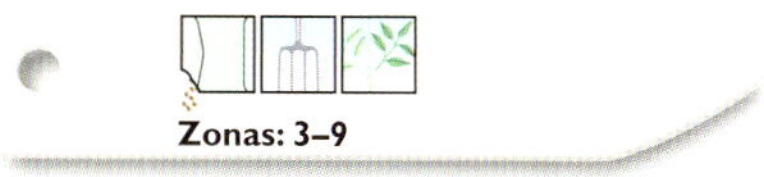

Las aproximadamente 250 especies de este género provienen de América del Norte y Central. Se cultivan por su generosa producción de grandes espigas desde mediados de verano hasta otoño. Entre sus colores se incluyen matices de blanco, rosa, púrpura, rojo y amarillo. Las especies varían en tamaño y preferencias ambientales, desde pequeñas plantas de jardín alpino como *P. caespitosus* y *P. pinifolius* hasta grandes plantas de arriate como *P. digitalis* 'Husker Red' y *Penstemon* 'Pennington Gem'.

MÉTODOS DE PROPAGACIÓN

El más fácil: *por semillas.* Plante las semillas en el interior unas 8-10 semanas antes que termine el riesgo de heladas. Estas semillas tienen que estratificarse, así que enfríelas durante al menos un mes en la nevera antes de plantarlas. Necesitan luz y una temperatura del suelo de 13-16 °C. En buenas condiciones germinarán en una 3 semanas.

Otros métodos: *división.* Divida a principios de primavera, antes de que se inicie el crecimiento vigoroso.

Esquejes de madera blanda. Tómelos a principios de verano, cuando tengan unos 15 cm de longitud.

Esquejes semimaduros. Tómelos a mediados o a finales de verano y repíquelos en una cámara de propagación.

Problemas potenciales

Las semillas germinan con facilidad. Muchos *Penstemon* crecen mejor en sustratos bien drenados. Las plántulas son vulnerables a las podredumbres fúngicas de las raíces si la mezcla de germinación retiene demasiada agua; añada arena o perlita al sustrato si parece que retiene demasiado el agua.

Los esquejes son susceptibles a las infecciones fúngicas. Plante los de madera blanda a una temperatura de entre 18 y 24 °C para acelerar el proceso de enraizado y reducir el tiempo durante el cual son más vulnerables. Recuerde introducir aire fresco en la cámara de propagación unas cuantas veces al día cuando plante esquejes semimaduros.

Pereskia spp.

Cactos rosa

CACTACEAE

Las 16 especies de este género provienen de Florida, México, América Central y del Sur y las Indias Orientales. En la mayoría de zonas se cultivan por sus hojas ornamentales y sus flores vistosas, y a menudo se usan como una gran planta de interior cultivada en tiestos en las zonas más frías que la 9. En América Central y en las Antillas, las hojas comestibles se emplean en cocina. Las flores son blanco crema, rosadas o púrpuras, con centros dorados. *P. grandifolia* es una planta perennifolia que florece entre primavera y otoño.

MÉTODOS DE PROPAGACIÓN

El más fácil: *por semillas.* Siembre en primavera, y mantenga la temperatura del suelo entre 16 y 24 °C en la bandeja de germinación. Las semillas germinarán en 3 semanas.

Otros métodos: *esquejes de madera blanda.* Tómelos de 15 cm en la madera nueva a principios de primavera, antes de florecer.

Esquejes semimaduros. Si vive en una zona donde pueda cultivarlas en el exterior, desarrollarán una especie de brotación leñosa. Tome esquejes de la brotación de la estación vegetativa en curso, cuando empiecen a endurecerse por la base. Repíquelos en una cámara de propagación mantenida a 24 °C.

Problemas potenciales

Las semillas no causan problemas si las planta a escasa profundidad en un sustrato de drenaje rápido y no las riega en exceso. Los esquejes son sensibles a las infecciones fúngicas pero enraízan tan rápidamente que poco probable que le creen problemas.

Phalaenopsis spp.

Orquídeas boca

ORCHIDACEAE

Las 50 especies de este género provienen de Asia y Australia. Se cultivan por sus racimos arqueados de flores duraderas y bella, y por sus hojas ornamentales. Es una de las orquídeas más fáciles de cultivar en el hogar promedio ya que tolera un rango bastante amplio de niveles de humedad relativa. De todos modos, tendrá que nebulizarlas unas cuantas veces al día en un ambiente seco si quiere que prosperen.

Entre los híbridos favoritos se incluyen 'Doris', con dos tonalidades de rosa; 'Alegria', de color blanco nieve, y 'Yukimai', blanca y rosa intensa.

MÉTODOS DE PROPAGACIÓN

El más fácil: *división.* No intente dividir su sistema radicular; si lo hiciera, es más que probable que moriría. Sin embargo, muchas especies y cultivares producen hijuelos en sus bases que pueden separarse de la planta madre una vez tengan un sistema radicular suficientemente fuerte para poder sobrevivir.

Otros métodos: *por pequeñas plantas.* Otras especies producen pequeñas plantas en las espigas florales. Inclínelas hacia abajo y clávelas en la superficie del suelo de una maceta llena de sustrato para orquídeas. Una vez hayan enraizado con éxito y produzcan nuevas hojas, puede cortarlas y separarlas de la planta madre.

Esquejes de madera blanda. Muy poca gente tiene éxito con este sistema pero los profesionales aumentan de un modo rutinario sus existencias con este método. Tome los esquejes tan pronto como alcancen unos 15 cm y enraícelos en una cámara de propagación.

Problemas potenciales

Si espera a dividir los hijuelos o las pequeñas plantas a que las raíces estén bien desarrolladas, no debería tener problemas. Los esquejes pueden pudrirse antes de enraizar, pero si el ambiente en la cámara de propagación es el correcto y el sustrato para enraizar tiene un drenaje extremadamente rápido, puede tener éxito.

Philadelphus spp.

Celindos

HYDRANGEACEAE

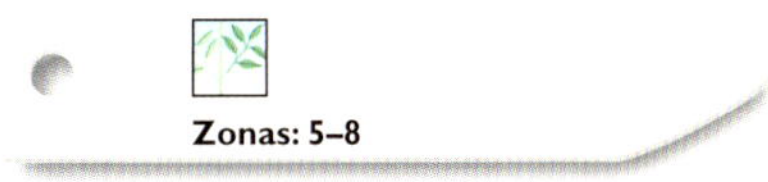

Las 40 especies de este género provienen de Europa, Asia y América del Norte y del Sur. Se cultivan por sus flores blancas y fragantes que cubren las ramas a finales de primavera, por sus hojas lustrosas y su porte arbustivo. Las flores son sencillas en 'Beaucterk', 'Buckley's Quill' y 'Dame Blanche'.

MÉTODOS DE PROPAGACIÓN

El más fácil: *esquejes de madera blanda.* Tómelos tan pronto como los brotes terminales midan de 10 a 15 cm de longitud. Plántelos a temperaturas de entre 21 y 24 °C.

Otros métodos: *esquejes semimaduros.* Tómelos cuando sus bases empiecen a endurecerse, a mediados o finales de verano.

Esquejes de madera dura. Tómelos a principios de invierno y trátelos del modo más apropiado para el clima de su zona. Se enraizarán a la primavera siguiente.

Problemas potenciales

Los esquejes de celindo enraízan con facilidad. Si al principio no tiene éxito con los esquejes de madera blanda, pruebe con los esquejes semimaduros y si éstos no funcionan, con los de madera dura. Es probable que lo logre con los tres métodos y que acabe teniendo tantas plantas que tendrá que regalarlas.

Phyllostachys spp.

Bambúes
POACEAE

Zonas: 6–10

Las 80 especies de este género provienen de Asia y del Himalaya. Se cultivan por sus tallos erectos diversamente coloreados, que varían desde el dorado del bambú japonés *(P. aurea)* y de *P. aureosulcata* var. *aureocaulis* al verde de la mayoría de especies o a los tallos oscuros del bambú negro *(P. nigra)*. Las hojas también son muy variables, e incluso las hay con franjas blancas como en 'Albovariegata' y 'Holochrysa'.

MÉTODOS DE PROPAGACIÓN

El más fácil: *división.* Estas plantas crecen a partir de rizomas. Algunos bambúes se extienden vigorosamente y pueden amenazar con invadir su jardín, especialmente en las regiones cálidas. Viva donde viva, no tendrá ninguna dificultad para propagarlos; simplemente desentierre y divida el rizoma.

Otros métodos: Ninguno que sea necesario.

Problemas potenciales

Se reproducen con tanta libertad que el único problema será mantenerla bajo control. Hunda a 30 cm de profundidad un trozo de hoja de aluminio alrededor del área a la cual quiere que se limite. Puede que tenga que aclarar las nuevas plantas que crecen en esta zona, pero muy pocas conseguirán ir más allá.

Physostegia spp.

Fisostegias, plantas obedientes
LAMIACEAE

Zonas: 4–8

Las 12 especies de este género provienen del este de América del Norte. Se cultivan por sus espigas florales. Su nombre común deriva de una característica curiosa: si dobla el tallo florífero, permanecerá en esta posición. Este hecho, combinado con su larga vida en el jarrón, contribuye a su atractivo como planta de flor cortada. Las flores son blancas o de varias tonalidades de rosa y púrpura claro, y entre los cultivares se incluyen 'Alba' y 'Bouquet Rose', así como 'Variegata' con sus hojas variegadas de blanco.

MÉTODOS DE PROPAGACIÓN

El más fácil: *por semillas.* Requieren estratificación en la nevera durante 2 semanas, aunque mejor 6. Plántelas en una mezcla que contenga humus y mantenga el sustrato a entre 13 y 24 °C durante el día, pero póngalas en una zona donde la temperatura baje a 7 o 10 °C por la noche. Germinarán en 3 o 4 semanas.

Otros métodos: *división.* Divida las plantas a principios de primavera, antes de que se inicie el nuevo crecimiento.

Problemas potenciales

Los problemas son raros. Son fáciles de germinar si vigila que su sustrato se encuentre a la temperatura adecuada tanto durante el día como la noche y que no se seque. Las divisiones se establecen con facilidad siempre que no altere las raíces cuando se encuentran en crecimiento activo.

Pieris spp.

Andrómedas o pieris
ERICACEAE

Zonas: 5–9

Las siete especies de este género provienen de Asia, el Himalaya, América del Norte y las Antillas. Estos bonitos arbustos se cultivan por su follaje ornamental y sus panículas de pequeñas flores. Las hojas son verticiladas y en algunos cultivares, son jaspeadas y con el extremo blanco en todas las hojas. 'Forest Flame' tiene hojas que empiezan de color rojo oscuro brillante, se vuelven rosadas y palidecen aún más hasta ser de color marfil, y finalmente se vuelven verdes. Las flores también son impresionantes; son blancas o rosadas, y cubren abundantemente las ramas del arbusto.

MÉTODOS DE PROPAGACIÓN

El más fácil: *por semillas.* Plante las semillas en otoño y manténgalas en una cama fría durante el invierno, o guárdelas en el interior y espere a la primavera para plantarlas. No requieren estratificación para germinar. Los científicos afirman que aunque no necesitan luz para germinar, la tasa de germinación aumenta si la bandeja para semillas se expone a la luz. Manténgala a 24 °C. Las semillas germinarán en 1 o 2 meses.

Otros métodos: *esquejes de madera blanda.* Son notablemente difíciles de enraizar, pero es posible hacerlo. Colóquelos en una cámara de propagación mantenida a 24 °C.

Problemas potenciales

Las semillas tienen una tasa de germinación muy elevada. Recoléctelas en otoño, cuando las cápsulas estén secas, y separe las vacías de las que son viables. Siempre que su zona de germinación tenga el medio ambiente apropiado, germinarán. Sin embargo, su crecimiento es muy lento y son sensibles a las infecciones fúngicas cuando son jóvenes. No es extraño que transcurra un mes entre sus primeras y sus segundas hojas. Mantenga elevada la circulación del aire y las temperaturas entre 16 y 24 °C durante este tiempo.

Pinus spp.

Pinos
PINACEAE

Zonas: 3–10

Las 120 especies de este género provienen de todo el mundo. Se cultivan por su aspecto robusto, como cortavientos y setos por su densidad, y, en el caso de los cultivares enanos, como plantas separadoras o como especímenes en un arriate mixto. Cuando elija un pino investigue; posiblemente descubra que puede tener cultivares de pinos silvestres *(P. sylvestris)* como 'Aurea' o 'Gold Coin' que tiene agujas amarillo brillantes, o cultivares de pinos de Weymouth *(P. strobus)* como 'Contorta', con sus agujas verdes azuladas largas y espiraladas, en ramas retorcidas.

MÉTODOS DE PROPAGACIÓN

El más fácil: *por semillas.* Los piñones de muchos pinos tardan dos años en madurar en las piñas. Pero cuando éstas caen, se dispersan por el suelo. Para recogerlos, envuelva en bolsas las piñas que tenga a su alcance cuando sus escamas empiecen a abrirse o deje sábanas viejas debajo del árbol cuando las piñas empiezan a caer; busque los piñones cada día. Plántelos en otoño en bandejas que depositará bajo una cama fría. Requerirán estratificación y la recibirán de forma natural. En primavera retírelos de la cama fría y colóquelos en una posición protegida. Germinarán en los siguientes meses. Si quiere asegurarse obtener hasta la última plántula, coloque la bandeja bajo la cama fría durante el invierno del segundo año.

Otros métodos: *por injerto.* El injerto de incisión lateral es adecuado en el caso de los pinos.

Problemas potenciales

Procure evitar que las bandejas de germinación se sobrecalienten bajo el cristal de la cama fría. Si teme esta posibilidad, cubra la cama fría con un material ligeramente oscuro para que no aumente la temperatura durante los días de invierno soleados. Germinan con facilidad pero crecen lentamente. Asegúrese de que el sustrato drena bien y que se tienen buena circulación de aire mientras espera a que sean suficientemente grandes para trasplantarlas a una cama de crecimiento en el exterior.

Platycodon grandiflorus

Campana china
CAMPANULACE

Zonas: 4–9

Esta especie proviene de Asia. Se cultiva por sus espectaculares flores y por su capacidad de prosperar tanto al sol como en sombra parcial. Las flores son blancas, azules, violetas, rosa o lilas. En inglés se llama *balloon flowers* ("flores globo") porque sus capullos se expanden para crear grandes globos antes de abrirse en flores de cinco pétalos. Éstas se mantienen bien en los floreros, por lo que forman espectaculares flores cortadas.

MÉTODOS DE PROPAGACIÓN

El más fácil: *por semillas.* Plante pronto las semillas en el interior; dado que son de crecimiento lento, es mejor empezar de 8 a 10 semanas antes de la última fecha de riesgo de heladas. Necesitan luz para germinar y crecen mejor cuando el sustrato de germinación se encuentra a unos 21 °C. Germinarán en 2-4 semanas.

Otros métodos: *división.* Algunas especies producen brotes basales que forman raíces. Compruebe si los hay antes de decidirse a arrancar una planta y dividirlos. Estas plantas son muy lentas en emerger en primavera, tanto que puede llegar a desesperarse al creer que murieron en invierno. Pero no cave para comprobarlo; la posibilidad existe, sólo se están tomando su tiempo para crecer. Espere hasta que aparezca la nueva brotación antes de desenterrarlos y dividirlos. Repíquelos inmediatamente.

Problemas potenciales

Las semillas no causan problemas siempre que mantenga elevada la circulación del aire y las temperaturas moderadas en la zona en la que están creciendo las plántulas. Por lo general, estas plantas tienen una tasa de germinación muy alta, por lo que en principio sólo cabe esperar tener éxito. Las campanas chinas también se dividen con facilidad, y si replanta las divisiones en un buen suelo que esté bien drenado, se desarrollarán bien.

Primula spp.

Primaveras o prímulas
PRIMULACEAE

Zonas: 4–8

Casi la mitad de las 425 especies de este género provienen del Himalaya y las otras están ampliamente distribuidas. Las prímulas se cultivan por sus flores primaverales; muchas especies son adecuadas para jardines de rocas, otras para plantaciones de ciénaga y muchas para arriates mixtos y macizos, tanto a pleno sol como en sombra. Sean cuales sean sus condiciones, probablemente encontrará una prímula que se adecue a ellos. De entre los muchos cultivares disponibles, algunos de los favoritos son los del grupo de Gold Laced, *P. japonica* 'Postford White' y los de la serie Dreamer.

MÉTODOS DE PROPAGACIÓN

El más fácil: *por semillas.* Siembre las especies sensibles en primavera, y las más rústicas en otoño, en bandejas destinadas a una cama fría, o bien en primavera, unas 8 semanas antes de que termine el riesgo de heladas. En cualquier caso, las semillas de las especies más rústicas se tienen que estratificar en la nevera durante al menos 3 semanas. Todas las semillas, excepto las de *P. sinensis*, requieren luz. Temperatura del suelo entre 13 y 16 °C.

Otros métodos: *división.* Algunas especies producen hijuelos que pueden separarse de la planta madre cuando tengan un sistema radicular suficientemente desarrollado. Otras especies pueden arrancarse y dividirse a principios de primavera.

Esquejes de raíz. Tómelos a principios de invierno. Desarrollarán raíces y tallos en primavera.

Problemas potenciales

Las semillas suelen ser fiables, aunque son sensibles a las infecciones fúngicas si el ambiente es húmedo y el aire estancado. Asegúrese de que el sustrato drene bien y mantenga una buena circulación del aire una vez han germinado

Pinus spp.

las semillas. Las plantas divididas se establecerán fácilmente si las repica en condiciones adecuadas. Es de esperar que una elevada proporción de sus esquejes de raíz de lugar a plantas; aun así, protéjalos de un exceso de calor durante el invierno y no deje la bandeja de germinación bajo el cristal durante el sol primaveral. Tenga paciencia: los esquejes pueden tardar toda la primavera y parte del verano en desarrollarse.

Prunus spp.

Melocotonero, ciruelos, cerezos, etc.
ROSACEAE

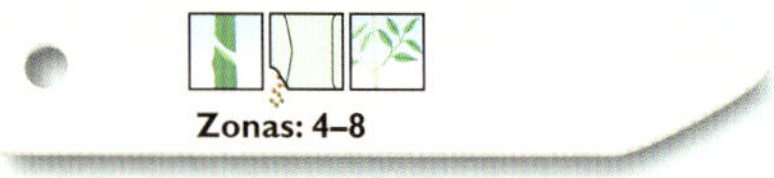

Las más de 200 especies de este género provienen de América del Norte, Europa, Asia y América del Sur. Se cultivan por sus frutos o –más frecuentemente en las pequeñas ciudades y en los jardines suburbanos– por sus flores decorativas y sus formas elegantes, como de jarrón. La corteza de *P. moackii* y *P. serrula* es tan impresionante que sirve como punto focal en el jardín de invierno, mientras que las hojas púrpura rojizas oscuras de *P. virginiana* 'Shubert' y *P. cerasifera* 'Nigra' destacan durante la estación vegetativa. Las flores son blancas o rosadas y forman grupos que cubren las ramas en primavera. Finalmente, incluso si no quiere comer los frutos, cultive un árbol como el cerezo silvestre *(P. avium)* para los pájaros.

MÉTODOS DE PROPAGACIÓN

El más fácil: *injerto.* Estos árboles responden muy bien al injerto de lengüeta, aunque pueden formar uniones si elige otra técnica.

Otros métodos: *por semillas.* Pueden crecer a partir de las semillas. Deje que el fruto se pudra y siembre bajo una cama fría en invierno. Cubra la cama fría para protegerla del sobrecalentamiento.

Esquejes de madera verde. Tómelos tan pronto como alcancen los 10-15 cm de longitud.

Esquejes de madera blanda. Tómelos tan pronto como estén listos, por lo general a mediados o finales de primavera.

Problemas potenciales

Los injertos deben sujetarse firmemente con cinta para que no entre aire y las capas del cámbium del portainjertos y de la púa permanezcan en contacto. Las semillas germinarán esporádicamente; sea paciente y mantenga la bandeja bien regada y protéjala de un exceso de lluvia o de calor. Los esquejes son sensibles a las infecciones fúngicas, pero tanto los de madera verde como los de madera blanda se enraízan tan rápidamente que tendrá una elevada proporción de éxitos siempre que los mantenga en sustratos limpios y frescos; mantenga la temperatura entre 21 y 24 °C y no deje que el aire se estanque.

Q

Quercus spp.

Encinas y robles
FAGACEAE

Las 600 especies de este género provienen de todo el hemisferio norte. Se cultivan por su porte hermoso y llamativo, aunque sus bellotas se han empleado como frutos secos en muchas culturas. Los jardineros de las regiones norteñas suelen recordar las hojas verdes lustrosas y profundamente lobuladas cuando piensan en estos árboles. Sin embargo, las hojas son más variadas, en especial entre las especies meridionales. Los robles americanos *Q. laurifolia* y *Q. virginiana* tienen hojas similares a las del laurel, mientras que la encina de California *(Q. agrifolia)*, el alcornoque *(Q. suber)* y las encinas jóvenes *(Q. ilex)* tienen pequeñas espinas marginales.

MÉTODOS DE PROPAGACIÓN

El más sencillo: *por semillas.* Las bellotas brotan con facilidad. Recójalas cuando caigan, plántelas en una maceta profunda y manténgala en un lugar algo protegido o bien bajo una cama fría ventilada en invierno. Germinarán en primavera.

Métodos adicionales: *injerto.* Haga un injerto de lengüeta o un injerto de cuña lateral con las especies caducas. Las perennifolias responden mejor a los injertos de contacto; emplee portainjertos de 3 o 4 años de edad y no pode la parte superior de estas plantas hasta que el injerto haya permanecido intocado un año entero.

Esquejes semimaduros. Tome los esquejes en los nuevos brotes vigorosos, cuando la base empiece a endurecerse. Enraícelos en una cámara de propagación.

Problemas potenciales

Las bellotas tienen unas primeras raíces largas, por lo que si las planta en una maceta poco profunda se enrollarán sobre sí mismas; evite este problema plantandolas en una maceta de al menos 30 cm de profundidad. Entierre el tiesto en el suelo en invierno para dar cierta protección. Los injertos fallarán si se secan mientras se está formando la unión o si las capas de cámbium no se tocan. Envuelva bien todos los injertos para evitar problemas. Los esquejes son sensibles a las infecciones fúngicas

.

R

Rhododendron spp.

Azaleas y rodondendros
ERICACEAE

Las más de 800 especies de este género provienen de Europa, Australia, Asia, América del Norte, la India y Nueva Guinea. Se cultivan en los jardines por sus flores y por su porte arbustivo. Muchas son perennifolias, con grandes hojas correosas y verdes apagadas o lustrosas. Según las especies y cultivares, las

Quercus spp.

flores pueden ser de color blanco, amarillo, rosa, naranja, salmón, rojo, magenta o púrpura. Los estambres de la mayoría de especies son largos y prominentes, lo que da a la flor un aspecto ligero y etéreo. Hay tantos cultivares y están tan adaptados regionalmente que es difícil escoger. En cambio, si busca una azalea fragante de floración tardía, elija *R. arborescens.* Para un rododendro fragante, pruebe 'Fragantissimum', y para uno que esté cubierto de grupos de capullos rosado salmón pálido que se abren en flores amarillo pálido, quédese con 'Golden Torch'.

MÉTODOS DE PROPAGACIÓN

El más fácil: *por acodos.* Si puede doblar una rama hasta el suelo, intente acodarla en otoño. Estas plantas enraízan con facilidad y podrá tener una planta con el tamaño de trasplante al año siguiente.

Otros métodos: *por semillas.* Emplee semillas sólo en el caso de las especies, no de los cultivares. Estas plantas se hibridan fácilmente, por lo que es muy factible crear uno mismo sus cultivares. Recoja las semillas tan pronto como maduren y plántelas en una mezcla muy ácida. Colóquelas en una cama fría para pasar el invierno. Como alternativa, recoja las semillas y estratifíquelas en la nevera hasta la primavera. Mantenga el sustrato de plantación a 13-18 °C mientras las semillas están germinando.

Esquejes de madera blanda; esquejes semiduros. Ambos tipos son adecuados. Obtenga los esquejes tan pronto como estén listos y plántelos en una cámara de propagación si es posible; en caso contrario, mantenga los niveles de humedad altos mientras estén enraizando.

Injerto. Injerte las plantas a finales de invierno. Haga un injerto de silla o de hendidura lateral.

Problemas potenciales

El acodo es poco menos que infalible si la rama que elije es suficientemente joven; las ramas más viejas no acodan bien. Las semillas pueden tardar de 12 a 18 meses en germinar; tenga paciencia y mantenga la maceta de germinación húmeda y a la temperatura apropiada durante este tiempo. En climas cálidos puede que tenga que almacenarlas en el sótano para mantener las temperaturas adecuadas. Vigílelas a menudo; puede perder una planta por no haber advertido que ya había germinado. Proteja los esquejes de las enfermedades fúngicas utilizando sustratos limpios y frescos, así como contenedores esterilizados. Los injertos pueden ser difíciles, por lo que si es posible elija otro método de propagación; de lo contrario, asegúrese de que las capas del cámbium entran en contacto y que la madera no se seca.

Rosa spp.

Rosas
ROSACEAE

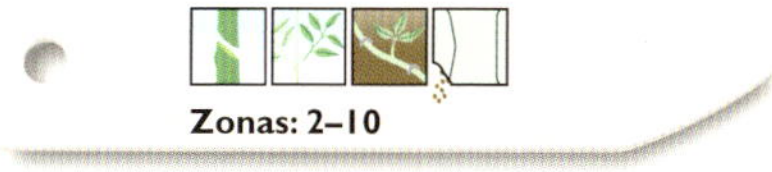

Las 150 especies de este género provienen de Asia, Europa, América del Norte y el norte de África. Se cultivan por sus flores y por sus distintos hábitos. Es un grupo tan diverso que no importa el lugar en el que viva; siempre encontrará una rosa adecuada. Las nuevas 'English Rose', muchas de ellas obtenidas por David Austin, son excelentes, en especial para los principiantes. Han sido obtenidas a partir de una combinación de varias rosas modernas y antiguas rosas de jardín, con cualidades como resistencia a enfermedades o la habilidad de reflorecer o florecer durante toda la estación vegetativa. Mire cultivares como 'Jayne Austin', 'Constance Spry' y 'Gertrude Jekyll'.

MÉTODOS DE PROPAGACIÓN

El más fácil: *injerto de yema.* Injerte las yemas en verano (v. la p. 128).

Otros métodos: *Esquejes de madera blanda.* Tómelo cuando midan de 10 a 15 cm. Plántelos en una cámara de propagación nebulizada.

Esquejes de madera dura. Tómelos a finales de otoño y hágales pasar el invierno en el exterior, enterrados en el sustrato bajo una cama fría o en un lugar protegido del jardín.

Por acodos. Acode los tallos en primavera y déjelos en esta posición durante un año.

Por semillas. Las semillas germinarán bastante fácilmente, lo cual es útil si necesita un patrón para algunas de sus rosas favoritas o si desea crear una gran plantación de rosas como *R. rugosa.* Plante las semillas cuando maduren en una maceta que colocará en una cama fría en invierno o en un lugar protegido del jardín. Las semillas germinarán esporádicamente durante el siguiente año.

Problemas potenciales

El injerto de yema es una técnica bastante sencilla. Si envuelve bien la yema y la madera adyacente para no dejar entrar aire, no debería tener ningún problema. Todos los esquejes son sensibles a las enfermedades fúngicas, pero si los arraiga en un sustrato limpio y mantiene las condiciones ambientales adecuadas, deberían enraizar antes de infectarse. Los acodos funcionan con algunas rosas pero no con todas; inténtelo para ver cómo responden las suyas. Tenga paciencia con las semillas y asegúrese de que sus contenedores de germinación no se sequen ni sufran sobrecalentamiento.

Rosa spp.

Rosmarinus spp.

Romeros

LAMIACEAE

Zonas: 7–10

Las dos especies de este género son nativas de la región mediterránea. Se cultivan por su aspecto, así como por su empleo como hierbas culinarias. La mayoría de especies y cultivares de romero sólo son rústicas en puntos protegidos de la zona 8. Sin embargo, una introducción relativamente nueva, 'Arp', es rústica hasta en la zona 7. Los jardineros de las zonas más norteñas suelen plantar sus matas de romero en contenedores que pueden entrar o sacar, dependiendo de la estación. 'Golden Rain' es un cultivar cuyas hojas recién brotadas tienen el borde amarillo brillante y 'Prostratus' es una forma postrada que queda muy bien en una cesta colgante.

MÉTODOS DE PROPAGACIÓN

El más fácil: *por semillas.* Las semillas de la mayoría de cultivares de romero pueden adquirirse en el comercio. Plántelas a principios de primavera y mantenga la temperatura del sustrato de germinación entre 21 y 24 °C. Germinarán en un plazo de unas 2 semanas a 1 mes.

Otros métodos: *por acodos.* Acode las plantas justo después de que florezcan en verano. Mantenga los acodos en su lugar hasta la siguiente primavera, cuando ya deberían ser lo bastante grandes para separarse de la planta madre. Pero vigile antes de cortar: si aún no ha desarrollado un buen sistema radicular, déjelos en su sitio hasta el otoño.

Esquejes semimaduros. Tómelos en verano, cuando estén a punto. Arránquelos en un medio ambiente muy húmedo, como una cámara de propagación nebulizada, o nebulícelos con frecuencia durante el día mientras están enraizando.

Problemas potenciales

Las plántulas crecen lentamente al principio, por lo que están bastante próximas al sustrato. Si éste está demasiado húmedo, corren el riesgo de contraer la podredumbre de los semilleros. Asegúrese de que el sustrato drene bien y no riegue en exceso. Los acodos enraízan con facilidad, por lo que no debería tener problemas con ellos. Los esquejes siempre son vulnerables a las infecciones fúngicas. Mantenga elevada la humedad mientras están enraizando pero no permita que el aire se estanque.

S

Saintpaulia spp.

Violetas africanas

GESNERIACEAE

Zonas: 10–11

Las 20 especies de este género provienen del este de África. Se cultivan como plantas de flor de interior en el resto del mundo, porque las temperaturas externas son a menudo demasiado altas o demasiado bajas: estas plantas prefieren vivir a las mismas temperaturas que nosotros. Hay literalmente miles de cultivares, principalmente de *S. ionantha*. Las más importantes a tener en cuenta a la hora de propagarlas son los tipos "quimera": sus pétalos tienen franjas, como en el popular cultivar 'Concord'.

MÉTODOS DE PROPAGACIÓN

El más fácil: *por semillas.* Si está cultivando una especie en vez de un cultivar, plante las semillas en primavera. Plántelas tan pronto como hayan madurado, y colóquelas en un lugar donde la temperatura del sustrato de germinación varía entre 18 y 24 °C.

Otros métodos: *división.* Muchas plantas forman chupones en la base y algunas pequeñas plantas en sus pedúnculos florales. Divídalos y repíquelos cuando tengan un sistema radicular suficientemente desarrollado que les permita absorber agua y nutrientes mientras se están estableciendo.

Esquejes de peciolo foliar. Es un método excelente para todos los cultivares, excepto las quimeras. Colóquelos en una cámara de propagación nebulizada y mantenga la temperatura entre 24 y 27 °C mientras se están enraizando. Las quimeras no crecerán a partir de esquejes de peciolo, pero sí lo harán a partir de chupones o pequeñas plantas.

Problemas potenciales

Las enfermedades fúngicas son la pesadilla de las violetas africanas. Mantenga las temperaturas sugeridas mientras las semillas están germinando y los esquejes están echando raíces. Las divisiones no son tan sensibles a los patógenos como las semillas o los esquejes. En el caso de estos últimos, introduzca aire fresco a la cámara de renovación para minimizar problemas.

Salix spp.

Sauces

SALICACEAE

Zonas: 2–9

Las 300 especies de este género provienen de todo el mundo. Se cultivan por sus agradables hábitos –muchos de los cuales son llorones– así como por el colorido de la corteza de algunas especies. Antaño fueron plantas medicinales comunes, puesto que contienen los mismos principios activos que la aspirina; un remedio para el dolor de cabeza o de muelas consistía en masticar una ramita de un sauce llorón. Entre las muchas especies y cultivares, sólo destacan verdaderamente unas pocas. Por ejemplo, un cultivar de sauce llorón (*S. babylonica* var. *pekinensis* 'Tortuosa') presenta ramas enrolladas que pueden erigirse en un punto focal efectivo. Entre los cultivares del sauce blanco (*S. alba*) figuran *S. alba* var. *vitellina*, cuyos brotes son amarillo brillantes en invierno, y *S. alba* var. *vitellina* 'Britzensis', con tallos rojo anaranjados.

MÉTODOS DE PROPAGACIÓN

El más fácil: *esquejes de madera blanda.* Estas plantas enraízan tan fácilmente que usted podrá descubrir raíces en la parte inferior de los tallos que haya cortado para hacer un ramo de flores. Tome esquejes de madera blanda cuando tengan entre 10 y 15 cm, y arráiguelos en un sustrato fresco y limpio.

Otros métodos: *esquejes de madera dura.* Obténgalos a principios de invierno y manténgalos en un contenedor dentro de una cama fría hasta la primavera.

Injerto. Con estos árboles utilice el injerto de lengüeta.

Problemas potenciales

Es raro tener problemas con los esquejes de sauce: enraízan con muchísima facilidad siempre que se mantengan las necesidades ambientales. Procure que los esquejes de madera dura no se calienten en exceso en las camas frías durante el invierno y asegúrese de que la circulación del aire sea elevada alrededor de los esquejes de madera blanda; así, nunca tendrá problemas. Los injertos también prenden con facilidad, siempre que las capas de cámbium de ambos trozos estén bien unidas y que la madera no se seque.

Sansevieria spp.

Sansevierias

AGAVACEAE

Zonas: 9–11

Las 60 especies de este género provienen de África, Madagascar, la India e Indonesia. Por lo general, al norte de la zona 9, se cultivan como plantas de interior por sus hojas jaspeadas y su porte. Algunos cultivares de *S. trifasciata*, como 'Laurentii', alcanzan los 1,2 m de altura, mientras que otros, como 'Golden Hahnii' y 'Hoops Pride', son más pequeños y forman rosetas extendidas. Si se dejan a su aire, se extenderán hasta rellenar un contenedor, y en ambientes cálidos forman espigas de pequeñas flores verdes; éstas no son atractivas, pero son muy fragantes y forman semillas viables.

MÉTODOS DE PROPAGACIÓN

El más fácil: *división*. Estas plantas emiten chupones en la base. Déjelos hasta que tengan un sistema radicular suficientemente desarrollado para sobrevivir y divídalos entonces.

Otros métodos: *esquejes foliares*. Tómelos siempre que pueda proporcionarles un ambiente cálido y húmedo para que se enraícen.

Problemas potenciales

Si divide los chupones demasiado pronto, sufrirán. Asegúrese de que están echando raíces cuando obtiene los chupones. Estos esquejes enraízan con facilidad, por lo que es poco probable que tenga dificultades. Sin embargo, no les gustan los sustratos empapados, así que mantenga el sustrato húmedo pero no en exceso para minimizar las posibilidades de una infección fúngica.

Sedum spp.

Sedos

CRASSULACEAE

Zonas: 4–11

Las 400 especies de este género provienen principalmente del hemisferio norte, pero unas pocas proceden de América del Sur. Se cultivan por sus formas interesantes y su capacidad de resistir la sequedad. Uno de los principales cultivares disponibles, 'Autumn Joy', es uno de los más populares; se le aprecia por sus flores de finales de verano rojo intenso que viran a marrón caoba en otoño y permanecen hasta que quedan cubiertas por la nieve. La cola de burro *(S. morganianum)* es muy apreciada como planta para maceta colgante que sobrevive bien en cualquier hogar.

MÉTODOS DE PROPAGACIÓN

El más sencillo: *división*. Divida las perennes en primavera.

Otros métodos: *por semillas*. Plante las anuales y las bianuales a principios de la primavera. Colóquelas a una temperatura del sustrato de 13-16 °C. Plante las sensibles en primavera pero mantenga el sustrato más caliente, entre 16 y 18 °C. Si tiene semillas de especies o cultivares rústicos, plántelas en una bandeja de germinación en otoño y mantenga la bandeja bajo una cama fría.

Esquejes de madera blanda. Tómelos en la madera de crecimiento vegetativo a principios de verano. Deje que el extremo cortado forme callo y colóquelo en el sustrato.

Esquejes de pecíolo foliar. Muchas especies se enraízan a partir de una simple hoja. Espere a que se forme el callo de la herida antes de colocar la hoja en el sustrato para enraizar.

Problemas potenciales

Las divisiones se establecerán bien si mantiene el suelo húmedo pero no empapado. Si está empapado pueden contraer pudrición de las raíces. Compruebe si la herida se ha secado y si se ha formado callo antes de colocar un esqueje en el sustrato para enraizar. Manténgalo entre 18 y 21 °C mientras enraíza.

Solenostemon spp.

Cóleos

LAMIACEAE

Zonas: 10–11

Las 60 especies de este género provienen de áreas tropicales de África y Asia. Se cultivan por sus hojas ornadas de verde, amarillo, salmón, rojo y púrpura. A menudo son variegadas, con márgenes o nervios picoteados de distinto color que el resto del limbo. Son plantas de hogar muy apreciadas pero son cada vez más populares para macizos (o para macizos de verano en zonas donde no son rústicas). 'Black Prince' y 'Black Dragon' son nuevos cultivares con colores tan oscuros que parecen negros, y 'Laser Red' es casi rojo. Dedique algún tiempo a buscar nuevos cultivares si está buscando una planta de follaje para dar vida a un arriate mixto.

MÉTODOS DE PROPAGACIÓN

El más fácil: *por semillas*. Siembre en el interior unas 8 semanas antes de que termine el riesgo de heladas. Necesitan luz para germinar, así que espárzalas sobre vermiculita extendida sobre un suelo de drenado rápido, y nebulícelas bien. Cubra el contenedor con película de plástico y colóquelo allí donde la temperatura del sustrato se mantenga a 24 °C.

Otros métodos: *Esquejes de madera blanda*. Tome esquejes de madera reciente, apical, en cualquier época del año. Arráiguelos en un sustrato con una temperatura de unos 24 °C. Se enraizarán muy rápidamente.

Problemas potenciales

Los problemas son escasos. Crecen con tanta facilidad a partir de semillas y son tan fáciles de enraizar que incluso lo hacen en el agua. Con todo, evite la tentación de emplear este sistema porque a las "raíces de agua" les cuesta adaptarse a la textura del sustrato. Siémbrelas en un sustrato sin tierra.

Stephanotis spp.

Jazmín de Madagascar y afines

ASCLEPIADACEAE

Zonas: 9–11

Las 13 especies de este género provienen de Madagascar, China, Japón y Cuba. Se cultivan por su hábito de enredadera y sus flores blancas y fragantes que cubren los tallos en verano. *S. floribunda* se cultiva como planta de hogar en zonas norteñas. Aunque puede cultivarlas en una cesta colgante, es mejor que se enrosquen en torno a los árboles y que crezcan hacia arriba; las plantas cultivadas en un enrejado prosperarán.

MÉTODOS DE PROPAGACIÓN

El más fácil: *por semillas*. Manténgalas entre 24 y 27 °C mientras germinan.

Otros métodos: *Esquejes de madera blanda*. Tome extremos de tallos cuando la nueva brotación mida de 10 a 15 cm. Si puede, repique los esquejes en una cámara de propagación; si no, cubra la zona de repicado con plástico y añada una bandeja de guijarros para mantener cierta humedad relativa.

Por acodos. Acode los tallos justo antes de que inicien el crecimiento vigoroso de la estación vegetativa.

Esquejes semimaduros. Obténgalos a mediados de verano, cuando la base de la madera nueva empiece a endurecerse. Utilice una cámara de propagación.

Problemas potenciales

Las semillas germinarán esporádicamente, por lo que es importante controlar la bandeja durante 3 meses antes de decidir que ya no germinará ninguna otra semilla. Los acodos no crean problemas siempre que los deje en su sitio suficiente tiempo para que desarrollen un buen sistema radicular. Los esquejes son vulnerables a las infecciones fúngicas, así que mantenga la zona escrupulosamente limpia; no olvide limpiar y desinfectar con frecuencia la bandeja de guijarros.

Syringa spp.
Lilos
OLEACEAE

Zonas: 3–8

Las 20 especies de este género provienen de Europa y Asia. Se cultivan por sus flores fragantes que se abren en primavera.
El color de las flores varía del blanco o rosado al lavanda, azul, púrpura o rojo rosado oscuro. Las especies y los híbridos favoritos son *S. vulgaris*, el lilo común, con sus muy numerosos cultivares; el lilo chino *(S. × chinensis)*, y el lilo de Persia *(S. × persica)*. Busque cultivares como *S. patula* 'Miss Kim' si quiere flores del color tradicional de los lilos, *S. vulgaris* 'Sensation' si quiere una flor lavanda bordeada de blanco, y *S. vulgaris* 'Leon Gambetta' si quiere una flor púrpura oscura.

MÉTODOS DE PROPAGACIÓN

El más fácil: *por chupones. S. vulgaris* y sus cultivares forman chupones que crecen hasta muchas veces su tamaño inicial. Divida los chupones que tengan un sistema radicular largo para sustentar su crecimiento.

Otros métodos: *por acodos*. Acode las plantas a principios de verano y separe los acodos de la planta madre en otoño si tienen un sistema radicular desarrollado.

Esquejes de madera verde. Tómelos en primavera, cuando midan unos 10-15 cm. Enraícelos con calor de fondo y nebulice; si no puede nebulizar, cubra la zona con plásticos y coloque una bandeja de guijarros para aumentar la humedad relativa.

Por semillas. Plante las maduras en bandejas y manténgalas bajo una cama fría en el invierno. Germinarán en primavera esporádicamente.

Problemas potenciales

Los chupones morirán si los separa de la planta madre antes de que estén preparados para vivir por sí solos. Cave siempre por debajo para verificar el tamaño del sistema radicular antes de separar la planta. Su paciencia se verá recompensada. Los acodos también tienen que tener un buen sistema radicular; no los mueva demasiado pronto. Los esquejes siempre son vulnerables a las infecciones fúngicas, pero los esquejes de los lilos enraízan tan fácil y rápidamente que es difícil que tenga problemas. Las semillas pueden tardar cierto tiempo en germinar.

Tolmiea menziesii
Millonaria
SAXIFRAGACEAE

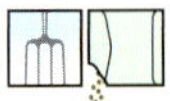

Zonas: 6–9

Esta especie proviene del O de América del Norte, donde crece como una planta del estrato inferior en los bosques de coníferas. En el jardín se cultiva para cubrir el suelo bajo plantas que dan sombra o bien como una planta singular por su inusual método de propagarse. El cultivar 'Taff's Gold' es apreciado por sus hojas jaspeadas de dorado. La planta es un pariente muy cercano de las campanas de coral (*Heuchera* ssp.), y sus hojas tienen el mismo aspecto fino y delicado.

MÉTODOS DE PROPAGACIÓN

El más fácil: *división*. Separe las pequeñas plantas que crecen en el haz de las hojas, justo allí donde el pecíolo conecta con la hoja, o, incluso más sencillo, sujete una hoja con una pequeña planta en desarrollo en la superficie de una maceta que contenga un sustrato de drenaje rápido y deje que la plantita eche raíces en el suelo. La hoja madre se descompondrá naturalmente y podrá cortar la nueva planta de la mata parental.

Otros métodos: *división*. Esta planta forma rizomas rastreros que pueden dividirse a principios de la primavera.

Por semillas. Pueden adquirirse en empresas especializadas. Requieren estratificación en la nevera durante al menos 1 mes. Germinan entre 18° y 24 °C, y lo hacen con facilidad.

Problemas potenciales

No debería tener problemas para propagarla siempre que no la exponga a la luz intensa, ya que es una planta de los estratos inferiores de los bosques con luz tamizada; proporciónele el mismo tipo de ambiente.

Verbascum spp.
Gordolobos
SCROPHULARIACEAE

Zonas: 5–9

Las 360 especies de este género son nativas de Europa, del N de África y de Asia. En el jardín, la mayoría de especies se cultivan por su valor ornamental. Sus espigas de flores vistosas se alzan por encima de la roseta o el grupo de hojas que mantiene su belleza durante toda la primavera, el verano y el otoño. Los cultivares más destacados son 'Costwold Queen', con flores amarillas con prominentes ojos pardos; *V. chaixii* f. *album*, con flores blancas con ojos rojo anaranjados, y 'Pink Domino', con flores de color de rosa.

MÉTODOS DE PROPAGACIÓN

El más fácil: *por semillas*. Requieren al menos un mes de estratificación. Luego puede

Syringa spp.

plantarlas en el interior, de 6 a 8 semanas antes de que termine el riesgo de heladas. Coloque sus bandejas de germinación donde la temperatura del suelo se mantenga entre 13 y 16 °C. Germinarán en 2-5 semanas.

Otros métodos: *división.* Divida las perennes a principios de primavera.

Esquejes semimaduros. Tómelos cuando la base de la nueva brotación haya empezado a endurecerse, y repíquelos en una cámara de propagación si es posible; si no lo es, colóquelos sobre calefacción de fondo y nebulícelos varias veces al día.

Esquejes de raíz. Manténgalos bajo una cama fría durante el invierno. Desarrollarán la parte aérea durante los meses de primavera y verano siguientes.

Problemas potenciales

Las semillas son fiables. Si el ambiente es el adecuado, no debería tener ningún problema. Las divisiones son casi infalibles siempre que tome divisiones suficientemente grandes tanto con la parte aérea como con el sistema radicular. Los esquejes son vulnerables a las infecciones fúngicas; asegúrese de que el ambiente es limpio cuando esté arraigando esquejes semimaduros. Los esquejes de raíz no se pudrirían si su sustrato no se empapase; asegúrese de que drene bien.

Veronica spp.

Verónicas
SCROPHULARIACEAE

Zonas: 3–8

La mayoría de las 250 especies de este género son nativas de Europa, donde crecen en zonas muy diversas. No sorprende que pueda encontrar una que encaje en cualquiera ambiente de su jardín. El género comprende anuales y perennes, y la mayoría de especies producen espigas de flores por encima de las hojas de mediados a finales de verano. El color de las flores suele variar entre distintos tonos del azul, aunque también hay blancos, púrpuras, rojos y rosa. *V. spicata* es una de las especies más comunes y comprende centenares de cultivares, entre ellos 'Alba' y 'Minuet'. 'Sunny Border Blue' es un híbrido de larga floración.

MÉTODOS DE PROPAGACIÓN

El más fácil: *por semillas.* Requieren un mes de estratificación y exposición al sol. Plántelas pronto en el interior, unas 6-8 semanas antes de que cese el riesgo de heladas, y colóquelas a una temperatura del suelo de 21 °C durante el día, pero retire la alfombra térmica al atardecer, ya que precisan de temperaturas nocturnas de 10 a 16 °C. Germinan al cabo de 2-5 semanas.

Otros métodos: *por división.* Divida las perennes en primavera o en otoño.

Esquejes de madera blanda. Tómelos tan pronto como midan unos 10 a 15 cm de largo.

Problemas potenciales

Las semillas son fiables siempre que se estratifiquen y tengan luz mientras germinan. Colóquelas en la superficie de una bandeja de germinación llena de un sustrato de drenaje rápido cubierto de una fina capa de vermiculita. Si toma divisiones suficientemente grandes, no debería tener problemas al dividir esta planta. Los esquejes de madera blanda se enraízan con facilidad. Si los repica en un sustrato fresco y limpio y mantiene la zona limpia, puede que tenga éxito.

Viburnum spp.

Viburnos
CAPRIFOLIACEAE

Zonas: 4–9

Las 150 especies de este género provienen de las zonas septentrionales templadas de todo el mundo, aunque unas pocas proceden de zonas tan al sur como América del Sur y el SE de Asia. Se cultivan por su porte arbustivo, sus flores fragantes, sus bayas apreciadas por las aves y su precioso follaje otoñal. Las flores varían entre distintos tonos de blanco y de rosado. De las muchas especies y cultivares disponibles, se incluyen *V. carlesii*, *V. nudum* 'Winterthur' y *V. macrocephalum.*

MÉTODOS DE PROPAGACIÓN

El más fácil: *por semillas.* Aunque pueda parecer extraño propagar por semillas una planta de este tamaño, éste es un método útil. Estratifíquelas maduras en la nevera durante el invierno, o bien plántelas y ponga su bandeja de germinación bajo una cama fría en invierno. Independientemente de si las estratifica o no, coloque las bandejas de germinación en el exterior, protegidas de la luz y del calor intensos, así como de la lluvia. Germinarán esporádicamente durante los meses de primavera y verano.

Otros métodos: *esquejes de madera verde.* Tome estos esquejes en las especies caducifolias tan pronto como estén listos en primavera. Repíquelos sobre calefacción de fondo y nebulícelos varias veces al día.

Esquejes semimaduros. Son para las perennifolias. Tómelos a mediados o finales de verano, cuando la base de la madera nueva empiece a endurecerse, enraícelos si es posible en una cámara de propagación. Si no, utilice calefacción de fondo a 24 °C, y nebulícelos a menudo.

Problemas potenciales

Tenga paciencia con las semillas: no se dé por vencido con una bandeja de germinación durante al menos un año. No olvide mantenerla protegida de las temperaturas extremas durante todo el año, y no sólo durante el verano, y mantenga la humedad del suelo a niveles moderados. Los esquejes de los viburnos enraízan bien, por lo que es de esperar que tendrá éxito si mantiene el área limpia, emplea sustratos para enraizar limpios e introduce aire fresco en la cámara.

Wisteria spp.

Glicinas
FABACEAE

Zonas: 5–9

Las 10 especies de este género provienen tanto de Asia como de EE UU. Estas plantas se cultivan por su llamativo aspecto y por sus racimos péndulos de flores muy fragantes. Son enredaderas grandes y fuertes, y requieren pérgolas o enrejados fuertes. Las flores son blancas o matizadas de azul, violeta o rosa. La glicina común *(W. sinensis)*, la glicina japonesa *(W. floribunda)* y la glicina americana *(W. frutescens)* exhiben numerosos cultivares. Entre los favoritos se incluyen *W. floribunda* 'Black Dragon' y *W. sinensis* 'Alba' y 'Prolific'.

MÉTODOS DE PROPAGACIÓN

El más fácil: *por acodos.* Acode en otoño y deje el acodo en su sitio hasta el año siguiente, momento en que debería haber desarrollado un buen sistema radicular que le permita vivir por su cuenta.

Otros métodos: *por esquejes de madera blanda.* Obtenga esquejes de la madera nueva que brota de la corona en primavera, tan pronto como esta brotación alcance los 10 o 15 cm de largo.

Esquejes de raíces. Tómelos en invierno, y repíquelos sobre calefacción de fondo.

Problemas potenciales

El acodado es un método fiable de propagación de glicinas y no debería dar problemas, siempre que antes de separar la nueva planta espere a que tenga un sistema radicular adecuado. Los esquejes siempre son vulnerables a las infecciones fúngicas, pero la glicina es una planta fácil de enraizar. Si mantiene las medidas de higiene de sentido común no debería tener ningún problema.

Glosario

A

Acodo o acodado: método de propagación consistente en estimular un tallo o rama para que produzca raíces. El acodo puede ser de punta, cuando se hace enraizar el extremo de una rama; simple, cuando se hace enraizar tan sólo una porción intermedia de una rama; serpentino o compuesto, cuando se hacen enraizar varias porciones de una rama; o en trinchera, cuando se hacen enraizar muchos nudos de una rama.

Acodo o acodado aéreo: método de propagación por el cual se estimula el desarrollo de raíces en el tallo mientras éste está todavía en la planta.

Aislamiento: práctica consistente en cultivar las plantas de un mismo género tan lejos unas de otras que no puedan cruzarse o de erigir barreras para evitar que el polen de otras plantas que no sean las seleccionadas fecunde las flores.

Antera: parte de la flor en la que se forma el polen.

Anual: planta que completa su ciclo vital en una estación.

Anual de invierno: dícese de la planta que sólo vive un año germina a mediados de verano, forma semillas y mueren en primavera.

Asexual (reproducción): todo tipo de reproducción que no sea por semillas. Las técnicas más comunes son los esquejes, divisiones, acodos e injertos.

Autoestéril: flor o planta que no puede polinizarse a sí misma.

Auxina: sustancia que controla el crecimiento de las plantas.

B

Basal: referente a la base o parte más inferior de una planta.

Bianual: plantas que completan su ciclo en dos estaciones.

Bienal: Bianual.

Bulbo: estructura subterránea carnosa a partir de la cual crecen plantas tales como tulipanes, azucenas y narcisos.

C

Callo: capa de tejido que se forma sobre las heridas vegetales.

Cama fría: pequeña estructura exterior que sirve para dar a las plantas cierta protección contra factores ambientales tales como el frío extremo, los vientos que secan y la lluvia muy intensa.

Cámara o unidad de propagación: cámara en la que pueden regularse el medio ambiente, a menudo incluidas la humedad relativa y la temperatura, para brindar a las semillas o los esquejes las mejores condiciones posibles para desarrollarse.

Cámbium: capa de tejido con la capacidad de formar nuevas células en los tallos y en las raíces.

Chupón: brote que crece a partir de las raíces o del tallo de una planta.

Cinta para injertos: elástica y que se engancha sobre sí misma.

Cormo: estructura carnosa de almacenamiento a partir de la cual puede crecer una nueva planta. A diferencia de los bulbos, los cormos son estructuras macizas.

Corona o cuello: parte apical de la raíz, allí donde los brotes empiezan su crecimiento.

Cotiledón: la primera o cada una de las dos primeras hojas.

Cultivar: variedad obtenida mediante selección artificial.

D

Dicotiledónea: planta que produce dos cotiledones.

Dioica: especie vegetal cuyas flores masculinas y flores femeninas crecen en plantas distintas.

Dominancia apical: tendencia que tiene el brote más alto de una planta de inhibir el desarrollo de las yemas laterales que crecen más abajo de la planta.

E

Entrenudo: parte de tallo comprendida entre dos nudos consecutivos.

Escarificación: proceso consistente en lijar o hacer una muesca en la cáscara de la semilla para que el agua pueda penetrar más fácilmente en ella.

Espora: unidad reproductora, por lo general propia de los helechos y musgos, a partir de la cual puede desarrollarse una nueva planta.

Esqueje: fragmento de planta que se introduce en el suelo o en un sustrato para que arraigue en él y forme una nueva planta.

Esqueje de hoja: el formado por una porción de hoja.

Esqueje de madera blanda: esqueje obtenido en un tallo que está en una fase de crecimiento rápido, anterior a la fase de crecimiento de los esquejes de madera verde.

Esqueje de madera dura: esqueje obtenido en un tallo cuando la corteza está madura y la madera se ha endurecido para pasar el invierno.

Esqueje de madera verde: esqueje obtenido en un tallo que está en una fase de crecimiento rápido.

Esqueje de raíz: parte de una raíz que se emplea para estimular el crecimiento de una planta.

Esqueje en mazo o bastón: esqueje de tallo que incluye una porción en forma de mazo de la madera del año anterior.

Esqueje semimaduro: esqueje obtenido a partir de madera que ha empezado a madurar.

Estaca: esqueje leñoso.

Estaquilla: estaca pequeña o realizada con un fragmento semileñoso de una planta.

Estaquillado: método de propagación vegetativa realizado mediante estaquillas, estacas o esquejes diversos.

Estigma: parte de la flor que conduce al ovario. Suele tener un ápice ligeramente pegajoso y un tubo por el que puede caer el polen.

Estolón: brote lateral y delgado que nace en la base del tallo de algunas plantas herbáceas y que crece horizontalmente con respecto al nivel del suelo. De los nudos del estolón pueden nacer nuevas plantas.

Estratificación: proceso consistente en enfriar o congelar semillas para vencer su latencia. Algunas semillas requieren estratificación alterna, o alternancia de calentamientos y enfriamientos.

F

Fecundación: unión de las células reproductoras masculina y femenina para dar un cigoto.

Franca: dícese de la planta obtenida a partir de semillas.

G

Germinación: proceso por el cual una semilla brota y empiezan a desarrollarse la primera raíz y el primer tallo.

H

Herbácea: dícese de la planta que tiene tallos blandos, no leñosos. En climas fríos, la parte aérea de las plantas herbáceas suele morir en invierno.

Híbrida: dícese de la planta que se ha obtenido cruzando dos especies diferentes.

Hijuelo: nueva planta que crece a partir de un estolón.

Hormona de enraizar: sustancia química que estimula el crecimiento de las raíces.

Humedad absoluta: cantidad de vapor de agua presente en el aire.

Humedad relativa: la que contiene una masa de aire en relación con la máxima humedad absoluta que podría admitir sin producirse condensación, en las mismas condiciones de temperatura y presión atmosférica.

I

Injertar: juntar dos o más partes de plantas distintas para que formen una unión y se desarrollen como si fuesen una sola planta.

Injerto: método de propagación vegetativa consistente en injertar. Este término también se utiliza para designar la púa del injerto.

Injerto de escudete: de yema.

Injerto de lasca o de astilla: técnica consistente en injertar a un patrón un trozo de madera de púa que contiene una yema.

Injerto de yema: el que se realiza con una yema de la púa en vez de con una parte de la rama.

Injerto intermedio: sección de tallo de una especie diferente a la del patrón que se injerta para conferir características como enanismo.

M

Maceración: en la propagación por semillas, práctica consistente en hacer correr agua sobre las semillas el tiempo suficiente o con la suficiente frecuencia para eliminar por lavado todas las sustancias que inhiben de forma natural la germinación.

Madera madura: la que se ha endurecido y ha adquirido una corteza totalmente formada.

Meristemo: tejido de una planta cuyas células tienen la capacidad, al multiplicarse, de desarrollar hojas, flores, tallos o raíces.

Monocotiledónea: planta que produce un único cotiledón.

Monoica: dícese de la especie vegetal cuyas flores masculinas y flores femeninas crecen en la misma planta.

Mutación: alteración en el código genético de una célula o de un ser vivo. Las mutaciones se producen como consecuencia de los efectos ambientales.

N

Navaja para injertos de yema: navaja que sirve para obtener yemas de injerto o escudetes y para abrir la zona del patrón donde se inserta el escudete.

Nudo: Punto del tallo, la rama o la raíz donde nacen hojas, yemas o nuevas ramas.

O

Ojo: yema de un brote.

Ojo dormido: yema con capacidad de brotar si cambian las condiciones.

Ovario: parte de una flor que contiene los óvulos que darán semillas si son fecundadas por el polen de una planta compatible.

P

Patrón: planta enraizada sobre la que se efectúa un injerto.

Pecíolo: cabillo que une la lámina de una hoja al tallo.

Pedicelo: cabillo individual de una flor en una inflorescencia.

Pedúnculo: cabillo de una flor o varias en una inflorescencia.

Perfecta (flor): flor que contiene partes masculinas y femeninas.

pH: medida de la acidez o alcalinidad de un medio en una escala del 1 al 14.

Placa basal: base de un bulbo.

Planta leñosa: planta que desarrolla tejido leñoso.

Planta parental: la que se utiliza para producir otras plantas.

Plantador: herramienta que sirve para hacer agujeros donde insertar plantas.

Polen: partículas reproductoras masculinas de una flor que transfieren información genética.

Polinización: transporte de polen desde la antera o los sacos polínicos de una flor hasta el estigma de la misma o de otra.

Polinización libre: plántula similar a las parentales, originada del polen de una de la misma especie.

Portainjertos: patrón.

Púa: porción de tallo o de rama con la que se realiza un injerto al unirla al portainjertos o patrón.

R

Renuevo: hijuelo.

Rizoma: estructura de la que pueden crecer raíces.

S

Soterrado de la planta: soterrar la planta dentro del suelo para estimular el enraizado.

T

Transpiración: proceso según el cual la planta libera vapor de agua a través de los estomas.

Tubérculo: porción de tallo engrosada y subterránea, con yemas de las que pueden crecer nuevas plantas.

V

Viabilidad: capacidad que tiene una semilla de germinar.

Varilla de repicar: herramienta que sirve para arrancar plántulas.

Zonas de rusticidad

Recuerde que la rusticidad no es tan sólo una cuestión de temperaturas mínimas. La capacidad de una planta para sobrevivir a ciertas temperaturas viene afectada por muchos factores, como el resguardo que recibe y la posición que ocupa en su jardín.

Europa

CLAVE

Temperatura mínima anual media

Zona 1	por debajo de -45 °C
Zona 2	de -45° a -40 °C
Zona 3	de -40° a -34 °C
Zona 4	de -34° a-29 °C
Zona 5	de -29° a -23 °C
Zona 6	de -23° a -17 °C
Zona 7	de -17° a -12 °C
Zona 8	de -12° a -7 °C
Zona 9	de -7° a -1 °C
Zona 10	de -1° a 5 °C

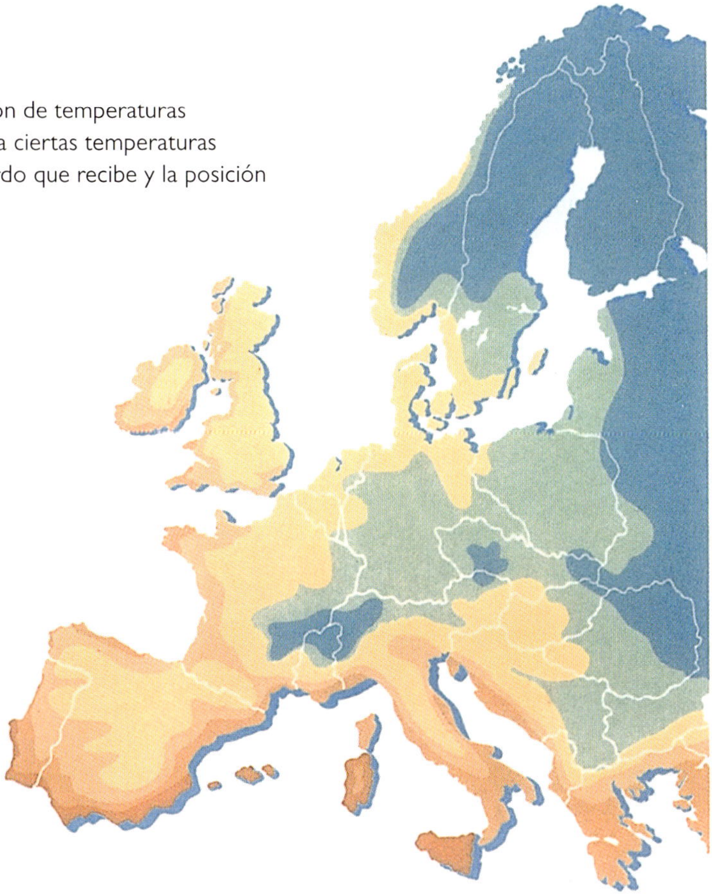

Sudáfrica

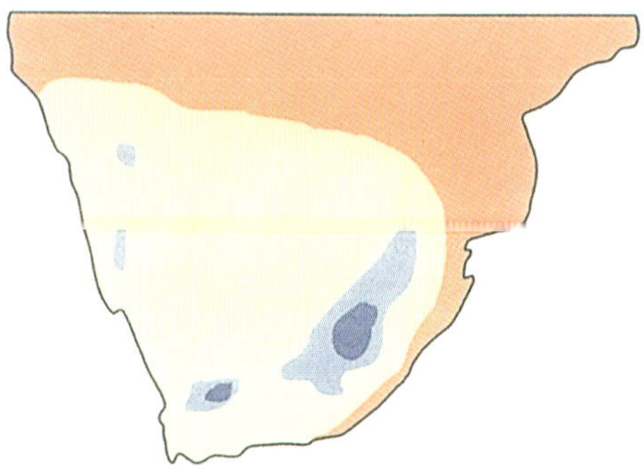

CLAVE

Temperatura mínima anual media

Zona 7	de -17° a -12 °C
Zona 8	de -12° a -7 °C
Zona 9	de -7° a -1 °C
Zona 10	de -1° a 5 °C

Australia y Nueva Zelanda

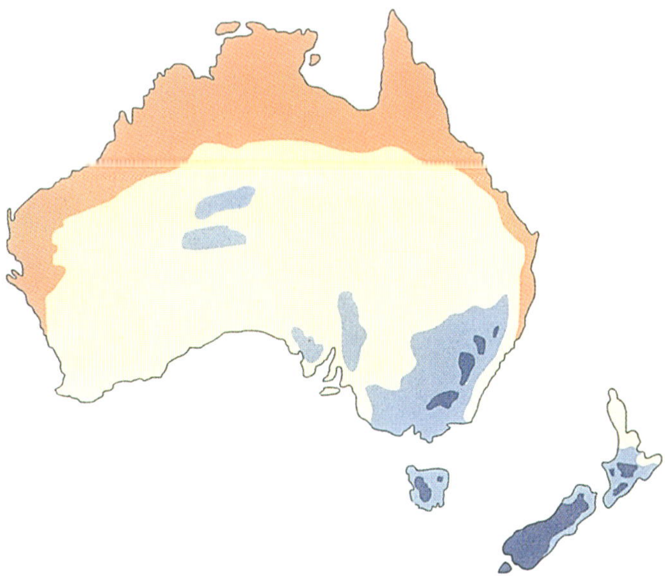

Índice de nombres científicos

Abelia spp: esquejes de madera dura
Abeliophyllum *distichum:* esquejes semimaduros
Abelmoschus *moschatus* semillas
Abies:
spp.: semillas, injertos, esquejes de madera dura
A. concolor: semillas, injertos, esquejes de madera dura
A. nordmanniana: semillas, injertos, esquejes de madera dura
A. veitchii: semillas, injertos, esquejes de madera dura
A. vejarii: semillas, injertos, esquejes de madera dura
Abronia:
A. pogonantha: semillas
A. villosa: semillas
Abutilon:
spp.: semillas, esquejes semimaduros, esquejes de madera blanda y verde
A. pictum: semillas, esquejes semimaduros y madera blanda
Acacia spp.: esquejes de madera verde
Acanthus:
spp.: semillas, división, esquejes de raíz
A. hungaricus: semillas, división, esquejes de raíz
A. mollis: semillas, división, esquejes de raíz
A. spinosus: semillas, división, esquejes de raíz
Acer:
spp.: semillas, injertos, esquejes de madera blanda
A. griseum: semillas, injertos, esquejes de madera blanda
A. japonicum: semillas, injertos, esquejes de madera blanda
A. palmatum: semillas, injertos, esquejes de madera blanda
A. pennsylvanicum: semillas, injertos, esquejes de madera blanda
A. rubrum: semillas, injertos, esquejes de madera blanda
A. saccharinum: semillas, injertos, esquejes de madera blanda
Achillea spp.: semillas, división, esquejes de madera blanda
Achimenes spp.: división
Aconitum spp.: semillas, división
Actaea spp.: división, esquejes de raíz
Actinidia spp.: esquejes semimaduros, esquejes de madera dura, acodado
Adiantum:
spp.: división, pequeñas plantas, esporas
A. caudatum: pequeñas plantas
A. pedatum: división, esporas
Aechmea spp.: semillas, hijuelos
Asclepias *tuberosa:* semillas
Aesculus *parviflorus:* chupones
Agapanthus spp.: división
Agave spp.: semillas, hijuelos
Ageratum spp.: semillas
Aglaonema:
spp.: esquejes de caña
A. modestum: hijuelos
Ajuga
spp.: división, semillas
A. genevensis: división, semillas
A. pyramidalis: división, semillas
A. reptans: división, semillas
Alcea *rosea:* semillas
Alchemilla spp.: semillas, división
Alisma spp.: división, semillas
Allium: spp.: división, semillas
A. caeruleum: división
A. cristophii: división, semillas
A. flavum: división, semillas
A. giganteum: división, semillas
A. schoenoprasum: división, semillas
A. tuberosum: división, semillas
Alnus spp.: esquejes de madera verde
Alocasia spp: división
Aloe: spp.: hijuelos, esquejes de hoja, semillas
A. arborescens: hijuelos, esquejes de hoja, semillas
A. aristata: hijuelos, esquejes de hoja, semillas
A. haworthioides: hijuelos, esquejes de hoja, semillas
A. mitriformis: hijuelos, esquejes de hoja, semillas
A. variegata: hijuelos, esquejes de hoja, semillas
Alstroemeria spp.: división
Amelanchier:
spp.: chupones, acodado, esquejes de raíz, esquejes de madera blanda
A. x grandiflora: chupones, acodado, esquejes de raíz
A. lamarckii: chupones, acodado, esquejes de raíz
A. stolonifera: chupones, acodado, esquejes de raíz
Ammi *majus:* semillas
Ananas spp.: semillas, hijuelos
Anemone: spp.: división, semillas, esquejes de raíz
A. blanda: división, semillas, esquejes de raíz
A. coronaria: división, semillas, esquejes de raíz
Anthurium spp: hijuelos
Antirrhinum *majus:* semillas
Aquilegia spp.: semillas
Aralia spp.: semillas
Aristolochia spp: esquejes semimaduros
Armeria spp.: semillas, división
Aronia spp.: chupones
Artemisia: spp.: división, esquejes semimaduros, semillas
A. abrotanum: división, esquejes semimaduros, semillas
A. absinthium: división, esquejes semimaduros, semillas
A. annua: división, esquejes semimaduros, semillas
A. dracunculus: división, esquejes semimaduros, semillas
Arum spp.: división
Aruncus spp.: división
Asarum spp.: división, semillas
A. canadensis: división, semillas
A. europaeum: división, semillas
A. hartwegii: división, semillas
A. shuttleworthii: división, semillas
Asclepias *tuberosa:* semillas
Asparagus:
spp.: división, semillas
A. densiflorus: división, semillas
A. officinalis: división, semillas
A. setaceus: división, semillas
Asperula:
spp.: semillas, división
A. odorata v. **Galium** *odoratum*
A. orientalis: semillas, división
A. suberosa: semillas, división
Aster spp.: división
Astilbe: spp.: división
A. x arendsii: división, semillas
A. chinensis: división, semillas
A. japonica: división, semillas
A. simplificolia: división, semillas
A. thunbergii: división, semillas
Aucuba *japonica:* esquejes de madera blanda, esquejes semimaduros, acodado
Baptisia:
B. australis: semillas, división
B. lactea: semillas, división
B. pendula: semillas, división
B. perfoliata: semillas, división
Begonia:
spp.: esquejes de madera verde, división, semillas
B. bowerae: esquejes de nervio foliar, esquejes de hoja verticales
B. x *hiemalis:* esquejes de nervio foliar, esquejes de hoja verticales
B. masoniana: esquejes de nervio foliar, esquejes de hoja verticales
B. rex-cultorum: esquejes de nervio foliar, esquejes de hoja verticales
B. grupo semperflorens: semillas
B. x *tuberhybrida:* división
Belamcanda:
ssp.: semillas, división
B. chinensis: semillas, división
Berberis spp.: esquejes de madera blanda, esquejes semimaduros, esquejes en mazo, semillas
Bergenia spp.: división, semillas, esquejes de raíz
Betula spp.: esquejes de madera verde, injertos
Billbergia spp.: semillas
Blechnum *spicant:* hijuelos
Bougainvillea spp.: acodado, acodo aéreo
Bracteantha *bracteatum:* semillas
Bromelia spp.: semillas, hijuelos
Brugmansia spp.: esquejes de madera verde
Brunfelsia spp.: esquejes de madera verde
Brunnera *macrophylla:* esquejes de raíz
Buddleja:
spp.: semillas, esquejes semimaduros, esquejes de madera dura
B. alternifolia: semillas, esquejes semimaduros, esquejes de madera dura
B. davidii: semillas, esquejes de madera verde dura
B. globosa: semillas, esquejes semimaduros, esquejes de madera dura
Bupleurum *fruticosum:* esquejes semimaduros

Buxus
spp.: esquejes semimaduros, división, semillas, esquejes de madera verde, esquejes de madera blanda
Caladium spp.: división
Calandrinia spp.: semillas
Calathea spp.: semillas
Calendula *officinalis:* semillas
Calla *palustris:* división, semillas
Callicarpa spp.: esquejes de madera blanda, esquejes semimaduros
Callistemon spp.: esquejes de madera verde
Calluna *vulgaris:* acodado, esquejes semimaduros, soterrado de la planta
Calocedrus *decurrens:* esquejes semimaduros
Calycanthus
spp.: chupones, acodado, esquejes de madera blanda, semillas, esquejes de madera verde
C. floridus: esquejes de madera blanda
Camassia spp.: división
Camellia spp.: esquejes semimaduros, de madera dura, acodo aéreo, injertos
Campanula:
spp.: semillas, división, esquejes de madera blanda
C. carpatica: semillas, división, esquejes de madera blanda
C. persicifolia: semillas, división, esquejes de madera blanda
Campsis spp.: esquejes semimauros, semillas, división, esquejes de madera dura y raíz
Canna:
spp.: división, semillas
C. x *generalis:* división, semillas
Cardamine *pratensis:* división
Cardicrinum spp.: división
Carya *illinoiensis:* injerto
Caryopteris x *clandonensis:* esquejes de madera blanda
Castanea *mollissima:* injertos
Castilleja *chromosa:* semillas
Catananche *caerulea:* esquejes de raíz
Cattleya spp.: semillas
Cedrus spp.: esquejes de madera
Celosia spp.: semillas
Centaurea *cyanus:* semillas
Cephalaria *gigantea:* esquejes de raíz
Cephalocerus spp.: semillas, injertos
Ceratostigma spp.: esquejes semimaduros
Cercis spp.: esquejes de madera verde
Cereus spp.: semillas
Ceropegia spp.: división
Chaenomeles:
spp.: semillas, esquejes de madera blanda, esquejes de madera dura, esquejes semimaduros
C. speciosa: esquejes de madera verde y blanda
Chamaecyparis:
spp.: esquejes de madera dura, injertos
Chelote spp.: división, semilla, esquejes de madera blanda
Chionodoxa spp.: división
Chlorophytum spp.: hijuelos
Chrysanthemum spp.: división, semillas, esquejes de madera blanda
Cimicifuga v. Actaea
Cissus: spp: acodado
C. antarctica: semillas
Citrus spp.: acodado aéreo, injertos
Clematis:
spp.: acodado, división, esquejes de madera blanda, semillas
C. florida: acodado, división, esquejes de madera blanda, semillas
C. tangutica: acodado, división, esquejes de madera blanda, semillas
Clethra: spp.: chupones, acodado
C. alnifolia: esquejes de madera blanda
C. arborea: chupones, semillas, esquejes semimaduros
C. barbinervis: chupones, semillas, esquejes semimaduros
Clivia spp.: hijuelos
Codiaeum: spp.: hijuelos
C. variegatum: esquejes de madera verde, acodo aéreo, acodo en montículo
Colchicum spp.: división
Consolida:
spp.: semillas
C. ambigua: semillas
Convallaria spp.: división, semillas
Cordyline: *C. fruticosa:* esquejes de caña, acodado aéreo
C. indivisa: esquejes de caña
Coreopsis: spp.: división, semillas, esquejes basales
C. grandiflora: división, semillas, esquejes basales
C. rosea: división, semillas, esquejes basales
Cornus: spp.: chupones, esquejes de madera dura
C. alba: esquejes de madera blanda, acodo en trinchera
C. florida: esquejes de madera verde
C. sericea: esquejes de madera blanda, acodo en trinchera
Correa spp.: semillas
Corylopsis spp.: esquejes de madera blanda, acodado
Corylus spp.: acodado, acodo en montículo
Cotinus:
spp.: esquejes de madera blanda, acodado
C. coggygria: acodo en trinchera
Cotoneaster:
spp.: acodado, esquejes semimaduros, semillas, esquejes de madera verde
C. franchetii: acodado, esquejes semimaduros, semillas
C. horizontalis: acodado, esquejes semimaduros, semillas
C. salicifolius: acodado, esquejes semimaduros, semillas
Crassula: *C. argentea:* esquejes de hoja verticales
C. ovata: esquejes de peciolo foliar
Crataegus spp.: injertos
Crinum spp.: hijuelos
Crocus spp.: división
Cryptanthus spp.: semillas
Cuppressocyparis *leylandii:* esquejes semimaduros, esquejes de madera dura
Cuppressus spp.: esquejes de madera dura, injertos
Cycas spp.: hijuelos
Cydonia *oblonga:* esquejes de madera dura, acodo en montículo, acodo en trinchera, injertos
Cypripedium spp.: división
Daboecia *cantabrica:* soterrado de la planta
Dalia spp. & cvs.: división, esquejes basales, semillas
Daphne spp.: esquejes de madera blanda, acodado
Delphinium:
spp.: semillas, división, esquejes basales
D. cardinale: semillas, división, esquejes basales
D. elatum: semillas
Dendrobium spp.: semillas
Deutzia:
spp.: esquejes de madera verde, esquejes de madera dura, acodado en montículo
D. gracilis: esquejes de madera blanda
Dianthus:
spp.: semillas, acodado
D. barbatus: semillas, acodado
D. deltoides: semillas, acodado
Dicentra:
spp.: semillas, división, esquejes semimaduros
D. eximia: semillas, división
D. spectabilis: semillas
Dictamnus spp.: esquejes de raíz
Dieffenbachia cvs.: esquejes de caña, acodo aéreo
Digitalis *purpureus:* semillas
Dionaea *muscipula:* esquejes de nervios foliar
Dracaena *fragrans:* acodado aéreo
Dracocephalum spp.: semillas
Drosera spp.: esquejes de nervio foliar
Dyckia spp.: hijuelos
Echinacea:
spp.: semillas, división
E. purpurea: semillas, división
Echinocactus spp.: injertos
Echinocereus spp.: semillas, injertos
Echinops spp.: hijuelos
E. ritro: semillas, esquejes de raíz
Echinopsis spp.: injertos
Epipremnum *aureum:* semillas, acodado
Episcia spp.: esquejes de pecíolo foliar
Epithelantha spp.: injertos
Eranthis:
spp.: división, semillas
E. pinnatifida: división, semillas
Eremurus spp.: división
Erica spp.: esquejes semimaduros; acodado, soterrado de la planta

Eryngium: spp.: semillas, división, esquejes de raíz
- *E. bourgatii:* semillas, división, esquejes de raíz
- *E. giganteum:* semillas, división, esquejes de raíz

Erythronium spp.: división, semillas
Escallonia spp.: esquejes de madera dura
Escobaria spp.: injertos
Eucalyptus: spp.: semillas
- *E. cinerea:* semillas
- *E. citriodora:* semillas
- *E. gunnii:* semillas

Eucomis spp.: esquejes de hoja de monocotiledónea
Euonymus
- spp.: acodado, esquejes semimaduros, esquejes de madera verde
- *E. alatus:* acodado, esquejes semimaduros, esquejes de madera verde y blanda
- *E. fortunei:* acodado, esquejes semimaduros, esquejes de madera verde y blanda
- *E. japonicus:* acodado, esquejes semimaduros, esquejes de madera verde

Euphorbia spp.: semillas, esquejes de madera verde
- *E. griffithii:* semillas

Eustoma *grandiflorum:* semillas, división
Ferocactus spp.: semillas
Fibigia *clypeata:* semillas
Ficus:
- spp.: acodo aéreo, esquejes semimaduros, semillas, esquejes de madera verde, esquejes de madera y raíz
- *F. benjamina:* acodo aéreo, esquejes semimaduros, semillas
- *F. carica:* acodo aéreo, esquejes semimaduros, semillas
- *F. elastica:* acodado aéreo, esquejes semimaduros, semillas

Fittonia spp.: semillas
Forsythia spp.: acodado, chupones, esquejes de madera verde, esquejes de madera blanda, dura y semimaduros
Fothergilla spp.: acodado
- *F. major*: esquejes de madera blanda

Fragaria: hijuelos
Franklinia *alatamaha:* esquejes de madera blanda, acodado, semillas, esquejes de madera dura
Freesia spp.: división
Fritillaria spp.: división
Fuchsia spp.: semillas, esquejes de madera dura
Gaillardia spp.: semillas, división, esquejes de raíz
- *G. aristata:* semillas
- *G. grandiflora:* semillas, división, esquejes de raíz

Galanthus:
- spp.: división, semillas
- *G. nivalis:* división, semillas

Galium spp.: división, semillas
Gardenia spp.: esquejes de madera blanda, injertos, acodo aéreo
Garrya spp.: esquejes de madera dura
Gaultheria *shallon:* chupones
Gentiana: spp.: semillas, división, esquejes basales
- *G. alba:* semillas, división, esquejes basales
- *G. dendrologii:* semillas, división, esquejes basales
- *G. lutea:* semillas, división, esquejes basales
- *G. verna:* semillas, división, esquejes basales

Geranium:
- spp.: división, semillas, esquejes de madera blanda, esquejes de madera dura
- *G. sanguineum:* semillas
- var. *striatum*: división, semillas, esquejes de madera blanda

Gerbera spp.: semillas, división, esquejes basales
Gladiolus:
- spp.: división, semillas
- *G. callianthus:* división, semillas
- *G.* x *hortulanus* cvs.: división
- *G. tristis:* división, semillas

Gloriosa spp: división
Gomphrena *globosa:* semillas
Goniolimon *tataricum:* semillas
Grevillea spp.: semillas, esquejes semimaduros
Guzmania spp.: semillas
Gypsophila spp.: semillas
Hamamelis spp.: acodado, acodo aéreo, esquejes de madera blanda, injertos
Harrisia spp.: injertos
Haworthia spp.: hijuelos
Hebe spp.: esquejes semimaduros
Hedera:
- spp.: acodado, esquejes semimaduros, esquejes de madera dura, y blanda
- *H. helix:* acodado, esquejes semimaduros, esquejes de madera dura
- *H. nepalensis:* acodado, esquejes semimaduros esquejes de madera dura

Helenium *autumnale*: semillas
Heliopsis *helianthoides:* semillas
Helleborus: spp.: división, semillas
- *H. argutifolius:* semillas
- *H. cyclophyllus:* división, semillas
- *H. foetiduus:* semillas
- *H.* x *hybridus:* división, semillas
- *H. niger:* división, semillas
- *H. orientalis:* división, semillas

Hemerocallis spp.: división, semillas
Hesperis *matronalis:* semillas
Heuchera:
- cvs.: división, semillas
- spp.: división, semillas

Hibiscus: spp.: acodado, semillas, esquejes de madera blanda, verde y semimaduros, acodado aéreo, injertos
- *H. moscheutos:* acodado, semillas, esquejes de madera blanda, esquejes semimaduros
- *H. rosa-sinensis:* acodado, semillas, esquejes de madera blanda, esquejes semimaduros
- *H. syriacus:* acodado, semillas, esquejes de madera blanda, dura y smimaduros

Hippeastrum spp.: división
Holodiscus *discolor:* esquejes de madera dura
Hosta spp.: división, semillas
Hoya spp.: esquejes de pecíolos foliares, acodado
Humulus spp.: esquejes de raíz, acodado
Hyacinthoides spp.: división
Hyacinthus *orientalis:* división, cortes en cruz en los bulbos
Hydrangea:
- spp.: esquejes de madera blanda, dura y semimaduros
- *H. anomala* sbsp. *petiolaris:* acodado
- *H. arborescens:* chupones

Hylocereus spp.: injertos
Iberis *amara:* semillas
Ilex spp.: acodado, semillas, esquejes de madera blanda, verde y semimaduros, acodado aéreo, injertos
Impatiens *walleriana:* semillas
Indigofera spp.: esquejes semimaduros
Ipomoea: spp.: semillas, esquejes de madera blanda
- *I. alba:* semillas, esquejes de madera blanda
- *I.* x *multifida:* semillas, esquejes de madera blanda
- *I. tricolor:* semillas, esquejes de madera blanda

Iris spp.: división, semillas
Itea *virginica:* esquejes de madera blanda
Jasmimum
- spp.: acodado, esquejes semimaduros, esquejes de madera dura
- *J. nudiflorum:* acodado, esquejes semimaduros
- *J. officinale:* acodado, esquejes semimaduros

Juglans
- spp.: acodado en trinchera
- *J. cinerea:* injertos
- *J. nigra:* injertos
- *J. regia:* injertos

Juniperus
- spp.: acodado, injertos, esquejes semimaduros, esquejes de madera dura
- *J. chinensis:* acodado, injertos, esquejes semimaduros, esquejes de madera dura
- *J. communis:* acodado, injertos, esquejes semimaduros, esquejes de madera dura
- *J. hirizontalis:* acodado, injertos, esquejes semimaduros
- *J. procumbens:* acodado, injertos, esquejes semimaduros, esquejes de madera dura

Kalanchoe:
- spp.: pequeñas plantas, división, semillas, esquejes de madera blanda, esquejes de hoja verticales
- *K. blossfeldiana:* división, semillas, esquejes de madera blanda

K. daigremontiana: pequeñas plantas, semillas
Kalmia spp.: esquejes de madera verde, semimaduros
Kerria *japonica:* chupones, esquejes de madera verde, blanda y dura
Kniphofia:
spp.: semillas, división
K. caulescens: semillas, división
Koelreuteria spp.: esquejes de raíz
Kolkwitzia *amabilis:* esquejes de madera verde blanda
Laburnum spp.: semillas, injertos, esquejes de madera dura
Lachenalia spp.: esquejes de hoja de monocotiledónea
Lagerstroemia *indica:* esquejes de madera blanda
Lantana spp: esquejes de madera verde
Larix spp.: esquejes de madera dura
Lathyrus:
spp.: semillas, división
L. odoratus: semillas, división
L. sylvestris: semillas, división
L. vernus: semillas, división
Laurus spp.: esquejes semimaduros
Lavandula
spp.: semillas, acodado, acodo en montículo
L. angustifolia: semillas, acodado, esquejes semimaduros
L. angustifolia: semillas, acodado, esquejes semimaduros
Lavatera spp.: esquejes de madera verde
Lemaireocereus spp.: semillas
Leptospermum spp.: semillas
Leucothoe spp.: esquejes de madera verde.
Lewisia:
spp.: semillas, hijuelos
L. brachycalyx: semillas
L. cotyledon: semillas, hijuelos
L. rediviva: semillas
Leycesteria *Formosa:* esquejes de madera dura
Liatris *scariosa:* semillas
Ligularia:
spp.: semillas, división, esquejes basales del tallo, esquejes de raíz
L. dentata: semillas, división, esquejes basales del tallo
Ligustrum:
spp.: esquejes de madera dura, acodado
L. japonicum: esquejes de madera blanda
Lilium:
spp.: división, hijuelos, semillas
L. lancifolium: división, bulbillos, semillas
Limonium:
spp.: semillas, división, esquejes de raíz
L. latifolium: semillas, división
L. sinuatum: semillas
L. tetragonum: semillas
Liquidambar spp.: acodado
Lobelia spp.: semillas
L. cardinalis: semillas
Lonicera:
spp.: acodado, esquejes de madera blanda, semimaduros y de madera dura
L. x *americana:* acodado, esquejes de madera blanda, esquejes semimaduros
L. x *brownii:* acodado, esquejes de madera blanda, esquejes semimaduros
L. x *purpusii:* esquejes de madera blanda, esquejes semimaduros
L. xylosteum: esquejes de madera blanda, esquejes semimaduros
Lunaria *annua:* semillas
Lupinus:
spp.: semillas, esquejes basales
L. polyphyllus: semillas
Lycoris spp.: división
Machaeranthera *tortifolia* (sin. *Xylorhiza*): semillas
Maclura *pomifera:* esquejes de raíz
Magnolia spp.: esquejes de madera verde, blanda, y semimaduros, acodado, acodo aéreo, injerto de escudete
Malus spp.: injertos, semillas, acodo en montículo, acodado en trinchera, injerto de escudete
Mammillaria spp.: injertos
Mangifera *indica:* injertos
Maranta *leuconeura:* esquejes de hoja verticales
Mimulus spp.: semillas
Moluccella *laevis:* semillas
Monarda spp.: semillas, división, esquejes de madera blanda
Monstera spp.: acodado
Musa spp.: hijuelos
Muscari spp.: división
Myosotis spp.: semillas
Myrica spp.: chupones, acodado
Nandina *domestica:* esquejes semimaduros, semillas, esquejes de madera verde
Narcissus spp.: división
Nelumbo spp.: semillas, división
N. lutea: semillas, división
N. nucifera: semillas, división
Neoregelia spp.: semillas
Nerium *oleander:* acodado aéreo
Nymphaea spp.: división, semillas
Oenothera:
spp.: división, esquejes de raíz
O. macrocarpa: semillas
Oncidium spp: semillas
Onoclea spp.: división, esporas
Opuntia spp.: semillas, injertos
Origanum spp.: semillas, división
O. majorana: semillas, división
O. vulgare: semillas, división
Ornithogalum spp.: división
Ortegocactus *macdougallii:* hijuelos
Ortophytum spp.: hijuelos
Osteospermum spp.: esquejes de madera verde
Oxalis spp.: spp.: semillas, división
O. regnellii: semillas, división
O. tetraphylla: semillas, división
Pachysandra spp.: división
P. terminalis: división, semillas
Paeonia cvs.: división, chupones
ssp.: semillas, división, esquejes semimaduros y de raíz
Papaver:
spp. semillas, esquejes de raíz
P. croceum: semillas, esquejes de raíz
P. orientale: semillas, esquejes de raíz
P. rhoeas: semillas
Parthenocissus spp.: esquejes de madera dura, acodado
Paulownia *tomentosa:* esquejes de raíz
Pelargonium cvs.: esquejes de madera verde
Penstemon:
spp.: semillas, división, esquejes de madera verde, esquejes semimaduros
P. caespitosus: semillas, división, esquejes de madera verde, esquejes semimaduros
P. digitalis: semillas, división, esquejes de madera verde, esquejes semimaduros
P. pinifolius: semillas, división, esquejes de madera verde, esquejes semimaduros
Peperomia spp.: esquejes de pecíolo foliar
Pereskia spp.: esquejes de madera blanda, esquejes semimaduros
P. grandifolia: semillas, esquejes de madera blanda, esquejes semimaduros
Persea *americana:* injertos
Petunia *hybrida:* semillas
Phalaenopsis spp. & cvs.: hijuelos, pequeñas plantas, esquejes de madera blanda
Philadelphus
spp.: esquejes de madera blanda, semimaduros y de madera dura, acodado
P. coronarius: esquejes de madera verde y blanda
Philodendron spp.: acodado
Philotheca spp.: semillas
Phlox: spp.: semillas
P. paniculata: división, esquejes de raíz
Photinia *davidiana:* esquejes de madera blanda
Phyllostachys.
spp.: división
P. aurea: división
P. aureosulcata var. *aureocaulis:* división
P. nigra: división
Physalis spp.: esquejes de raíz
P. alkekengi: semillas
Physostegia spp.: semillas, división
Picea spp.: esquejes de madera dura, injertos
Pieris:
spp.: semillas, esquejes de madera blanda, acodado
P. japonica: semillas, esquejes de madera blanda y semimaduros
Pinus: spp.: semillas, injertos, esquejes de madera dura
P. strobus: semillas, injertos
P. sylvestris: semillas, injertos
Pittosporum spp.: acodado
Platycodon *grandiflorus:* semillas, división
Podocarpus spp.: esquejes semimaduros
Podophyllum spp.: división

POLEMONIUM *borealis:* semillas
POLIANTHES *tuberosa:* división
POLYGONATUM spp.: división
POLYPODIUM spp.: división
POLYSTICHUM spp.: división
POPULUS: spp.: chupones
P. balsamifera: esquejes de madera verde
PORTULACA spp.: semillas
POTENTILLA spp.: esquejes de madera verde y blanda
PRIMULA: spp.: semillas, división esquejes de raíz
P. japonica: semillas, división
P. marginata: semillas, división,
P. sinensis: semillas, división
PRUNUS spp.: injertos, semillas, esquejes de madera verde, blanda, dura, acodado en trinchera, injerto de yema
P. avium: injertos, semillas, esquejes de madera verde, esquejes de madera blanda
P. cerasifera: injertos, semillas, esquejes de madera verde, esquejes de madera blanda
P. maackii: injertos, semillas, esquejes de madera verde, esquejes de madera blanda
P. serrula: injertos, semillas, esquejes de madera verde, esquejes de madera blanda
P. virginiana: injertos, semillas, esquejes de madera verde, esquejes de madera blanda
PSEUDOTSUGA *menziesii*: esquejes de madera dura
PYRACANTHA spp.: esquejes semimaduros
PYRUS spp.: acodo en trinchera, injertos, injerto de yema
QUERCUS:
spp.: semillas, injertos, esquejes semimaduros
Q. agrifolia: semillas, injertos, esquejes semimaduros
Q. laurifolia: semillas, injertos, esquejes semimaduros
Q. virgininana: semillas, injertos, esquejes semimaduros
RANUNCULUS spp.: división
RHIPSALIS spp.: semillas
[illegible]
semillas, de madera blanda, injertos, semimaduros, de madera dura, acodo aéreo
R. arborescens: acodado, semillas, esquejes de madera blanda, injertos
RIBES spp.: acodado, semillas
ROSA: cvs.: semillas
spp.: esquejes de madera blanda, dura, acodado, semillas, injerto de yema
R. rugosa: injerto de yema, esquejes de madera blanda, dura, semillas, chupones
ROSMARINUS:
spp.: semillas, acodado
R. officinialis: semillas
RUBUS: spp.: acodado, acodo en montículo
R, fruticosus: acodo de punta
R. idaeus: acodo de punta
RUDBECKIA:
spp.: división
R. hirta: semillas
SAINTPAULIA: cvs.: esquejes de pecíolo foliar
híbridos: esquejes de hoja verticales
spp.: semillas, esquejes de pecíolo foliar
SALIX:
ssp.: esquejes de madera blanda y dura, injertos, acodo en trinchera
S. alba: esquejes de madera blanda y dura, injertos
S. baylonica var. *pekinensis:* esquejes de madera blanda y dura, injertos
SALPIGLOSSIS *sinuata:* semillas
SALVIA spp.: semillas
SAMBUCUS spp.: chupones, esquejes de madera blanda
SANGUISORBA *canadensis:* semillas
SANSEVIERIA: spp.: chupones, de hoja
S. trifasciata: chupones, esquejes de hoja de monocotiledónea
SANTOLINA spp.: de madera dura
SAXIFRAGA *stolonifera:* hijuelos
SCABIOSA spp.: semillas
SCHEFFLERA spp.: acodado, aéreo
SCHISANDRA *chinensis:* semimaduros
SCHIZANTHUS x *wisetonensis:* semillas
SCHIZOPHOGRAMA *hydrangeoides:* esquejes semimaduros
SCILLA spp.: división
[illegible]
esquejes de madera blanda, esquejes de pecíolo foliar
S. morganianum: división, semillas, esquejes de madera blanda, esquejes de pecíolo foliar
SELENICEREUS spp.: semillas, injertos
SEMPERVIVUM spp.: semillas, hijuelos
SILYBUM *marianum*: de raíz
SINNINGIA spp.: nervio foliar
SKIMMIA spp.: semimaduros
SMITHIANTHA spp.: esquejes de nervio foliar
SOLANUM *lycopersicum:* injertos
SOLENOSTEMON spp.: semillas, esquejes de madera blanda
SORBARIA *spp.*: acodado
SPARAXIS spp.: división
SPIRAEA spp.: esquejes de madera blanda, semimaduros
STACHYS *byzantina:* división
STACHYURUS *praecox:* acodado
STEPHANANDRA spp.: esquejes de madera dura, acodado
STEPHANOTIS:
spp.: semillas, de madera blanda, acodado
S. floribunda: semillas, de madera blanda, acodado
STEWARTIA *pseudocamellia:* esquejes de madera blanda
STOKESIA *laevis:* esquejes de raíz
STREPTOCARPUS spp.: esquejes de hoja verticales
STYRAX spp.: acodado
SYMPHYTUM spp.: de raíz
SYRINGA spp.: chupones, acodado, de madera verde, semillas, de madera blanda, semimaduros, de raíz
S. x *chinensis:* acodado, de madera verde, semillas
S. patula: acodado, esquejes de madera verde, semillas
S. x *persica:* acodado, esquejes de madera verde, semillas
S. x *prestoniae:* acodado, esquejes de madera verde
S. vulgaris: chupones, acodado, esquejes de madera verde
TANACETUM *parthenium*: semillas
TAXUS spp.: esquejes semimaduros
TEUCRIUM spp.: esquejes de madera verde
THUJA spp.: esquejes de madera dura, injertos
[illegible]
TILLANDSIA spp.: hijuelos
TOLMIEA *menziesii:* pequeñas plantas, división, semillas
TRACHELOSPERMUM *jasminoides:* acodado
TRICHOCEREUS spp.: semillas
TRILLIUM spp.: división
TROLLIUS *europaeus*: semillas
TSUGA spp.: esquejes de madera dura, injertos
TULIPA spp.: división
TURBINICARPUS spp.: injertos
VACCINIUM: spp.: acodado, soterrado de la planta
V. macrocarpon: soterrado de la planta
VANDA spp: semillas
VERBASCUM spp.: semillas, división, esquejes semimaduros y raíz
V. chaixii f. *album*: semillas, división, esquejes semimaduros y de raíz
VERBENA spp. e híbridos: semillas
VERONICA spp: semillas, división, esquejes de madera blanda
V. spicata: semillas, división, esquejes de madera blanda
VIBURNUM: spp.: semillas, esquejes de madera verde, dura y semimadura, acodo, acodo en trinchera
V. x *burkwoodii*: esquejes de madera blanda
V. carlesii: semillas, esquejes de madera verde, blanda y semimaduros
V. macrocephalum: semillas, esquejes de madera verde y semimaduros
VINCA spp.: acodado
VIOLA: spp.: semillas
V. x *witrockiana*: semillas
VITIS spp.: y semimaduros esquejes de madera dura, acodado, injertos
VRIESEA spp.: semillas
WALDSTEINIA spp.: acodado
WEIGELA spp.: esquejes de madera blanda, dura y semimaduros
WISTERIA: spp.: acodado, esquejes de madera blanda, de raíz
W. floribunda: acodado, esquejes de madera blanda, esquejes de raíz
W. frutescens: acodado, esquejes de madera blanda, esquejes de raíz
[illegible]
de madera blanda, esquejes de raíz
YUCCA:
spp.: semillas, hijuelos
Y. filamentosa: semillas
ZANTEDESCHIA spp.: división

Índice alfabético

Las cifras en *cursiva* remiten a páginas en las que el tema se trata con mayor profundidad.

Procedencia de las ilustraciones

Quarto Publishing agradece a Writtle College su ayuda para la obtención de fotografías y a las siguientes personas el suministro de las fotografías reproducidas en este libro:

Chaselink UK Ltd www.chaselinkuk.com	18, 19arr.iz.
Garden Supply Direct Ltd www.gardensupplydirect.co.uk	19arr.der
Eden Greenhouses Ltd www.eden-greenhouses.com	19ab., 39 arr.
Craig Knowles/dk/Alamy	55arr.
Patrick Johns/Corbis	61ab.der.
Nikhilesh Haval www.nikreations.co.uk	73ab.
Alan Watson/Forest Light www.treesforlife.org.uk	74der.
Douglas Peebles/Corbis	87arr.der.
[illegible]	[illegible]
George D. Lepp/Corbis	100iz.
Karl Weatherly/Corbis	113arr.
Guenter Rossenbach/zefa/Corbis	116der.